Principle and Application of Intelligent Information Processing Technology

智能信息处理技术原理与应用

蒋海峰　王宝华　编著

清华大学出版社

北京

内 容 简 介

计算智能是智能信息处理技术的核心,是目前多学科研究的热点。本书包括 6 章:绪论、神经计算、进化计算、模糊计算、数据融合以及常见的智能优化算法。具体内容包括智能信息处理技术产生与发展、计算智能特点与研究方向;神经网络理论基础、神经计算的基本方法、神经计算的实现技术;遗传算法、进化规划、进化策略;模糊逻辑、模糊推理、模糊计算的应用;数据融合的基本概念、结构形式、主要技术与应用;常见智能优化算法的原理、特点和实现技术。

本书可作为自动化、电气工程、信息通信、计算机科学、电子科学、人工智能、系统工程等专业的研究生或高年级本科生的教材和参考书,也可供相关领域的工程技术和科技工作者参考。

图书在版编目(CIP)数据

智能信息处理技术原理与应用/蒋海峰,王宝华编著.—北京:清华大学出版社,2019(2021.3重印)
ISBN 978-7-302-53022-0

Ⅰ.①智…　Ⅱ.①蒋…②王…　Ⅲ.①人工智能－信息处理－高等学校－教材　Ⅳ.①TP18

中国版本图书馆 CIP 数据核字(2019)第 093913 号

责任编辑:许　龙
封面设计:常雪影
责任校对:赵丽敏
责任印制:刘海龙

出版发行:清华大学出版社
   网 址:http://www.tup.com.cn,http://www.wqbook.com
   地 址:北京清华大学学研大厦 A 座   邮 编:100084
   社 总 机:010-62770175   邮 购:010-62786544
   投稿与读者服务:010-62776969,c-service@tup.tsinghua.edu.cn
   质量反馈:010-62772015,zhiliang@tup.tsinghua.edu.cn
印 装 者:三河市铭诚印务有限公司
经 销:全国新华书店
开 本:185mm×260mm 印 张:17.25 字 数:417 千字
版 次:2019 年 6 月第 1 版 印 次:2021 年 3 月第 3 次印刷
定 价:49.80 元

产品编号:069458-01

前言
FOREWORD

随着社会的进步,在科学研究和工程实践中遇到的问题正变得越来越复杂,采用传统的信息处理方法来解决这些问题面临着计算复杂度高、计算时间长等问题,传统算法根本无法在可以接受的时间内求出精确解。因此,为了在求解时间和求解精度上取得平衡,科研工作者们提出了很多具有启发式特征的计算智能算法。这些算法通过模拟大自然和人类的智慧实现对问题的优化求解,即在可接受的时间内求解出可以接受的解。

计算智能是智能信息处理的核心技术,作为一门新兴的交叉学科,与人工智能、生命科学、自动控制、计算机科学、应用数学、生物工程、系统工程等有着密切的联系。计算智能因其智能性、并行性和健壮性,具有很好的自适应能力和很强的全局搜索能力,得到了众多研究者的广泛关注,目前已经在算法理论和算法性能方面取得了很多突破性的成果,在科学研究和生产实践中发挥了重要的作用。

本书内容包括神经计算、进化计算、模糊计算、数据融合、禁忌搜索算法、模拟退火算法、蚁群算法以及粒子群优化算法等内容以及相关技术的应用实例。本书共分为6章。第1章是智能信息处理技术绪论,主要介绍智能信息处理技术的产生与发展、人工智能与计算智能的特点与发展历程以及计算智能技术的集成;第2章是神经计算,主要介绍前馈型神经网络、反馈型神经网络、RBF神经网络、自组织神经网络以及模糊神经网络等方法的基本原理与相关应用实例;第3章是进化计算,主要介绍进化计算的一般框架与特点、遗传算法、进化规划、进化策略等内容与相关实例;第4章是模糊计算,主要介绍知识表示和推理、模糊理论、模糊集合、模糊关系以及模糊信息处理等内容与应用实例;第5章是数据融合,主要介绍数据融合基本概念、数据融合主要技术、数据融合主要结构、数据融合关联技术以及卡尔曼滤波等内容和应用实例;第6章是常见的智能优化算法,主要介绍禁忌搜索算法、模拟退火算法、蚁群算法以及粒子群优化算法等方法的原理与应用实例。

本书由蒋海峰、王宝华编著。课题组的张曼、王冰冰、李铭等参与了本书部分章节内容的编写、图表的绘制、文字段落的排版以及对书中实例进行验证等工作,邱蕴锋、王振益、邹德龙等参与了前期讨论以及提纲制定,对他们的付出与努力表示感谢。此外,本书参考和引用了一些论文和书籍资料,在此向相关作者一并表示感谢。

智能信息处理技术是一门新兴交叉技术,许多理论方法和技术问题仍需进一步研究与完善。限于作者对智能信息处理技术的认识水平,书中难免存在缺点与不足,希望得到广大读者的批评指正。

作 者
2019 年 1 月

目 录
CONTENTS

第1章

绪　　论

1.1　智能信息处理概述

1.1.1　智能信息处理的产生及发展

信息技术的三大支柱包括传感技术、计算机技术和通信技术。传感技术是信息技术的前端,是信息的来源,是衡量一个国家信息化程度的重要标志。计算机是信息处理加工中心,随着大数据时代的到来,对其处理能力提出了更高的要求。通信技术是电子工程的重要分支,同时也是其中一个基础学科,关注的是通信过程中的信息传输以及信号处理的原理和应用。

在信息处理中,信息的获取、传输、存储、加工处理及应用所采用的技术、理论方法和系统都需要由计算机来完成。目前的电子计算机硬件仍有很大的局限性,要模拟人的信息处理能力还很困难。因此,需要研究一种新的"软处理""软计算"的理论方法和技术,来弥补电子计算机硬件系统的不足。在此背景下,智能信息处理技术被提出并得到了广泛的研究和发展。

1. 什么是智能信息处理

智能信息处理是模拟人与自然界其他生物处理信息的行为,建立处理复杂系统信息的理论、算法和系统的方法及技术。智能信息处理主要面对的是不确定性系统和不确定性现象的处理问题。

现阶段信息处理技术领域呈现两种发展趋势:一种是面向大规模、多介质的信息,使计算机系统具备处理更大范围信息的能力;另一种是与人工智能进一步结合,使计算机系统更智能化地处理信息。

2. 智能信息处理技术内容

智能信息处理技术所涉及的内容广泛,包括图像处理、人工智能、计算智能、数据挖掘、数据融合、模式识别、数据可视化等。从目前的发展趋势来看,又以计算智能为重点。计算智能是在人工智能基础上发展形成的一种新的智能技术。

1.1.2 人工智能概述

1. 智能

智能可以认为是知识和智力的总和,知识是一切智能行为的基础,而智力是获取知识并运用知识求解问题的能力,即在任意给定的环境和目标的条件下,正确制定决策和实现目标的能力。

智能具有如下特征:

(1) 感知能力:感知是获取外部信息的基本途径。

(2) 记忆和思维能力:记忆用于存储由感觉器官感知到的外部信息,以及由思维所产生的知识;思维用于对记忆的信息进行处理,它是一个动态的过程,是获取知识以及运用知识求解问题的根本途径。

(3) 学习能力和自适应能力:通过学习积累知识,适应环境的变化。

(4) 行为能力:可用作信息的输出。

2. 人工智能

人工智能(Artificial Intelligence,AI)是人们使机器具有类似于人的智能,或者说是人类智能在机器上的模拟。如今,人工智能已经成为一门专门研究如何构造智能机器或智能系统,使其能够模拟、延伸、扩展人类智能的学科,并且该学科在社会生产生活的诸多方面发挥着越来越大的作用。下面将从 AI 学科的发展、AI 主要的研究学派和研究方法,以及 AI 研究内容和应用领域这三个方面简要地阐述人工智能的基本理论。

1.1.3 AI 的发展

人工智能是在 1956 年作为一门新兴学科的名称被正式提出的,回顾它的发展历史可以归结为孕育、形成和发展三个阶段。

1. 孕育阶段

按时间来划分,主要指 1956 年之前,此阶段对人工智能的产生和发展有重大影响的主要研究和贡献有:

(1) 英国哲学家培根(F. Bacon,1561—1626)曾系统地提出了归纳法,这对于研究人类的思维过程,以及自 20 世纪 70 年代人工智能转向以知识为中心的研究都产生了重要影响。

(2) 英国逻辑学家布尔(G. Boole,1815—1864)创立的布尔代数,他在《逻辑法则》一书中首次用符号语言描述了思维活动的基本推理法则。

(3) 英国数学家图灵在 1936 年提出了一种理想计算机数学模型,即图灵机,为后来电子数字计算机的问世奠定了理论基础。

(4) 1943 年,美国人麦克洛奇(W. McCulloch)和皮兹(W. Pitts)建成了第一个神经网络模型(M-P 模型),为人工神经网络的研究奠定了基础。

(5) 1946 年,美国数学家莫奇利(J. W. Mauchly)和埃克特(J. P. Eckert)研制了世界上第一台数字计算机 ENIAC,这为人工智能的研究奠定了物质基础。

2. 形成阶段

1956 年夏天,在达特茅斯(Dartmouth)学院召开了一次关于机器智能的研讨会,这是一次具有历史意义的重要会议,它标志着人工智能作为一门新兴学科的诞生。会上正式采用了"人工智能"这一术语,用它来代表有关机器智能这一研究方向。在此后的10多年里,即1956—1969年,人工智能的研究取得了许多引人瞩目的成就:

(1) 在机器学习方面,塞缪尔于1956年研制出跳棋程序。

(2) 在定理证明方面,数理逻辑学家王浩于1958年在IBM_704计算机上用3~5min证明了《数学原理》中有关命题演算的全部定理;1965年鲁滨逊提出了消解原理,为定理的机器证明做出了突破性的贡献。

(3) 在模式识别方面,1959年塞尔夫里奇推出了一个模式识别程序,1965年罗伯特编写出可以分辨积木构造的程序。

(4) 在问题求解方面,1960年纽厄尔等人通过心理学试验总结出人们求解问题的思维规律,编写出通用问题求解程序GPS,可以用来求解11种不同类型的问题。

(5) 在人工智能语言方面,1960年麦卡锡开发出了人工智能语言LISP,成为构建智能系统的重要工具。

(6) 在专家系统方面,美国的费根鲍姆研制出DENDRAL系统,为以后专家系统的建立奠定了基础,促进了人工智能的发展。

(7) 1969年,国际人工智能联合会议(International Joint Conference on Artificial Intelligence,IJCAI)成立,标志着人工智能这一新兴学科得到了世界的公认。

3. 发展阶段

从1970年至今,可以作为AI的发展阶段,在这一时期的重大贡献和成果如下:

(1) 1970年创刊了国际性人工智能杂志,它对推动人工智能的发展、促进研究者之间的交流起到了重要作用。

(2) 专家系统的研究在多个领域中都取得了重大突破,比较著名的有地质勘探专家系统PROSPECTOR,以及医疗专家系统MYCIN。

(3) 专家系统的成功,使人们越来越清楚地认识到知识是智能的基础,对人工智能的研究以知识为中心来进行,随着对知识的表示、利用、获取等的研究取得了较大进展,特别是对不确定性知识的表示和推理取得了突破,建立了主观Bayes理论、证据理论等。

1.1.4　AI主要的研究学派和研究方法

AI主要的研究学派有以下几种:

(1) 生理学派:起源于仿生学,研究脑模型。1943年提出了MP模型,认为认识的基本元素是神经元,认识过程是神经元整体活动,分布式并行模式,研究神经网络模型;20世纪五六十年代以感知器为代表,70年代因理论模型困难陷入低潮,80年代后期由于多层感知器理论模型的突破,人工神经网络的研究兴起了热潮。人工生命研究,其核心是神经网络的联结活动过程。

(2) 心理学派:起源于逻辑学,考察人类解决各种问题时采取的方法,总结人的思维活动规律。认为人的认识过程是符号处理过程,人工智能的核心是表示问题。1956年第一次采用了AI这个术语,沿着启发式程序→专家系统→知识工程的道路发展,20世纪七八十年代取得了重大进展,是AI的主要流派。

(3) 进化论学派:研究生物演化算法,认为人类智能从生物的演化中得到,20世纪70

年代开始演化算法研究,已取得很大进展。

(4) 控制论学派:20 世纪四五十年代研究人工控制过程中的智能活动与行为特性,如自适应、自学习等;六七十年代研究自适应控制;80 年代随计算机技术和微电子学技术的突破,在智能控制、智能机器人上掀起热潮。

(5) 社会学派:典型代表是对智能体的研究。智能体是指驻留在某一环境下,能持续自主地发挥作用,具备驻留性、反应性、社会性、主动性等特征的计算实体。研究内容包括 Agent、多 Agent、智能 Agent 等理论。

1.1.5 AI 研究内容和研究领域

1. 研究内容

人工智能研究的基本内容包括以下方面:

(1) 机器感知:计算机视觉和听觉,主要有模式识别和自然语言理解。

(2) 机器思维:知识的表示,知识的组织,知识的推理,启发式搜索,神经网络。

(3) 机器学习:知识获取,归纳学习,类比学习,解释学习。

(4) 机器行为:智能机器人。

(5) 智能系统及智能计算机的构造技术。

2. 研究领域

1) 专家系统

专家系统是目前人工智能中最活跃、最有成效的一个研究领域。专家系统是一种具有特定领域内大量知识和经验的程序系统,它应用人工智能技术,模拟人类专家求解问题的思维过程来求解领域内的各种问题,其水平可以达到甚至超过人类专家的水平。

2) 机器学习

机器学习就是要让计算机自身具有类似于人的学习的能力。

3) 模式识别

模式是对一个物体或者某些其他感兴趣实体定量的或者结构的描述;模式识别是研究如何使计算机具有感知能力的一个研究领域,主要研究对视觉模式以及听觉模式的识别。

4) 自然语言理解

自然语言理解是研究如何让计算机理解人类自然语言的一个研究领域。

5) 自动定理证明

定理证明的实质是对前提 P 和结论 Q,证明 P→Q 的永真性。

6) 自动程序设计

自动程序设计包括程序综合与程序正确性验证两个方面的内容。

7) 机器人学

机器人是指可模拟人类行为的机器,人工智能的所有技术几乎都可以在它身上得到应用,因此它被当作人工智能理论、方法、技术的试验场地。

8) 博弈

博弈是诸如下棋、打牌等竞争性很强的智能活动。人工智能研究博弈的目的是通过对博弈的研究来检验某些人工智能技术是否能达到对人类智能的模拟。

9）智能决策支持系统

智能决策支持系统是近年来新兴的一个研究领域,它是把人工智能的有关技术应用于决策支持系统领域而形成的。

10）人工神经网络

简而言之,人工神经网络是一个用大量简单处理单元经广泛连接而组成的人工网络,用来模拟大脑神经系统的结构和功能。

1.1.6 计算智能的产生

1. 计算智能

20世纪90年代以来,在智能信息处理研究的纵深发展过程中,人们特别关注到精确处理与非精确处理的双重性,强调物理符号机制与连接机制的综合,倾向于冲破"物理学式"框架的"进化论"新路,一门称为计算智能(Computational Intelligence,CI)的新学科分支被概括地提出来,并以更加明确的目标蓬勃发展。

2. CI 和 AI 的异同

美国学者 James C. Bezdek 认为计算智能依靠生产者提供的数字材料,而不是依赖于知识,而人工智能使用的是知识精华。

智能可以划分成3个层次:

(1) 生物智能(BI):是由人脑的物理化学过程反映出来的,人脑是有机物,是智能的物质基础。

(2) 人工智能(AI):是非生物的、人造的,常用符号表示,AI 的来源是人的知识精华和传感器数据。

(3) 计算智能(CI):是由数学方法和计算机实现的,CI 的来源是数值计算和传感器。

计算智能信息处理技术是模糊系统、神经网络、进化计算混沌动力学、分形理论、小波变换、人工生命等交叉学科的综合集成。它有两个显著的特征:①主要依赖生产者提供的数字材料;②主要借助数学计算方法的使用。

1.2 计算智能信息处理的主要技术

计算智能信息处理的三大主要技术包括模糊计算、神经计算和进化计算。

1.2.1 模糊计算技术

模糊理论源于美国,但长期以来受学派之争的束缚,实际应用进展缓慢。到20世纪80年代后期,在日本以家用电器的广泛使用模糊控制作为突破口,使模糊逻辑的实际应用获得迅速发展。目前,模糊逻辑主要应用在自动控制、模式识别和决策推理系统、预测、智能系统设计、智能机器人、图像处理与识别、模糊神经计算、人工智能等领域。

1. 发展概况

1965年,美国加州大学伯克利分校 L. Zadeh 教授发表了著名的论文 *Fuzzy Sets*(模糊集),开创了模糊理论。1973 年 Zadeh 教授提出了模糊逻辑的语言方法。1974 年英国 Mamdani 实现了蒸汽涡轮机控制实验。1985 年英国 Mamdani 推出了第一个模糊推理芯片。1987 年日本日立公司实现了仙台地铁机车全自动驾驶。1990 年日本家用电器的"模糊热"将模糊控制推上了研究新高度。

"模糊家电"可模仿人的思维、判断,制成表进行数量化,由微电脑控制进行操作运行。例如,模糊电视机可依室内光线的强弱,自动调节电视机的亮度、对比度;模糊摄像一体机采用电路和模糊逻辑控制光圈,使画面更清新、亮丽;模糊血压计,突破传统血压计需要专业人员才能使用的局限,普通人就能熟练操作。

2. 模糊集合的概念

模糊集合不同于普通集合,普通集合中的成员是具有精确特性的对象。例如,"8～12 的实数集合"是一个清晰的集合 C,$C=\{$实数 $r|8\leqslant r\leqslant 12\}$。用特征函数 $M_C(r)$ 表示成员 r 隶属于集合 C 的程度(图 1-1),即

$$M_C(r) = \begin{cases} 1, & 8 \leqslant r \leqslant 12 \\ 0, & \text{其他} \end{cases}$$

这个特征函数是唯一的,且只有两个答案:"是"或"否",对应传统的二值逻辑。图 1-1 所示为一特征函数。

模糊集合中成员的特性是模糊的。例如,"接近于 10 的实数集合"是一个模糊集合 F:

$$F = \{\text{接近于 10 的实数 } r\}$$

显然,这时的特征函数 $M_F(r)$ 不是唯一的。譬如用一个等腰三角形来表示(图 1-2),成员 10 隶属于该模糊集的程度可定义为 1,9、11 的隶属度是 0.75,7.2、12.8 的隶属度是 0.275 等。因此,特征函数在 0～1 区间取值。这种函数称为隶属函数,所对应的逻辑是多值逻辑,更确切地说是模糊逻辑。特征函数如图 1-2 所示。

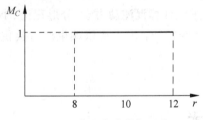

图 1-1 普通集合特征函数

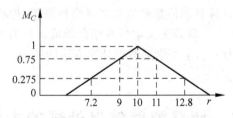

图 1-2 模糊集合等腰三角形特征函数

3. 模糊性和概率性的区别

概率性:事件本身是清晰的,只是事件出现的频数具有不确定性。例如,在一个群体中"老年人得心脏病"的机会一般可用统计方法得到。

模糊性:事件本身是含糊不清的,而事件出现是确定的(也可以是不确定的)。例如,年龄分组为"青年""中年""老年"等,这是一些模糊的概念,且是确实存在的,它们不一定通过统计来规定,在一定社会背景下,完全可以人为定义。

把普通的集合论推广到模糊集合论,主要基于真实世界中的概念往往没有清晰界限这一事实。对于"模糊逻辑",从狭义上,它是基于模糊集进行近似推理的形式化理论;从广义上,它是基于模糊集的一种决策支持理论,包括推理、控制、模式识别、综合评判、规划等人类

思维决策过程。

4. 模糊逻辑控制技术

一般的控制可用术语和规则来描述过程控制功能,计算的只是"真"和"假"两个值。而模糊逻辑控制中,模糊术语表达的是集合的隶属程度,而模糊规则结论的真值是一个连续的范围。

1.2.2 神经计算技术

1. 神经网络的特征及特点

大规模的并行处理、分布式的信息存储、良好的自适应性、自组织性以及很强的学习能力、联想功能和容错功能等是神经网络的主要特征。

神经网络的主要特点包括如下方面:

(1) 能够处理连续的模拟信号;

(2) 能够处理不精确的、不完全的模糊信息;

(3) 给出的是次最优的逼近解;

(4) 并行分布工作,各组成部分同时参与运算;

(5) 单个神经元的动作速度不快,但网络总体的处理速度极快;

(6) 具有较好的鲁棒性和容错性。

2. 神经网络的发展简史

1943 年,麦克洛奇与皮兹提出了神经网络的数学模型——M-P 模型,开创了神经科学理论研究的新时代。1949 年,Hebb 提出了改变神经元连接强度的 Hebb 规则,为神经网络学习算法的研究奠定了基础。1957 年,F. Rosenblatt 提出了感知器模型。1969 年,M. Minsky 提出简单的线性感知器无法解决异或问题,要解决这个问题,必须加入隐层节点。1982 年和 1984 年 J. J. Hopfield 发表了两篇文章,提出了一种反馈互联网,利用该网络可以求解联想记忆和优化计算的问题。1986 年,鲁梅哈特和麦克兰德提出了多层前馈网的反向传播算法,简称 BP 算法,解决了感知器不能解决的问题。

我国在神经网络方面的研究相比国际起步较晚一点。从 1986 年开始,国内先后召开了多次非正式的神经网络研讨会。1990 年 12 月,由中国计算机学会、电子学会、人工智能学会、自动化学会、通信学会、物理学会、生物物理学会和心理学会 8 个学会联合在北京召开了"中国神经网络首届学术会议",从而开创了我国神经网络研究的新纪元。

1.2.3 进化计算技术

1. 遗传算法的发展历程

从 20 世纪 60 年代开始,密歇根大学教授 Holland 开始研究自然和人工系统的自适应行为,开创了与目前类似的复制、交换、突变、显性、倒位等基因操作,建议采用二进制编码,提出了遗传算法理论。进入 80 年代,随着以符号系统模拟智能的传统人工智能陷入困境,神经网络、机器学习和遗传算法得到较大发展。进入 90 年代,以不确定性、非线性等为内涵,遗传算法在众多领域得到了广泛应用。

2. 遗传算法的基本理论研究

遗传算法理论研究内容包括遗传算法的编码策略、全局收敛性和搜索效率的数学基础、遗传算法的新结构、基因操作策略及其性能、遗传算法参数的选择以及与其他算法结合等方面的研究。

一般而言,遗传算法主要采用计算的方法模拟达尔文生物进化优胜劣汰过程。这是个使一个群体经过一代代选择、杂交和变异体现适应性的过程。在此过程中,好的个体具有较大的选择概率,由随机状态向好的状态和更好的状态进化。选择是按个体适应值具有较大概率者从群体中选择两个个体,如:

$$A = [X_1, X_2, \cdots, X_{j-1}, X_j, X_{j+1}, \cdots, X_n]$$
$$A = [Y_1, Y_2, \cdots, Y_{j-1}, Y_j, Y_{j+1}, \cdots, Y_n]$$

然后对这两个个体进行杂交。杂交过程是在染色体链中随机地选择杂交 j,交换两个父代染色体中 j 点以后的基因,杂交后的结果为

$$A = [X_1, X_2, \cdots, X_{j-1}, X_j, Y_{j+1}, \cdots, Y_n]$$
$$A = [Y_1, Y_2, \cdots, Y_{j-1}, Y_j, X_{j+1}, \cdots, X_n]$$

3. 进化计算与遗传算法的关系

进化计算(EC)体现了生物进化中的 4 个要素,即繁殖、变异、竞争和自然选择。目前进化计算包括遗传算法、进化策略、进化规划等。细分如下:

(1) 最具有代表性、最基本的遗传算法;

(2) 较偏向数值分析的进化策略;

(3) 介于数值分析和人工智能间的进化规划;

(4) 偏向进化的自组织和系统动力学特性的进化动力学;

(5) 偏向以程式表现人工智能行为的遗传规划;

(6) 适应动态环境学习的分类元系统;

(7) 用以观察复杂系统互动的各种生态模拟系统;

(8) 研究人工生命(artificial life)的细胞自动机;

(9) 模拟蚂蚁群体行为的蚁元系统。

4. 遗传算法参数的选择

遗传算法中需要选择的参数主要有串长 L,群体大小 n,交换概率 p_c 以及突变概率 p_m 等。二进制编码时,串长 L 的选择取决于特定问题解的精度。Goldberg 提出了变长度串的概念,并显示了良好性能,为了选择合适的 n、p_c、p_m,谢弗(Schaffer)建议的最优参数范围是 $n=20\sim30$, $p_c=0.75\sim0.95$, $p_m=0.005\sim0.01$。

目前常用的参数范围是 $n=20\sim200$, $p_c=0.5\sim1.0$, $p_m=0\sim0.05$,在简单遗传算法(SGA)或标准遗传算法(CGA)中,这些参数是不变的。

5. 遗传算法的应用

遗传算法的应用研究比理论研究更为丰富,已渗透到许多学科。遗传算法的应用按其方式可分为三大部分,即基于遗传的优化计算、基于遗传的优化编程、基于遗传的机器学习,分别简称为遗传计算(genetic computation)、遗传编程(genetic programming)、遗传学习(genetic learning)。

1.3 计算智能技术的综合集成

1.3.1 模糊系统与神经网络的结合

模糊技术的特长在于逻辑推理能力,容易进行高层的信息处理,将模糊技术引入神经网络可大大地拓宽神经网络处理信息的范围和能力,使其不仅能处理精确信息,也能处理模糊信息和其他不精确性联想映射,特别是模糊联想及模糊映射。

神经网络在学习和自动模式识别方面有极强的优势,采取神经网络技术来进行模糊信息处理,可以自动提取模糊规则及自动生成模糊隶属函数,使模糊系统成为一种具有自适应、自学习和自组织功能的模糊系统。

1.3.2 神经网络与遗传算法的结合

神经网络(NN)和遗传算法(GA)的结合表现在以下两个方面:一是辅助式结合,比较典型的是用 GA 对信息进行预处理,然后用 NN 求解问题,比如在模式识别中先用 GA 进行特征提取,而后用 NN 进行分类;二是合作方式结合,即 GA 和 NN 共同求解问题,这种结合的一种方式是在固定神经网络拓扑结构的情况下,利用 GA 研究网络的连接权重,另一种方式是直接利用 GA 优化 NN 的结构,然后用 BP 算法训练网络。

1.3.3 模糊技术、神经网络和遗传算法的综合集成

遗传算法是一种基于生物进化过程的随机搜索的全局优化方法,它通过交叉和变异大大减少了系统初始状态的影响,使得搜索到最优结果而不停留在局部最优处。遗传算法不仅可以优化模糊推理神经网络系统的参数,而且可以优化模糊推理神经网络系统的结构,即采用 GA 可以修正冗余的隶属函数,得到模糊推理神经网络的优化分层结构,产生简化的模糊推理神经网络结构(规则、参数、数值、隶属函数等)。用 NN、FL、GA 集成的系统,可以用 GA 调节和优化全局性的网络参数和结构,用 NN 学习方法调节和优化局部性的参数,从而大大地提高系统的性能。

习题

1. 什么是智能信息处理技术?简述智能信息处理技术的产生与发展趋势。
2. 什么是智能?请简要概括智能所具有的特征。
3. 人工智能有哪些主要的研究领域?
4. 如何对智能的层次进行划分?计算智能与人工智能存在哪些异同?
5. 请简要概括计算智能信息处理的三大主要技术。
6. 为什么需要对智能技术进行结合?智能技术有哪些结合方式?分别有什么特点?

第2章

神经计算

人的大脑是自然界所造就的最高级产物,人的思维由大脑完成,思维是人类智能的集中体现。人的思维主要可概括为逻辑思维和形象思维两种。以规则为基础的知识系统可被认为是模拟人的逻辑思维,而人工神经网络被认为是探索人的形象思维。

人工神经网络是一门发展十分迅速的交叉学科,是生理学上的真实人脑神经网络的结构和功能,以及若干基本特性的某种理论抽象、简化和模拟而构成的一种信息处理系统。从系统观点看,人工神经网络是大量神经元通过极其丰富和完善的连接而构成的非线性大规模自适应动力系统,具有学习能力、记忆能力、计算能力以及智能处理功能,并在不同程度和层次上模仿人脑神经系统的信息处理、存储和检索功能。同时,人工神经网络具有非线性、非局域性、非定常性、非凸性等特点,因此在智能控制、模式识别、计算机视觉、自适应滤波和信号处理、知识处理、智能传感器技术、生物医学工程等方面取得较大进展。

本章主要对神经网络的基本概念、基本原理进行简单介绍,并重点介绍目前常用的前馈型神经网络、反馈型神经网络、径向基函数网络、自组织神经网络以及模糊神经网络的模型、信息处理过程和应用等。这些网络已被广泛用于智能信息处理和控制中。

2.1 概述

2.1.1 神经网络的定义

人工神经网络(Artificial Neural Network,ANN)是由大量类似于生物神经元的处理单元相互连接而成的非线性复杂网络系统。它是用一定的简单的数学模型来对生物神经网络结构进行描述,并在一定的算法指导下,使其能够在某种程度上模拟生物神经网络所具有的智能行为,解决传统算法所不能胜任的智能信息处理问题。它是巨量信息并行处理和大规模并行计算的基础,神经网络既是高度非线性动力学系统,又是自组织自适应系统,可用来描述认知、决策和控制的智能行为。

2.1.2 神经网络的发展历史

对人工神经网络的研究始于1943年,经历70多年的发展,目前已经在许多工程研究领域得到了广泛应用。但它并不是从一开始就倍受关注,它的发展道路曲折、几经兴衰,大致可以分为以下5个阶段:

(1) 奠基阶段:1943年,由心理学家麦克洛奇和数学家皮兹合作,提出第一个神经计算模型,简称M-P模型,开创了神经网络研究这一革命性的思想。

(2) 第一次高潮阶段:20世纪50年代末60年代初,该阶段基本上确立了从系统的角度研究人工神经网络。1957年Rosenblatt提出的感知器(perceptron)模型,可以通过监督学习建立模式判别能力。

(3) 坚持阶段:随着神经网络研究的深入开展,人们遇到了来自认识、应用实现等方面的难题,一时难以解决。神经网络的工作方式与当时占主要地位的、以数学离散符号推理为基本特征的人工智能大相径庭,但更主要的原因是:当时的微电子技术无法为神经网络的研究提供有效的技术保证,使得在其后十几年内对神经网络的研究进入了一个低潮阶段。

(4) 第二次高潮阶段:20世纪70年代后期,由于神经网络研究者的突出成果,并且传统的人工智能理论和冯·诺依曼型计算机在许多智能信息处理问题上遇到了挫折,而科学技术的发展又为人工神经网络的物质实现提供了基础,促使神经网络的研究进入了一个新的高潮阶段。

(5) 快速发展阶段:自从对神经网络的研究进入第二次高潮以来,各种神经网络模型相继提出,其应用已经很快渗透到计算机图像处理、语音处理、优化计算、智能控制等领域,并取得了很大的发展。

2.1.3 神经网络的特点

神经网络的主要特点有以下几个方面:

(1) 具有高速信息处理的能力。神经网络是由大量的神经元广泛互连而成的系统,并行处理能力很强,因此具有高速信息处理能力。

(2) 神经网络的知识存储容量大。在神经网络中,知识与信息的存储表现为神经元之间分布式的物理联系,它分散地表示和存储于整个网络内的各神经元及其连线上。每个神经元及其连线只表示一部分信息,而不是一个完整具体概念。只有通过各神经元的分布式综合效果才能表达出特定的概念和知识。

(3) 具有很强的不确定性信息处理能力。由于神经网络中神经元个数众多以及整个网络存储信息容量的巨大,使得它具有很强的对不确定性信息的处理能力。即使输入信息不完全、不准确或模糊不清,神经网络仍然能够联想思维存在于记忆中的事物的完整图像。只要输入的模式接近于训练样本,系统就能给出正确的推理结论。

(4) 具有很强的鲁棒性。正是因为神经网络的结构特点及其信息存储的分布式特点,使得它相对于其他的判断识别系统(如专家系统等)具有另一个显著的优点:鲁棒性。生物神经网络不会因为个别神经元的损失而失去对原有模式的记忆。因某些原因,无论是网络的硬件实现还是软件实现中的某个或某些神经元失效,整个网络仍然能继续工作。

(5) 一种具有高度非线性的系统。神经网络同现行的计算机不同,是一种非线性的处理单元。只有当神经元对所有输入信号的综合处理结果超过某一阈值后才输出一个信号。因此神经网络是一种具有高度非线性的系统。它突破了传统的以线性处理为基础的数字电子计算机的局限,标志着人类智能信息处理能力和模拟人脑智能行为。

(6) 十分强的自适应、自学习功能。人工神经网络可以通过训练和学习来获取网络的权值与结构,呈现出很强的自学习能力和对环境的自适应能力。

2.1.4 神经网络的应用

近年来,人工神经网络独特的结构和信息处理方法,使其在许多实际应用领域中取得了显著的成绩。神经网络应用突出的领域有:

(1) 模式识别:如图像识别、语音识别、手写体识别等。

(2) 信号处理:包括特征提取、噪声抑制、统计预测、数据压缩、机器人视觉等。

(3) 判断决策:如模糊评判、市场分析、系统辨识、系统诊断、预测估值等。

(4) 组合优化:包括旅行商问题、任务分配、排序问题、路由选择等。

(5) 知识工程:如知识表示、专家系统、自然语言处理和实时翻译系统等。

(6) 复杂控制:包括多变量自适应控制、变结构优化控制、并行分布控制、智能及鲁棒控制等。

2.2 神经网络基本原理

2.2.1 神经元的基本构成

图 2-1 所示为一生物神经元。人脑大约由 140 亿个神经元组成,神经元互相连接成神经网络,是大脑处理信息的基本单元。神经元以细胞体为主体,有许多向周围延伸的不规则树枝状纤维构成的神经细胞,形状很像一棵枯树的枝干,主要由细胞体、树突、轴突和突触组成。轴突负责输出从神经核到其他神经元的信息,树突负责从其他神经元接收信息,来自神经元的电化学信号聚集在细胞核中。如果电信号聚合超过突触阈值,则形成电化学脉冲,沿轴突向下传播到其他神经元的树突。

20 世纪 60 年代,最早的"人造神经元"模型被提出,又称作"感知器"。神经元是神经网络操作的基本信息处理单位,是人工神经网络的设计基础。图 2-2 为"人工神经元"模型,接收多个输入,产生一个输出。$x_1, x_2, \cdots, x_n$ 表示神经元的 n 个输入,相当于生物神经元通过树突所接收的来自于其他神经元的神经冲动;$W_1, W_2, \cdots, W_n$ 分别表示 n 个输入神经元的连接强度,称为连接权值;θ 为神经元的输出阈值,相当于生物神经元的动作电位阈值;y 为神经元的输出,相当于生物神经元通过轴突向外传递的神经冲动。

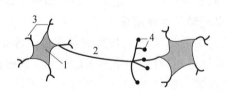

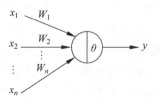

图 2-1 生物神经元基本构成   图 2-2 人工神经元模型

1—细胞体;2—轴突;3—树突;4—突触

组成人工神经元模型的3种基本元素：

(1) 突触或连接链：每一个都由其权值或者强度作为特征。假设x_j为突触j上的输入信号，连接到神经元k上，需要乘上k的突触权值W_{kj}。W_{kj}第一个下标k表示所连接到的神经元，第二个下标j表示权值所在的突触的输入端。人工神经元中W_{kj}可以取正值也可以取负值，正值表示兴奋型突触，负值表示抑制型突触。

(2) 加法器：用于求输入信号中神经元的相应突触加权的和。这个操作构成一个线性组合器。

(3) 激活(励)函数：用来限制神经元输出振幅。激活函数将输出信号限制在所允许的范围内。通常，一个神经元输出的正常幅值范围可以写成$[0,1]$或者$[-1,1]$。

2.2.2 神经元的基本数学模型

目前人们提出的神经元模型有很多，其中最早提出且影响最大的是1943年心理学家麦克洛奇和数理逻辑学家皮兹从信息处理的角度出发提出的形似神经元的著名的阈值加权和模型，简称M-P模型。M-P模型的提出开创了神经科学理论的新时代。

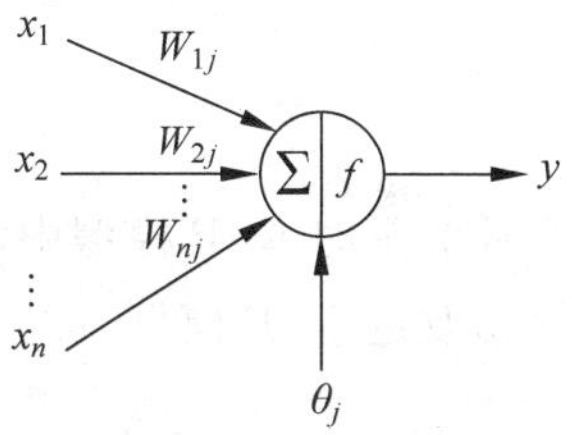

M-P模型将神经元视为二值开关元件，按不同方式组合完成各种逻辑运算，是大多数神经网络模型的基础，图2-3为经典M-P模型示意结构图。神经元j的输出可表示为式(2-1)，其中sgn为符号函数，θ_j为阈值。当净输入超过阈值时，取$+1$; 反之，取-1或0。

图2-3 经典M-P模型结构

$$y_j(t) = \text{sgn}\left(\sum_{i=1}^{n} W_{ij} x_i(t) - \theta_j\right) \tag{2-1}$$

在简化模型的基础上，通过以下六点对神经元的信息处理机制做简要介绍：

(1) 每个神经元都有多个输入、一个输出。人工神经元有多个输入信号，x_i表示每个输入神经元i的大小，y_j表示神经元的单输出。

(2) 神经元输入分兴奋型输入和抑制型输入两种。生物神经元具有不同的突触性质和突触强度，其对输入的影响是使得有些输入在神经元产生脉冲输出过程中所起的作用比另外一些输入更为重要。对神经元的每一个输入都有一个加权系数W_{ij}，称为权重值。正负模拟生物神经元中突触的兴奋和抑制，大小代表突触的不同连接强度。

(3) 神经元具有空间整合特性和阈值特性。作为ANN的基本处理单元，神经元需要对全部的输入信号进行整合。

(4) 神经元之间连接方式有两种，即兴奋型和抑制型突触，其中抑制型突触起否决作用。

(5) 权值表征每个输入对神经元的耦合程度，无耦合则权值为0。

(6) 突触接头上有时间延迟，以该延迟为基本时间单位，网络的活动过程可以离散化。

在经典M-P模型的基础上发展的延时M-P模型可表示为

$$y_j(t) = f\left[\sum_{i=1}^{n} W_{ij} x_i(t - \tau_{ij}) - \theta_j\right] \tag{2-2}$$

式中，τ_{ij}为突触时延。

延时 M-P 模型具有以下一些特点：

（1）神经元的状态满足"激活/抑制"规律；

（2）神经元为"多输入/单输出"处理单元；

（3）具有"空间整合"与"阈值"作用，即

$$y_j(t) = \begin{cases} 1, & \sum_{i=1(i\neq j)}^{n} W_{ij}x_i(t-\tau_{ij}) > \theta_j \\ 0, & \sum_{i=1(i\neq j)}^{n} W_{ij}x_i(t-\tau_{ij}) \leqslant \theta_j \end{cases} \tag{2-3}$$

（4）所有神经元具有相同的、恒定的工作节律，工作节律取决于突触时延 τ_{ij}；

（5）没有考虑时间整合作用和不应期；

（6）神经元突触时延 τ_{ij} 为常数，权系数也为常数，即

$$W_{ij} = \begin{cases} 1, & W_i \text{ 为兴奋型输入时} \\ -1, & W_i \text{ 为抑制型输入时} \end{cases} \tag{2-4}$$

针对延时 M-P 模型中没有考虑时间整合和不应期的特点，考虑时间整合作用和不应期发展出改进 M-P 模型，即

$$y_j(t) = f\left[\sum_{j=1}^{n} W_{jj}(k)x_j(t-k\tau_{jj}) + \sum_{i=1(i\neq j)}^{n} W_{ij}(k)x_i(t-k\tau_{ij}) - \theta_j\right] \tag{2-5}$$

式中，$W_{ij}(k)$ 随 $k(k=1,2,\cdots)$ 变化，即随时延变化，且

$$W_{ij} = \begin{cases} > 0, & \text{兴奋型突触} \\ \leqslant 0, & \text{抑制型突触} \end{cases} \tag{2-6}$$

$\sum_{i=1(i\neq j)}^{n} W_{ij}(k)x_i(t-k\tau_{ij}) - \theta_j(k=1,2,\cdots)$ 表示对过去所有输入进行时间整合。

而 $W_{jj}(k)$ 表示神经元内的反馈连接权：

$$W_{jj}(k) = \begin{cases} -a, & \theta_j = \infty, & \text{绝对不应期} \\ -h(k), & \beta < \theta_j < \infty, & \text{相对不应期} \\ 0, & \theta_j \leqslant \beta, & \text{反应期} \end{cases} \tag{2-7}$$

式中，a 为整数；$h(k)$ 为 k 单调减的指数函数。

改进的 M-P 模型与传统 M-P 模型的主要区别在于其结构可塑性，在改进的 M-P 模型中权系数 $W_{ij}(k)$ 是可变的。

2.2.3 基本激活函数

激活函数有多种不同形式，常用的激活函数有阈值函数（阶跃函数）、线性函数、分段线性函数、S(Sigmoid)型函数和高斯函数等。

1. 阈值函数

麦克洛奇和皮兹最初提出 M-P 神经元时采用的阈值函数形式如下：

$$f(\xi) = \begin{cases} 1, & \xi \geqslant 0 \\ -1, & \xi < 0 \end{cases} \tag{2-8}$$

整合后的输入信号超过输出阈值时，神经元输出 1，表示神经元处于兴奋状态；否则输

出 -1,表示神经元处于抑制状态。这里神经元处于抑制状态时输出为 -1,为一对称型函数；还可以采取非对称型函数,在抑制状态时输出为 0。函数形式为

$$f(\xi) = \begin{cases} 1, & \xi \geqslant 0 \\ 0, & \xi < 0 \end{cases} \tag{2-9}$$

2. 线性函数

采用线性激活函数的神经元,其输出结果等于输入整合结果,即

$$f(\xi) = \xi \tag{2-10}$$

3. 分段线性函数

分段线性函数的一般形式为

$$f(\xi) = \begin{cases} 1, & 1 \leqslant \xi \\ \xi, & -1 < \xi < 1 \\ -1, & \xi \leqslant -1 \end{cases} \tag{2-11}$$

与阈值函数相似,分段线性函数也可以采用非对称形式。

4. S型函数

S 型函数是具有单增性、光滑性和渐近性质的非线性连续函数,目前在人工网络的构造中应用最为普遍。典型的 S 型函数包括 Logistic 函数和双曲正切函数。

1) Logistic 函数

$$f(\xi) = \frac{1}{1 + e^{-\xi}} \tag{2-12}$$

不同于阈值函数的二值特性,即仅取 -1 和 1(或 0 和 1),S 型函数的值域是 $0 \sim 1$ 的连续区间,并且 S 型函数是可微的,而阈值函数不可微。

2) 双曲正切函数

$$f(\xi) = \tanh\left(\frac{\xi}{2}\right) = \frac{1 - e^{-\xi}}{1 + e^{-\xi}} \tag{2-13}$$

双曲正切函数允许 S 型的激活函数取负值。

5. 高斯函数

高斯函数表达式为

$$f(\xi) = e^{-\xi^2/2\sigma^2} \tag{2-14}$$

式中: σ 为标准差。

图 2-4 给出了上述五类六种激活函数的图示和符号。

2.2.4　神经网络的拓扑结构

在 M-P 神经元的基础上,多个神经元的互连形成人工神经网络。出于对生物神经系统的不同认识和理解,以及不同的计算目标,人们根据不同的神经元互连方式,形成了不同的网络拓扑结构。主要的神经网络拓扑结构包括单层网络、多层网络和回归型网络。

1. 单层网络

最简单的网络是把一组几个节点形成一层,如图 2-5 所示。

图 2-5 中,左边的小圆圈表示输入信号,没有计算功能,只将右边表示一组节点的大圆

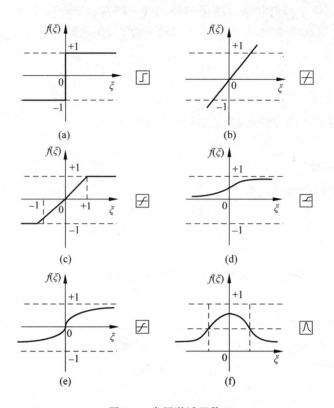

图 2-4 常用激活函数

（a）阈值函数；（b）线性函数；（c）分段线性函数；（d）Logistic-S 型函数；（e）双曲正切-S 型函数；（f）高斯函数

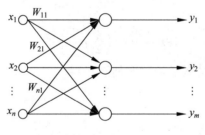

图 2-5 单层网络

圈看作网络的一层。输入信号可表示为行向量 $X=(x_1,x_2,\cdots,x_n)$，每一分量通过加权连接到各节点。每个节点产生一个输入的加权和。实际的人工神经网络和生物神经网络中有些连接可能不存在，为更一般化，这里仍然采用全连接，并且都是前馈连接。在图 2-5 所示的单层网络中，把各加权值表示为加权矩阵 W，即

$$W = \begin{bmatrix} W_{11} & W_{12} & \cdots & W_{1m} \\ W_{21} & W_{22} & \cdots & W_{2m} \\ \vdots & \vdots & \ddots & \vdots \\ W_{n1} & W_{n2} & \cdots & W_{nm} \end{bmatrix} \tag{2-15}$$

矩阵的维数是 $n \times m$，n 是输入信号向量的分量数。称输入信号向量为输入图形。m 是

该层内的节点数。输入信号的加权和可表示为

$$S = XW = (x_1, x_2, \cdots, x_n) \begin{bmatrix} W_{11} & W_{12} & \cdots & W_{1m} \\ W_{21} & W_{22} & \cdots & W_{2m} \\ \vdots & \vdots & \ddots & \vdots \\ W_{n1} & W_{n2} & \cdots & W_{nm} \end{bmatrix}$$

式中：S 为各节点加权和的行向量，$S = (s_1, s_2, \cdots, s_m)$。输出向量 $Y = (y_1, y_2, \cdots, y_m)$，其中 $y_i = F(s_j)$。

2. 多层网络

大而复杂的网络可以提供更强的计算能力，但是它们的结构都是按层排列，即将单层网络进行级联，上一层的输出作为下一层的输入。图 2-6 表示了两层和三层网络，其中的多层网络均为前馈全连接多层网络。

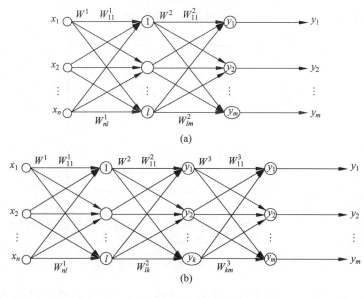

图 2-6 多层网络

（a）两层网络；（b）三层网络

构成多层网络时的层间转移函数是非线性的，从而加强了多层网络的计算能力。假设两层网络中层间的转移函数是线性函数，第一层的输出为 XW_1，其作为第二层的输入，通过第二个加权矩阵得到的网络输出为

$$Y = (XW_1)W_2 \quad \text{或} \quad Y = X(W_1W_2) \tag{2-16}$$

式(2-16)表明，两层线性网络中两个加权矩阵的乘积等效于单层网络的加权矩阵，所以，多层网络中层间的转移函数是非线性的。多层网络中，接收输入信号的输入层只起着输入信号缓冲器的作用，没有处理功能，不计入网络的层数。产生输出信号的层为输出层。输入层和输出层之间的中间层称为隐含层，隐含层可以是零也可以是几层。

3. 回归型网络

回归型网络（反馈网络）指包含反馈连接的网络。反馈连接就是一层的输出通过连接权回送到同一层或前一层的输入。图 2-7 所示为一层和两层反馈网络。一层反馈网络中，只

限于一层之内的连接称为层内连接或层内横向反馈连接。与层内横向反馈连接的网络等效的拓扑表示称为交叉连接方式或纵横连接方式,如图 2-8 所示。这种结构表示纵横线的矩阵方式便于将网络转换为硬件,交叉点的电阻起加权的作用,三角表示加权求和的运算放大器。

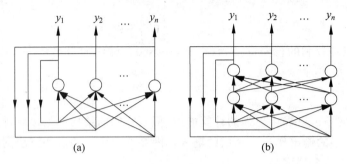

图 2-7　反馈网络

(a) 一层反馈网络;(b) 两层反馈网络

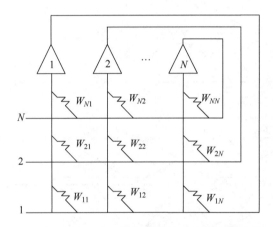

图 2-8　一层反馈网络的交叉连接表示方式

反馈网络是一类应用广泛的网络。非回归型的网络不需要存储记忆,它的输出只是由当前的输入和加权值确定。而在一些回归网络中,总是将以前的输出循环返回到输入,所以其输出不但取决于当前的输入,而且取决于之前的输出。

2.3　前馈型神经网络

前馈型神经网络结构是分层的,每一层都和其后一层的所有单元连接,信息只能从输入层单元到其后一层单元。信息前向传播,误差反向传播。

2.3.1　感知器

1. 感知器简介

1958 年,美国心理学家 Rosenblatt 提出一种具有单层计算单元的神经网络,称为Perceptron,即感知器。感知器是模拟人的视觉接收环境信息,并由神经冲动进行信息传递的层次型神经网络。感知器研究中首次提出了自组织、自学习的思想,并且对所能解决的问题存在着收敛算法,能从数学上严格证明,因而对神经网络研究起到了重要推动作用。自适应线性神经元网络、BP 网络、径向基函数网络等常见的前馈型神经网络在结构上都属于感知器,只是在网络层数、神经元激活函数和网络学习算法等方面有所区别。

单层感知器的结构与功能简单,网络本身有其内在的局限性,例如感知器网络不能实现某些基本的功能(异或等)。20 世纪 80 年代,改进的(多层)感知器网络和相应学习规则的提出才克服了这些局限性。

2. 单层感知器网络模型

单层感知器是一个具有一层神经元、采用阈值激活函数的前向网络。这种前向网络没有反馈连接和层内连接,输出只有一个节点。单层感知器网络模型如图 2-9 所示。

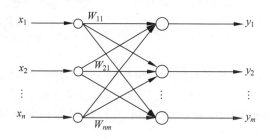

图 2-9　单层感知器网络模型

一个输出节点的加权和为

$$S_j = W_{1j}x_1 + W_{2j}x_2 + \cdots + W_{nj}x_n = \sum W_{ij}x_i \tag{2-17}$$

输出为

$$y_j = f(S_j) = f\left(\sum W_{ij}x_i\right) = \begin{cases} 1, & S_j > 0 \\ -1(0), & S_j < 0 \\ \text{不变}, & S_j = 0 \end{cases} \tag{2-18}$$

通过对网络权值的训练,可以使感知器对一组输入向量的响应达到元素为 1 或 -1(或者 1 或 0)。单层感知器的外部输出只有两种状态,所以实际上是一种输入模式的分类器,判决输入模式属于两类中的某一类(A 类或 B 类),从而实现对输入向量分类的目的。如果输入 x 有 P 个样本 $x^k (k=1,2,\cdots,P; x \in \mathbf{R}^n)$,已经知道 x^k 为 A 模式时,其目标输出 d^k 为 A 类,实际输出 y^k 应为 $+1$;如果 x^k 为 B 模式,其目标输出为 B 类,实际输出 y^k 应为 -1 或 0。

图 2-10 给出了只有两个输入时,权值 W_{ij} 的学习过程。在网络作为数据分类器运行时,如输入一个数据 x^1,其输出 y^1 取 $+1$,则表示 x^1 属于 A 类,如 y^1 取 -1,则表示 x^1 属于 B 类。

单层的感知器模型的缺点是只能用于线性可分的模式分类问题。如果数据不是线性可行的,就找不到合适的权值将数据完全分开。反之,如果能找到三条直线 l_1、l_2、l_3 相与,就可以将两类数据完全分开了,多层感知器网络可以完成这一功能。采用多层网络结构可以增强网络的分类能力。

3. 多层感知器网络模型

图 2-11 所示为一个二层的感知器网络,除了输出层外,还有一个中间层,称为隐含层。

每一个节点只能前向连接到其下一层的所有节点,没有隔层的前向连接。为便于理解,以两个输入 x_1、x_2,一个输出 y 为例,有两个中间层处理单元 h_1 和 h_2。

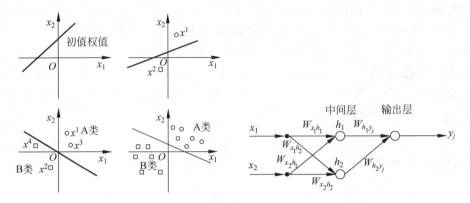

图 2-10　权值的学习过程　　　　图 2-11　多层感知器网络模型

多层感知器网络中,输入和中间层处理单元的关系与单层感知器网络一样,每个中间层处理单元通过权值调整确定一个判决线的位置,然后通过加权和(相与)得到凸域,将两类数据完全分开,如图 2-12 所示。已经证明,一个三层的感知器网络可以产生任意复杂的判决域。

一般而言,感知器可以实现他联想。习惯上称感知器的他联想能力为功能表示能力。这种能力通过学习而记忆在权值中,而这些特定的权值是通过有指导的训练获得的。

2.3.2　BP 神经网络

1974 年,Werbos 提出了 BP(Back-Propagation)理论,为神经网络的发展奠定了基础。1986 年,RuMelhart 和 McClelland 提出了多层网络学习的误差反向传播学习算法——BP算法,该算法除考虑最后一层外,还考虑网络中其他层权重值的改变,较好地解决了多层网络的学习问题,反向传播算法成为最著名的多层网络学习算法。采用 BP 算法的多层感知器称为误差反向传播网络,通常简称 BP 网络。BP 网络在模式识别、图像处理、系统辨识、函数拟合、优化计算、最优预测和自适应控制等领域有着较为广泛的应用。

1. BP 神经元及 BP 网络模型

BP 神经元的一般模型如图 2-13 所示。

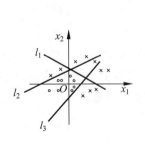
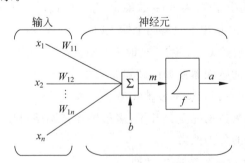

图 2-12　数据不是线性可分的　　　图 2-13　BP 神经元的一般模型

BP神经元的变换函数为非线性 S 型函数,该作用函数使得输出量为 0~1 的连续量,因此可以实现从输入到输出的任意非线性映射。输出为

$$a = \lg \text{Sigmoid}(W_p + b) \tag{2-19}$$

BP神经网络通常由输入层、隐含层和输出层组成,层与层之间全互连,每层节点之间不相连。它的输入层节点的个数通常取输入向量的维数;输出层节点的个数通常取输出向量的维数;隐含层节点个数目前尚无确定的标准,需通过反复测试的方法,得到最终结果。图 2-14 显示的是一个典型的二层 BP 网络。

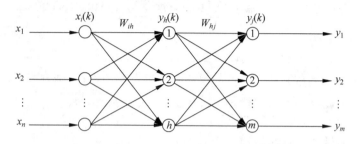

图 2-14　二层 BP 网络

在这个二层 BP 网络中,有 n 个输入,m 个输出,一个中间层。输入节点、中间节点和输出节点分别用下标 i、h、j 表示;输入 x_i 到中间层 h 节点的权值用 W_{ih} 表示;中间层节点 h 到输出层节点 j 的权值用 W_{hj} 表示。

2. BP 网络的权值调整方法

对于前述二层 BP 网络,输入数据为 x,设其目标输出为 $\boldsymbol{d}$,而实际输出为 $\boldsymbol{y}$,如图 2-15 所示。

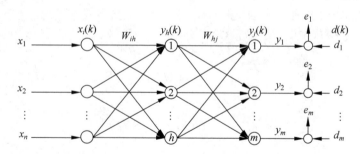

图 2-15　二层 BP 网络权值调整

为训练网络,由 $[\boldsymbol{x}^k, \boldsymbol{d}^k](k=1,2,\cdots,p)$ 组成训练对,上标 k 表示训练对的序号。$\boldsymbol{x}$ 既可以是二进制数,也可以是连续值。

当输入第 k 个数据 $\boldsymbol{x}(k)$ 时,中间层节点 h 的输入加权和为

$$S_h(k) = \sum_i x_i(k) W_{ih} \tag{2-20}$$

相应地,节点 h 的输出为

$$y_h(k) = f\big[S_h(k)\big] = f\left[\sum_i x_i(k) W_{ih}\right] \tag{2-21}$$

这时,输出层节点 j 的加权和为

$$S_j(k) = \sum_h y_h(k) W_{hj}$$

$$= \sum_h W_{hj} \cdot f\left[\sum_i x_i(k) W_{ih}\right] \quad (2\text{-}22)$$

输出层节点 j 的输出为

$$y_h(k) = f[S_j(k)] = f\left[\sum_h y_h(k) W_{hj}\right]$$

$$= f\left\{\sum_h W_{hj} \cdot f\left[\sum_i x_i(k) W_{ih}\right]\right\} \quad (2\text{-}23)$$

输出层节点 j 的误差为

$$e_j(k) = d_j(k) - y_j(k) \quad (2\text{-}24)$$

如果用 k 个输入的所有输出节点的误差平方综合作为指标,则有

$$J(\boldsymbol{W}) = \frac{1}{2}\sum_k \sum_j [e_j(k)]^2 = \frac{1}{2}\sum_k \sum_j [d_j(k) - y_j(k)]^2 \quad (2\text{-}25)$$

其中,
$$y_j(k) = f[S_j(k)]$$

$$S_j(k) = \sum_h y_h(k) W_{hj}$$

$$y_h(k) = f[S_h(k)]$$

$$[S_h(k)] = f\left[\sum_i x_i(k) W_{ih}\right]$$

由于转移函数是连续可微的,显然,J 是每个权值的连续可微函数。

采用梯度规则,由 J 对各个 $\boldsymbol{W}$ 求导,可以求得使 J 减小的梯度,作为调整权值的方向。

1) 由中间层到输出层的权值 W_{hj} 的调整

由微分的链式规则,有

$$\frac{\partial J(\boldsymbol{W})}{\partial W_{hj}} = \sum_k \frac{\partial J(\boldsymbol{W})}{\partial y_j(k)} \cdot \frac{\partial y_j(k)}{\partial S_j(k)} \cdot \frac{\partial S_j(k)}{\partial W_{hj}}$$

$$= -\sum_k [d_j(k) - y_j(k)] \cdot f'[S_j(k)] \cdot y_h(k) \quad (2\text{-}26)$$

定义
$$\delta_j(k) = e_j(k) \cdot f'[S_j(k)] \quad (2\text{-}27)$$

则有

$$\frac{\partial J(\boldsymbol{W})}{\partial W_{hj}} = -\sum_k \delta_j(k) \cdot y_h(k) \quad (2\text{-}28)$$

这样,由中间层到输出层的权值 W_{hj} 的调整量为

$$\Delta W_{hj} = -\eta \frac{\partial J(\boldsymbol{W})}{\partial W_{hj}} = \eta \sum_k \delta_j(k) \cdot y_h(k) \quad (2\text{-}29)$$

2) 由输入到中间层的权值 W_{ih} 的调整

由微分的链式规则(图 2-16),有

$$\frac{\partial J(\boldsymbol{W})}{\partial W_{hj}} = \sum_{k,j} \frac{\partial J(\boldsymbol{W})}{\partial y_j(k)} \cdot \frac{\partial y_j(k)}{\partial S_j(k)} \cdot \frac{\partial S_j(k)}{\partial y_h(k)} \cdot \frac{\partial y_h(k)}{\partial S_h(k)} \cdot \frac{\partial S_h(k)}{\partial W_{hj}}$$

$$= -\sum_k [d_j(k) - y_j(k)] \cdot f'[S_j(k)] \cdot W_{hj} \cdot f'[S_h(k)] \cdot x_i(k) \quad (2\text{-}30)$$

定义

$$\delta_h(k) = f'[S_h(k)] \cdot \sum_j W_{hj}\delta_j(k) \tag{2-31}$$

则有

$$\frac{\partial J(\boldsymbol{W})}{\partial W_{hj}} = -\sum_k \delta_h(k) \cdot x_i(k) \tag{2-32}$$

这样,由输入到中间层的权值的调整量为

$$\Delta W_{ih} = -\eta \frac{\partial J(\boldsymbol{W})}{\partial W_{hj}} = \eta \sum_k \delta_h(k) \cdot x_i(k) \tag{2-33}$$

可得出对任意层间权值调整的一般式

$$\Delta W_{pq} = \eta \sum_k \delta_q(k) \cdot y_p(k) \tag{2-34}$$

式中:y_p 为 p 给 q 节点的输入;δ_q 为 p 和 q 连接的输出误差。δ_q 由具体的层决定,对于输出层,有

$$e_j(k) = d_j(k) - y_j(k) \tag{2-35}$$
$$\delta_j(k) = e_j(k) \cdot f'[S_j(k)] \tag{2-36}$$

对于最后一个中间层,有

$$e_h(k) = \sum_j W_{hj} \cdot \delta_j(k) \tag{2-37}$$
$$\delta_h(k) = e_h(k) \cdot f'[S_h(k)] \tag{2-38}$$

如果前面还有中间层,再利用式(2-37)和式(2-38)计算,一直由输出误差 $e_j(k)$ 一层一层地反向传播计算到第一中间层为止。这一误差反向传播关系如图 2-17 所示。

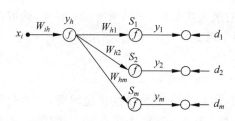

图 2-16 前向计算关系

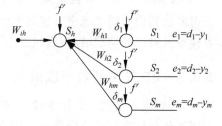

图 2-17 反向传播关系

3. BP 网络的训练步骤

1) 计算各层神经元的输入和输出

隐含层输入

$$S_h(k) = \sum_i x_i(k)W_{ih}$$

隐含层输出

$$y_h(k) = f[S_h(k)] = f\left[\sum_i x_i(k)W_{ih}\right]$$

输出层输入

$$S_j(k) = \sum_h y_h(k)W_{hj}$$

$$= \sum_h W_{hj} \cdot f\left[\sum_i x_i(k)W_{ih}\right]$$

输出层输出

$$y_h(k) = f[S_j(k)] = f\left[\sum_h y_h(k)W_{hj}\right]$$

$$= f\left\{\sum_h W_{hj} \cdot f\left[\sum_i x_i(k)W_{ih}\right]\right\}$$

2）计算输出层误差

$$e_j(k) = d_j(k) - y_j(k)$$

$$\delta_j(k) = e_j(k) \cdot f'[S_j(k)], \quad j = 1, 2, \cdots, m$$

式中：m 为输出层节点数。

3）计算隐含层误差

$$e_h(k) = \sum_l \delta_1(k) \cdot W_{h1}$$

$$\delta_h(k) = e_h(k) \cdot f'[S_h(k)], \quad h = 1, 2, \cdots, H$$

式中：h 为某一中间层的一个节点；H 为该中间层的节点数；l 为该中间层节点 h 的下一层的所有节点。

4）修正网络中的连接权值

$$W_{pq}(k+1) = W_{pq}(k) + \eta\delta_q(k) \cdot y_p(k)$$

式中：W_{pq} 为由中间层 p 或输入 p 到节点 q 的权值；y_p 为节点 p 的输出或节点 q 的输入 p；η 为训练速率，一般 $\eta = 0.01 \sim 1$。

5）计算全局误差，判断网络误差是否满足要求

当误差达到预设精度或学习次数大于设定的最大次数时，则结束算法；否则，选取下一个学习样本及对应的期望输出，返回进入下一轮学习。

2.3.3 BP 算法的若干改进

BP 算法实质上是把一组样本输入/输出问题转化为一个非线性优化问题，并通过梯度算法利用迭代运算求解权值问题的一种学习方法。但是 BP 算法还存在一些缺陷，如易形成局部极小而得不到整体最优；迭代次数多，收敛慢等。

针对 BP 算法的缺点，国内外学者提出了不少改进方法。使 BP 算法最优化的一种方法是对学习速率自动地寻找合适的值。全局自适应技术利用整个网络状态的知识（例如以前的权步方向）去修改全局参数，即对每个可调参数根据学习情况用同样的学习速率加以改变。

1. 附加冲量项

为加快训练速度，修改反向传播中的学习速率，使其包含一个冲量项，即在每个加权调节量上加上一项正比于前次加权变化量的值。加入冲量项的加权调节为

$$W_{pq}(k+1) = W_{pq}(k) + \eta\delta_q \cdot y_p + \alpha[W_{pq}(k) - W_{pq}(k-1)] \tag{2-39}$$

2. 自适应学习速率法

1989—1990 年 R. SaloMon 用一种简单的进化策略来调节学习速率。从某个 η 开始，

下一步更新通过增加和减小学习速率去完成,产生比较好性能中的一个被用作下一步更新的起始点。

3. 共轭梯度法

共轭梯度法中加权调整公式为

$$W(k+1) = W(k) + \eta(k) \cdot d(k) \tag{2-40}$$

$$d(0) = -\nabla E(W(0)) \tag{2-41}$$

$$d(k) = -\nabla E(W(k)) + \beta(k) \cdot d(k-1) \tag{2-42}$$

其中,

$$\beta(k) = \frac{\nabla E(W(k))^{\mathrm{T}} \cdot \nabla E(W(k))}{\nabla E(W(k-1))^{\mathrm{T}} \cdot \nabla E(W(k-1))} \tag{2-43}$$

或

$$\beta(k) = \frac{[\nabla E(W(k)) - \nabla E(W(k-1))]^{\mathrm{T}} \cdot \nabla E(W(k))}{\nabla E(W(k-1))^{\mathrm{T}} \cdot \nabla E(W(k-1))} \tag{2-44}$$

4. 变尺度法

标准的 BP 学习算法采用的是一阶梯度法,因而收敛较慢。若采用二阶梯度法,则可以大大改善收敛性。二阶梯度法的算法为

$$W(k+1) = W(k) - \alpha [\nabla^2 E(k)]^{-1} \cdot \nabla E(k) \tag{2-45}$$

其中,

$$\nabla E(k) = \frac{\partial E}{\partial W(k)}, \quad \nabla^2 E(k) = \frac{\partial^2 E}{\partial W^2(k)}, \quad 0 < \alpha \leqslant 1 \tag{2-46}$$

虽然二阶梯度法具有比较好的收敛性,但是它需要计算 E 对 W 的二阶导数,这个计算量是很大的。所以一般不直接采用二阶梯度法,而常常采用变尺度法或共轭梯度法,它们具有二阶梯度法收敛较快的优点,而又无须直接计算二阶梯度。下面具体给出变尺度法的算法:

$$W(k+1) = W(k) - \alpha H(k) \cdot D(k) \tag{2-47}$$

其中,

$$H(k) = H(k-1) - \frac{\Delta W(k)\Delta W^{\mathrm{T}}(k)}{\Delta W^{\mathrm{T}}(k) \cdot \Delta D(k)} - \frac{H(k-1)\Delta D(k) \cdot \Delta D^{\mathrm{T}}(k)H(k-1)}{\Delta D^{\mathrm{T}}(k) \cdot H(k-1) \cdot \Delta D(k)}$$

$$\Delta W(k) = W(k) - W(k-1)$$

$$\Delta D(k) = D(k) - D(k-1)$$

5. 快速的优化学习算法

一种新的变学习速率优化学习算法(Minimization Learning Algorithm,MLA),其基本思想是:在极小点附近用二阶 Taylor 多项式近似目标函数 $J(W)$,以求出极小点的估计值。

定义误差学习的性能指标为

$$J(W) = \frac{1}{2}\sum_{i=1}^M E_i^2(W) = \frac{1}{2}\sum_k \sum_{i=1}^M (y_d(k) - y_k(k))^2 \tag{2-48}$$

式中:W 为网络权值向量;E_i 表示期望输出 y_d 与神经网络实际输出值 y_k 之间的误差。

根据函数极值理论,函数 $J_k(W)$ 在极小点附近的二次近似性能指标为

$$g_k(W) = a_k + (W - W_k)^{\mathrm{T}} H_k^{-1}(W - W_k) \tag{2-49}$$

式中：a_k 为二次近似函数的极小值；H_k^{-1} 为正定的 Hessian 矩阵，$H_k^{-1} \in \mathbf{R}^{n \times n}$。

函数 $E_i(\mathbf{W})$ 在 $\mathbf{W}_k$ 点附近取一阶 Taylor 多项式，即

$$E_i(\mathbf{W}) = E_i(\mathbf{W}_k) + (\mathbf{W} - \mathbf{W}_k)^{\mathrm{T}} \nabla E_i(\mathbf{W}_k) + H \cdot O \cdot T \tag{2-50}$$

式中：$\nabla E_i(\mathbf{W}_k)$ 为 $E_i(\mathbf{W}_k)$ 对 $\mathbf{W}_k$ 的梯度。

将上式略去高阶项 $H \cdot O \cdot T$ 后，代入性能指标式中，得到性能函数的一阶近似

$$J_k(\mathbf{W}) \approx \sum_{i=1}^{m} \left[E_i(\mathbf{W}_k) + (\mathbf{W} - \mathbf{W}_k)^{\mathrm{T}} \nabla E_i(\mathbf{W}_k) \right]^2 \tag{2-51}$$

在 MLA 算法中，$J_k(\mathbf{W})$ 的二次近似值可由上式展开为

$$J_{k+1}(\mathbf{W}) = \lambda J_k(\mathbf{W}) + \left[E_i(\mathbf{W}_k) + (\mathbf{W} - \mathbf{W}_k)^{\mathrm{T}} \cdot \nabla E_i(\mathbf{W}_k) \right]^2 \tag{2-52}$$

式中，$0 < \lambda < 1$ 为遗忘因子。为了导出递归学习过程，可将二次近似性能指标式代入上式中的 $J_k(\mathbf{W})$，并整理得

$$\begin{aligned} J_{k+1}(\mathbf{W}) = &E_i^2(\mathbf{W}_k) + \lambda a_k + 2 E_i(\mathbf{W}_k) \cdot (\mathbf{W} - \mathbf{W}_k)^{\mathrm{T}} \cdot \nabla E_i(\mathbf{W}_k) + \\ &(\mathbf{W} - \mathbf{W}_k)^{\mathrm{T}} \left[\lambda H_k^{-1} + \nabla E_i(\mathbf{W}_k) \cdot \nabla E_i^{\mathrm{T}}(\mathbf{W}_k) \right] (\mathbf{W} - \mathbf{W}_k)^{\mathrm{T}} \end{aligned} \tag{2-53}$$

可得

$$\begin{aligned} g_{k+1}(\mathbf{W}) = &a_{k+1} + (\mathbf{W} - \mathbf{W}_{k+1})^{\mathrm{T}} H_{k+1}^{-1} (\mathbf{W} - \mathbf{W}_{k+1}) \\ = &\left[a_{k+1} + (\mathbf{W}_k - \mathbf{W}_{k+1})^{\mathrm{T}} H_{k+1}^{-1} (\mathbf{W}_k - \mathbf{W}_{k+1}) \right] + \\ &2 (\mathbf{W} - \mathbf{W}_{k+1})^{\mathrm{T}} H_{k+1}^{-1} (\mathbf{W}_k - \mathbf{W}_{k+1}) + \\ &(\mathbf{W} - \mathbf{W}_k)^{\mathrm{T}} H_{k+1}^{-1} (\mathbf{W} - \mathbf{W}_k) \end{aligned} \tag{2-54}$$

令 $J_{k+1}(\mathbf{W}) = g_{k+1}(\mathbf{W})$，得到

$$E_i^2(\mathbf{W}_k) + \lambda a_k = a_{k+1} + (\mathbf{W}_k - \mathbf{W}_{k+1})^{\mathrm{T}} H_{k+1}^{-1} (\mathbf{W}_k - \mathbf{W}_{k+1}) \tag{2-55}$$

$$H_{k+1}^{-1} = \lambda H_k^{-1} + \nabla E_i(\mathbf{W}_k) \cdot \nabla E_i^{\mathrm{T}}(\mathbf{W}_k) \tag{2-56}$$

$$E_i(\mathbf{W}_k) \cdot \nabla E_i(\mathbf{W}_k) + H_{k+1}^{-1}(\mathbf{W}_k - \mathbf{W}_{k+1}) \tag{2-57}$$

利用矩阵逆定理，由式(2-56)可得

$$H_{k+1} = \lambda^{-1} \left(H_k - \frac{H_k \nabla E_i(\mathbf{W}_k) \cdot \nabla E_i^{\mathrm{T}}(\mathbf{W}_k) H_k}{\beta_k} \right) \tag{2-58}$$

$$\beta_k = \lambda + \nabla E_i^{\mathrm{T}}(\mathbf{W}_k) H_k \cdot \nabla E_i(\mathbf{W}_k) \tag{2-59}$$

在式(2-56)中，两边同时乘上 H_k 得 $H_{k+1}^{-1} = -\beta_k H_k^{-1}$，并代入式(2-57)，整理后最终得到神经网络权值的 MLA 学习算法：

$$\begin{cases} \mathbf{W}_{k+1} = \mathbf{W}_k - H_k E_i(\mathbf{W}_k) \cdot \nabla E_i(\mathbf{W}_k) / \beta_k \\ H_{k+1} = \lambda^{-1} (H_k - H_k \nabla E_i(\mathbf{W}_k) \cdot \nabla E_i^{\mathrm{T}}(\mathbf{W}_k) H_k) / \beta_k \\ \beta_k = \lambda + \nabla E_i^{\mathrm{T}}(\mathbf{W}_k) \cdot H_k \cdot \nabla E_i(\mathbf{W}_k) \\ H_1 = I \text{(单位阵)} \end{cases} \tag{2-60}$$

其中，

$$\nabla E(\mathbf{W}_k) = \frac{\partial E}{\partial \mathbf{W}_k}$$

2.3.4 前馈型神经网络的应用

20 世纪 60 年代开始，作为一门新学科，模式识别逐渐应用于各种科技和工业领域。模式识别研究的内容是让机器通过学习自主识别事物，对表征事物或现象的各种形式的信息

进行处理和分析,以及对事物或现象进行描述、辨认、分类和解释的过程。人脸识别、声音识别、指纹识别、医学诊断领域的研究应用,使模式识别成为一门热门的学科。但传统的模式识别方法很难完成人脸识别、声音识别等需要直接感知外界信息领域的识别任务。人工神经网络由于其自组织和非算法特性,在模式识别应用方面有很大的发展潜力。

图 2-18 所示为模式识别系统结构。

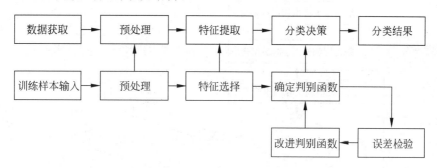

图 2-18 模式识别系统结构

一个典型的模式识别系统由数据获取、预处理、特征提取、分类决策和分类器设计五部分组成。

(1)数据提取:计算机提取的数据通常有三种类型,第一种是一维波形信息,如心电图、气象信息图等;第二种是二维图像信息,如图片、指纹、文字等;第三种是物理参数,如气温参数、水温参数等。

(2)数据预处理:计算机对初步提取的数据信息进行去噪声、复原、提取相关参数。

(3)数据特征提取:对预处理提取的数据信息进行变换处理,获取反映分类本质的特征。对原始数据的高维数测量空间进行转换,形成反映分类识别的低维数特征空间。

(4)分类器设计:通过训练确定判决规则,训练样本,确定分类器判别函数,并不断改进判别函数和误差检验,建立错误率最低的标准库。

(5)分类决策:以分类器设计所建立的标准库为标准,对特征空间的特别对象进行分类。

以 BP 网络在模式识别中的应用为例,设计一个网络并训练其识别字母表的 26 个字母,数字成像系统对每个字母进行分析并将其变成数字信号,字母 R 的网格图如图 2-19所示。

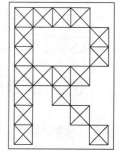

图 2-19 理想的字母 R 的网格图

通过 5×7 像素的二值数字图像来表示英文字母的对应图像。以字符的 35 个布尔数值作为 BP 网络输入,以 26 个字符的所在位置作为输出向量。现实中的字符图像不一定很精确,所以要求 BP 网络要有一定的容错能力。利用 newff 函数设计一个二层的 BP 神经网络、以 loasia 传递函数建立第一、第二层的神经元。结合 2.3.2 节内容,BP 学习算法流程图如图 2-20 所示。

事实上,图 2-19 只是理想图像系统得到的结果,而在实际情况中总会存在噪声干扰,或者存在某些非线性因素,使得实际得到的字母网格图如图 2-21 所示。

分别用无噪声和含噪声的训练网络进行仿真,误差结果曲线如图 2-22 所示。

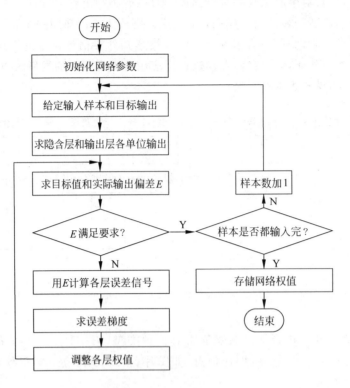

图 2-20　BP 学习算法流程图

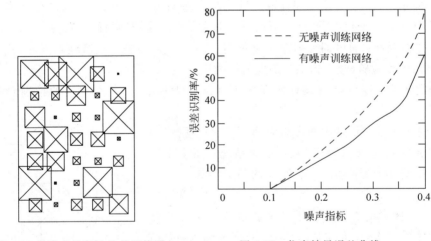

图2-21　带噪声的字母 R 的网格图　　　图 2-22　仿真结果误差曲线

　　图 2-22 中,虚线表示无噪声样本训练的网络,实线表示含噪声样本训练的网络。横坐标为噪声指标,纵坐标为字符识别错误率。可以看到,输入噪声指标低于 0.1 时,两种网络对字符识别的能力都很高。输入噪声指标大于 0.1 时,经过含噪声样本训练的网络,容错能力较高。因此,可以在网络训练时增加噪声信号的数量,从而提高网络的容错能力;若需要达到更高精度,可以增加网络训练时间或增加网络隐含层神经元数目。

2.4 反馈型神经网络

反馈网络的目的是设计一个网络,存储一组平衡点,使得当给网络一组初始值时,网络通过自行运行而最终收敛到这个设计的平衡点上。反馈网络能够表现出非线性动力学系统的动态特性。它具有以下两个主要特性:

(1) 网络系统具有若干个稳定状态。当网络从某一初始状态开始运动时,网络系统总可以收敛到某一个稳定的平衡状态。

(2) 系统稳定的平衡状态可以通过设计网络的权值而被存储到网络中。

2.4.1 Hopfield 神经网络

1982 年,美国加州工学院 J. Hopfield 提出了可用作联想存储器和优化计算的反馈网络,称为 Hopfield 神经网络(HNN)模型。Hopfield 神经网络是一种循环神经网络,从输出到输入由反馈连接,根据反馈网络信号时域的性质,可以分为离散型 Hopfield 网络(DHNN)和连续型 Hopfield 网络(CHNN)两种。

激活函数 $f(\cdot)$ 是一个二值型阶跃函数的网络,称为离散型反馈网络,主要用于联想记忆;$f(\cdot)$ 是连续单调上升的有界函数的网络,称为连续型反馈网络,主要用于优化计算。

1. 离散型 Hopfield 网络

离散型 Hopfield 网络是处理输入和输出取二值的网(如取 ±1),而连续型 Hopfield 网络则为连续值,二者的基本网络结构不变。离散型 Hopfield 网络的基本结构如图 2-23 所示。

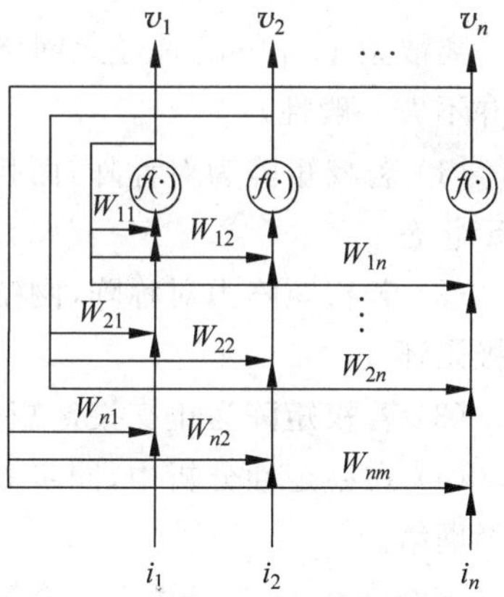

图 2-23 所示的离散型 Hopfield 网络中包含 n 个神经元,设 S_j 为神经元 j 的输入加权和,u_j 为神经元 j 的输入状态,v_j 为 j 的输出状态。则网络的输入/输出为

$$S_j(t) = \sum_i W_{ij} v_i(t) + i_j \tag{2-61}$$

$$u_j(t) = S_j(t) \tag{2-62}$$

$$v_j(t+1) = f(u_j(t)) = \text{sgn}[u_j(t)] \tag{2-63}$$

$$\text{sgn}[u_j(t)] = \begin{cases} +1, & u_j(t) \geq 0 \\ -1, & u_j(t) < 0 \end{cases} \tag{2-64}$$

$$\forall i,j = 1,2,\cdots,n$$

图 2-23 离散型 Hopfield 网络

式中,i_j 可以作为 $u_j(t)$ 的一个初值,也可以作为输入,由于网络是反馈运行的,i_j 输入后撤去,网络仍可运行。若 i_j 永远接在输入端,则 i_j 可以作为一个阈值,设为 $i_j = -\theta_j$。

网络中 n 个节点之间的连接强度用矩阵 W 表示,W 为 $n \times n$ 方阵。由图可见,Hopfield 网络为一层结构的反馈网络,能处理双极型离散数据(即输入 $x \in \{-1,+1\}$),及二进制数据($x \in \{0,1\}$)。当网络经过训练后(权值已经确定),可以认为网络处于等待工作状态。给定网络一个初始输入,网络就处于特定的初始状态,由此初始状态开始运行,可以得到网络输出即网络的下一状态。并且,该输出状态通过反馈回送到网络的输入端,形成网络下一阶段运行的新的输入信号,这个输入信号可能与初始输入信号 x 不同,由这个新的输入又可得到下一步新的输出,这个输出也可能与上一步的输出不同。如此循环,多次反馈运行后,网络状态的变化减少,如果网络是稳定的,最后网络状态将不再变化,最终达到稳态。

网络神经元的演变有两种方式:

(1) 异步方式(或串行方式)。在任一时刻 t,只有某一神经元的状态进行更新,而其余的神经元状态保持不变,用公式表示为

$$v_j(t+1) = \text{sgn} \mid u_j(t) \mid = \text{sgn}\left\{ \sum W_{ij} \cdot v_i(t) \right\} \tag{2-65}$$

对于特定的 j 单元:

$$v_j(t+1) = v_i(t), \quad i \in (1,2,\cdots,n), i \neq j \tag{2-66}$$

按确定的顺序来更新每一种神经元状态,称为顺序更新;按预先设定的概率选择更新的神经元,称为随机更新。

(2) 同步方式(或并行方式)。在任一时刻 t,所有的神经元同时进行状态更新,用公式表示为

$$v_j(t+1) = \text{sgn}\{u_j(t)\} = \text{sgn}\left\{ \sum_i W_{ij} \cdot v_i(t) \right\} \tag{2-67}$$

在同步方式时,状态转移可写成矩阵形式,即

$$\boldsymbol{v}(t+1) = \text{sgn}\{\boldsymbol{W} \cdot \boldsymbol{v}(t)\} \tag{2-68}$$

离散型 Hopfield 神经元网络在不同工作方式下的性能有以下一些结论(均假设 $\theta = 0$,这并不失一般性):

(1) 若权矩阵为对称阵,而且对角线元素非负,那么,网络在异步方式下必收敛于一个稳定状态。

(2) 若权矩阵为对称阵,网络在同步工作方式下必收敛到一个稳定状态或者周期为 2 的极限环。

(3) 若权矩阵为正交投影矩阵,那么在同步工作方式下必收敛到一个稳定状态。

(4) 在稳定性分析中,同步方式工作的神经元网络可以等价于另一个异步方式工作的神经网络。

若网络在 $t=0$ 时输入一个模式数据,网络初始状态为 $\boldsymbol{v}(0)$,经过某一有限时间 t 的演变以后,网络的输出不再变化,即

$$\boldsymbol{v}(t+k) = \boldsymbol{v}(t), \quad k \geqslant 0 \tag{2-69}$$

则称网络是稳定的,并称此 $\boldsymbol{v}$ 为稳定吸引子或稳定点。当网络处在稳定点时,每个神经元的输出满足

$$v_j(t+1) = v_j(t) = \text{sgn} \mid u_j(t) \mid = \text{sgn}\left\{ \sum W_{ij} \cdot v_i(t) \right\} \tag{2-70}$$

$$i \in (1,2,\cdots,n)$$

网络没有稳定吸引子时,如果网络状态在某些状态间有规律地振荡,则称网络处于极限环状态。

对于离散型 Hopfield 神经网络，Hopfield 定义了一个能量函数：

$$E = -\frac{1}{2}\sum_i\sum_j W_{ij}v_iv_j - \sum_i i_jv_i \tag{2-71}$$

由于 v_i、v_j 只能为 $+1$ 或 -1，W_{ij} 和 i_i 有界，故 E 是有界的。

从任一初始状态开始，在每次迭代时，如果都能满足 $\Delta E \leqslant 0$，那么，网络的能量将会越来越小，最后趋向于稳定点 $\Delta E = 0$，说明状态的运动最后达到稳定。

对于网络的稳定性，由式(2-71)的判据可以证明：

(1) 如网络满足 $W_{ij}=W_{ji}$，$W_{ii}\leqslant 0$，i、$j=1,2,\cdots,n$，并按异步方式工作，则对于状态的任意改变，网络能量 E 均单调下降，即网络是稳定的。

(2) 如网络满足 $W_{ij}=W_{ji}$，i、$j=1,2,\cdots,n$，网络权矩阵正定，并按同步方式工作，则对于网络状态的每次变化，网络能量 E 单调下降，网络收敛于稳定点。

2. 连续型 Hopfield 网络

连续型 Hopfield 网络基本结构同离散型 Hopfield 网络，如图 2-23 所示。但连续型 Hopfield 网络中的输入和输出取连续值，是随时间变化的状态变量。输入与输出关系为连续可调的单调上升函数：

$$S_j = \sum_i W_{ij}v_i + i_j \tag{2-72}$$

$$a_ju_j = -b_j\frac{\mathrm{d}u_j}{\mathrm{d}t} + S_j, \quad a_j、b_j > 0 \tag{2-73}$$

$$v_j = f(u_j), \quad j = 1,2,\cdots,n \tag{2-74}$$

神经元的输入加权和 S_j 和神经元的输入状态 u_j 用动态方程表示；神经元的转移函数 $f(\cdot)$ 常用 $f(u)=1/(1+e^{-\lambda u})$ 或 $f(u)=\mathrm{th}(\lambda u)$ 表示；神经元的输出状态 v_j 相应地为 $0\sim-1$ 或 $-1\sim+1$ 的连续值。

和离散型 Hopfield 网络相比，网络神经元状态的改变方式除了异步、同步外，还有连续更新的形式，表示网络中所有节点都随连续时间并行更新。网络中的状态是在一定范围内连续变化的。

网络的输入与输出关系可以用图 2-24 所示的运算放大器来模拟。

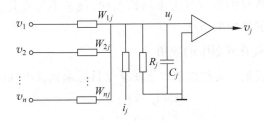

图 2-24　神经网络的模拟电路

其中，运算放大器模拟神经元的转移特性函数 f；输入电阻决定各神经元之间的连接强度，即

$$W_{ij} = 1/R_{ij}$$

放大器输入端的电容 C_j 及电阻 R_j 决定了神经元输入状态 u_j 与输出状态 v_j 之间的时间常数。

对图 2-24 所示电路,由基尔霍夫电路定律整理后可以写出微分方程式:

$$C_j \frac{\mathrm{d}u_j}{\mathrm{d}t} + \frac{u_j}{R_j} = \sum_i \frac{1}{R_{ij}}(v_i - u_j) + i_j \tag{2-75}$$

上述微分方程反映了网络状态连续更新的意义。随着时间的增长变化,网络逐渐趋于定态,在输出端可以得到稳定的输出。

网络的稳定性同样可以用能量函数的概念加以说明。定义系统的能量函数为

$$E = -\frac{1}{2}\sum_i^n \sum_j^n W_{ij}v_iv_j - \sum_j^n v_ji_j + \sum_j^n a_j \int_o^{v_j} f^{-1}(v)\mathrm{d}v \tag{2-76}$$

式中:$f^{-1}(v)$ 为 v 的逆函数,即 $f^{-1}(v_j) = u_j$。

如果网络结构满足 $W_{ij} = W_{ji}$,$W_{ii} = 0$,$i,j \in (1,2,\cdots,n)$,f^{-1} 是单调递增且连续的函数,则由式(2-72)~式(2-74)描述的网络是稳定的。即沿系统的运动轨迹有 $\frac{\mathrm{d}E}{\mathrm{d}t} \leqslant 0$,当且仅当 $\frac{\mathrm{d}v_i}{\mathrm{d}t} = 0$ 时,$\frac{\mathrm{d}E}{\mathrm{d}t} = 0$。由全导数公式有

$$\frac{\mathrm{d}E}{\mathrm{d}t} = \sum_j \frac{\partial E}{\partial v_j} \cdot \frac{\mathrm{d}v_j}{\mathrm{d}t} \tag{2-77}$$

其中,

$$\frac{\partial E}{\partial v_j} = -\frac{1}{2}\sum_i W_{ij}v_i - \frac{1}{2}\sum_i W_{ij} \cdot v_i + au_j - i_j$$

$$= -\left(\sum_i W_{ij}v_i - a_ju_j + i_j\right) = -b_j \frac{\mathrm{d}u_j}{\mathrm{d}t} \tag{2-78}$$

将式(2-78)代入式(2-77),得

$$\frac{\mathrm{d}E}{\mathrm{d}t} = -\sum_j b_j \frac{\mathrm{d}u_j}{\mathrm{d}t} \cdot \frac{\mathrm{d}v_j}{\mathrm{d}t} = -\sum_j b_j \frac{\mathrm{d}f^{-1}}{\mathrm{d}v_j}\left(\frac{\mathrm{d}v_j}{\mathrm{d}t}\right)^2 \tag{2-79}$$

由于 f^{-1} 是单调上升函数,$\frac{\mathrm{d}f^{-1}}{\mathrm{d}v_j} > 0$,并且 $b_j > 0$,故 $\frac{\mathrm{d}E}{\mathrm{d}t} < 0$。

只有对所有 j 满足 $\frac{\mathrm{d}v_j}{\mathrm{d}t} = 0$ 时,才有 $\frac{\mathrm{d}E}{\mathrm{d}t} = 0$。随着时间的增长以及状态的变化,能量是降低的。当且仅当网络中所有的节点状态不再改变时,能量不再变化,此时达到能量的极小点。网络的稳定点就是能量的极小点。

3. Hopfield 网络在优化问题中的应用

最优化问题是求解满足一定约束条件下使某个目标函数极小(或极大),即求 $\boldsymbol{x}$ 使

$$\min f(\boldsymbol{x})$$
$$\text{s. t. } \boldsymbol{g}(\boldsymbol{x}) = 0$$

式中:$\boldsymbol{x}$ 为 n 维,$\boldsymbol{g}$ 为 m 维,f 为一维。

Hopfield 网络用于优化计算的基本原理是在串行工作方式下,把一组初始状态映射到网络中。在网络的运行过程中,能量函数不断降低。当网络的状态不再变化时,网络达到稳定状态。用 Hopfield 网络解决优化问题的一般过程如下:

(1) 对于待求的问题,选择一种合适的表示方法,将神经网络的输出与问题的解对应起来;

(2) 构造神经元网络的能量函数,使其最小值对应于问题的最佳解;

(3) 由能量函数逆推神经元网络的结构,即神经元之间的权值 W_{ij} 和偏置输入 I_j;

(4) 由网络结构建立起网络,令其运行,那么稳定状态就是在一定条件下问题的最优解。

以旅行商问题(Travelling Salesman Problem,TSP)为例。这是一个典型的离散最优化问题。旅行商最优路径问题(TSP 问题)是人工智能中的一个典型问题。假定有 n 个城市的集合 $C_1,C_2,\cdots,C_n$,C_i 到 C_j 的距离为 $d_{ij}(d_{ij}=d_{ji})$,试找出一条经过每个城市仅一次的最短而且回到开始的出发地的路径。如果用传统的穷举搜索法,需要找出全部路径的组合,再对其进行比较,找到最佳路径。这种方法随着城市数目的增加,存在组合爆炸,工作量急剧增加。因此用传统的串行计算机难以在有限时间内得以解决。而用神经网络则可以迅速有效地加以解决。

1) 用 Hopfield 网络求解时的表达方法

任何一个城市在一条路径上的位置(次序)可以用一个 n 维向量表示。以 5 个城市为例,如果 C_1 是第 2 个访问,则可表示成 01000,即只有第 2 个神经元的输出为 1,其余都是 0。为了表示所有的城市,就需要一个 $n \times n$ 矩阵,称为关联矩阵。如果 $n=5$,则有表 2-1。

表 2-1　关联矩阵

城市	次序 i				
	1	2	3	4	5
C_1	0	1	0	0	0
C_2	0	0	0	1	0
C_3	1	0	0	0	0
C_4	0	0	0	0	1
C_5	0	0	1	0	0

它表示了以 C_3 为起点,以 $C_3 \rightarrow C_1 \rightarrow C_5 \rightarrow C_2 \rightarrow C_4$ 为顺序的一条路径。路径长度为

$$d = d_{C_3 C_1} + d_{C_1 C_5} + d_{C_5 C_2} + d_{C_2 C_4} + d_{C_4 C_3}$$

为了描述一条有效的路径,必须有:①关联矩阵的每一行有且只有一个元素为 1,其余为 0,这表示每个城市只访问一次;②每一列有且只有一个元素为 1,其余为 0,这表示每一次只能访问一个城市;③访问的城市的总数应为 n 个。

2) 构造能量函数

根据要求的目标函数写出能量函数的第一项。若神经元的输出用 $v_{xi},v_{yi},\cdots$ 表示,下标 x、y 表示城市 $C_1,C_2,\cdots$;i、j 表示访问的次序。这样,目标函数 $f(v)$ 可表示为

$$f(\boldsymbol{v}) = \frac{A}{2} \sum_x \sum_{y \neq x} \sum_i d_{xy} v_{xi} (v_{y,i+1} + v_{y,i-1}) \qquad (2\text{-}80)$$

式中:d_{xy} 为两个不同城市 C_x 和 C_y 之间的距离;如果 $v_{xi}=0$,那么,这个输出对 $f(v)$ 没有贡献;如果 $v_{xi}=1$,则寻找与 i 相邻次序的城市,例如 $v_{C_1 2}=1$,那么在关联矩阵中可以找到与 $v_{C_1 2}$ 相邻列上的非零的 $v_{C_3 1}$ 和 $v_{C_3 3}$;这时在 $f(v)$ 中得到 $d_{C_3 C_1}$ 和 $d_{C_1 C_5}$ 两个相加的量;其余类推。式中 A 为大于零的常数。由于每个距离计算了两次,故用 2 除。

根据约束条件 $g(v)$,用罚因子写出罚函数,作为能量函数的第二项,使在满足约束条件时,罚函数最小。约束条件 $g(v)$(罚函数)有 3 项,对应于有效路径的 3 个条件,即行约束条件、列约束条件和全局约束条件:

$$g(\boldsymbol{v}) = \frac{B}{2}\sum_x\sum_i\sum_{j\neq i}v_{xi}v_{xj} + \frac{C}{2}\sum_i\sum_x\sum_{y\neq x}v_{xi}v_{yi} + \frac{D}{2}\left(\sum_x\sum_i V_{xi} - n\right)^2 \quad (2\text{-}81)$$
$$B, C, D > 0$$

在满足约束的情况下，$g(\boldsymbol{v}) = 0$。

总的能量函数中加上 $\sum a_j \int f^{-1}(\boldsymbol{v})\mathrm{d}\boldsymbol{v}$：

$$E = \frac{A}{2}\sum_x\sum_{y\neq x}\sum_i d_{xy}v_{xi}(v_{y,i+1} + v_{y,i-1}) + \frac{B}{2}\sum_x\sum_i\sum_{j\neq i}v_{xi}v_{xj} +$$
$$\frac{C}{2}\sum_i\sum_x\sum_{y\neq x}v_{xi}v_{yi} + \frac{D}{2}\left(\sum_x\sum_i v_{xi} - n\right)^2 - \sum_x\sum_i I_{xi}v_{xi} +$$
$$\sum_x\sum_i a_{xi}\int v_{xi} f^{-1}(\boldsymbol{v})\mathrm{d}\boldsymbol{v} \quad (2\text{-}82)$$

3）由能量函数求状态方程

由
$$b_{xi}\frac{\mathrm{d}u_{xi}}{\mathrm{d}t} = -\frac{\partial E}{\partial v_{xi}}$$

得
$$b_{xi}\frac{\mathrm{d}u_{xi}}{\mathrm{d}t} = -a_{xi}u_{xi} + S_{xi} \quad (2\text{-}83)$$

其中，
$$S_{xi} = -A\sum_{y\neq x}d_{xy}(v_{y,i+1} + v_{y,i-1}) - B\sum_{j\neq i}v_{xj} - C\sum_{y\neq x}v_{yi} -$$
$$D\left(\sum_x\sum_i v_{xi} - n\right) + I_{xi} \quad (2\text{-}84)$$

式中，如果参数 A、B、C、D、d_{xy} 已经给定，则蕴含权值已经给定，与标准式对比，可以求出 x_i 与 y_i 之间的权值。

实际用于计算时，适当选择参数，随机选择网络的初始状态，让网络按式（2-82）运行，当达到稳态时，就求得最优解。但要注意，这样求得的最优解不能保证是总体最优解，而常常是局部最优解。

假设有 10 个城市，其坐标分别为

$$C_1 = (0.4000, 0.4439); \quad C_2 = (0.2439, 0.1463);$$
$$C_3 = (0.1707, 0.2293); \quad C_4 = (0.2293, 0.7610);$$
$$C_5 = (0.5171, 0.9414); \quad C_5 = (0.8732, 0.6536);$$
$$C_7 = (0.6878, 0.5219); \quad C_8 = (0.8488, 0.3609);$$
$$C_9 = (0.6683, 0.2536); \quad C_{10} = (0.6195, 0.2634)$$

给定网络参数：$A = B = D = 500, C = 1000$。

仿真结果如图 2-25 所示，经 5 次迭代后路径长度为 2.6907。

4. Hopfield 网络在 A/D 变换器中的应用

用人工神经网络设计一个 A/D 变换器，要求输入是一个连续的模拟量，输出为 0,1 的数字量 $v_i \in \{0,1\}$，v_i 代表第 i 个神经元的输出 $v_i = F(x_i)$，F 为单调上升有限函数。

（1）如果考虑 4 位 A/D，那么其目标函数 $f(\boldsymbol{v})$ 为

$$f(\boldsymbol{v}) = \frac{1}{2}\left(A - \sum_{i=0}^{3}v_i 2^i\right)^2 > 0$$

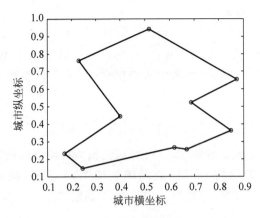

图 2-25　TSP 仿真结果

式中：A 为输入的模拟量；v_i 为数字量，对于 $i=0,1,2,3$，只可能为 1 或 0；2^i 表示数字量的二进制位数。目标函数大于零，因此 $f(v)$ 存在极小界线。

（2）考虑约束条件

$$g(v) = -\frac{1}{2} \sum_{i=0}^{3} (2^i)^2 (v_i - 1) v_i$$

$g(v)$ 保证输出 v_i 只能为 0 或 1，因为只有在 $v_i=0$ 或 $v_i=1$ 时，$g(v)=0$，而 v_i 在 0～1 之间的任意实数 $g(v)>0$，因此约束条件是输出为数字量的保证。

（3）写出总的能量函数 E，这里需要考虑到电路设计时的具体条件而加上一个大于零的积分项：

$$t_{\mathrm{p}} = \sum_i \frac{1}{R} \int_0^{v_i} F^{-1}(\eta) \mathrm{d}\eta$$

可得

$$\begin{aligned}
E &= f(v) + g(v) + t_{\mathrm{p}}(v) \\
&= \frac{1}{2} \left(A - \sum_{i=0}^{3} v_i 2^i \right)^2 - \frac{1}{2} \sum_{i=0}^{3} (2^i)^2 (v_i - 1) v_i + \sum_i \int_0^{v_i} \frac{1}{R_i} F^{-1}(\eta) \mathrm{d}\eta
\end{aligned}$$

十分明显，E 是大于零的，但 $E(0) \neq 0$，$E(0) = \frac{1}{2} A^2$，E 在低端是有界的，$E_{\min} \geqslant 0$。

（4）计算 $\dfrac{\mathrm{d}v_i}{\mathrm{d}t}$，其中 v_i 为输出值，与状态值 x_i 有一点差距，$\dfrac{\mathrm{d}v_i}{\mathrm{d}t} = F'(x_i) \dfrac{\mathrm{d}x_i}{\mathrm{d}t}$，$F'(x_i) > 0$ 在放大区内近似为一个常数，假如令在放大区内的 $F'(x) = C_i$，则有

$$\begin{aligned}
\frac{\partial E}{\partial v_i} &= -\frac{\mathrm{d}v_i}{\mathrm{d}t} = -C_i \frac{\mathrm{d}x_i}{\mathrm{d}t} \\
&= -2^i A + \frac{1}{2} \sum_j 2^{i+j} v_j + \frac{1}{2} \sum_i 2^{j+i} v_i - (2^j)^2 v_i + 2^{2i-1} + \frac{1}{R_i} x_i \\
&= \frac{x_i}{R_i} + \sum_{\substack{j \\ i \neq j}} 2^{i+j} v_j + 2^{2i-1} - 2^i A
\end{aligned}$$

（5）将上式与 Hopfield 状态方程 $C_i \dfrac{\mathrm{d}x_i}{\mathrm{d}t} = -\dfrac{x_i}{R_i} + \sum_{j=1}^{n} W_{ij} v_j + i_j$ 相比，得

$$W_{ij} = (-2^{i+j}); \qquad i_i = (-2^{2i-1} + 2^i A)$$

（6）根据总的能量函数可得

$$W_{12} = W_{21} = -2^3; \quad W_{13} = W_{31} = -2^4 = -16; \quad W_{01} = W_{10} = -2;$$

$$W_{02} = W_{20} = -4; \quad W_{30} = W_{03} = -8; \quad W_{11} = W_{22} = W_{33} = W_{00} = 0$$

输入由两个量组成，一个是模拟量输入后得到的，另一个是固定的输入量，其状态方程满足

$$C_i \frac{\mathrm{d}x_i}{\mathrm{d}t} = -\frac{x_i}{R_i} + \sum_j w_{ij} v_j + i_j$$

上述设计可以用电路来实现，如图 2-26 所示，权的负值用两个倒相的运算放大器来完成，图中标出的数值是以导纳表示的 W_{ij} 值，其结果如图 2-27 表示，输入为 $0 \sim 15\mathrm{V}$，而输出为 $0000 \sim 1111$，电路正确地反映了这种输入模拟量 A 和输出数字量 D 之间的关系。

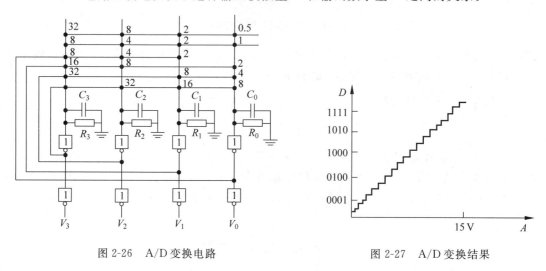

图 2-26　A/D 变换电路　　　　　　图 2-27　A/D 变换结果

优化问题的设计是将问题通过设计转化为能量函数，随着函数的转化，电路也就随之被设计出，同时可得最后的解。

2.4.2　BAM 网络

1. 拓扑结构

双向联想记忆网络（Bidirectional Associative Memory，BAM）是一种两层的异联想、内容可寻址存储器组成的反馈网络。BAM 采用前向和反向信息流以产生对存储激励响应联想的联想寻找。对网络的一端输入信号，则可在另一端得到输出，该输出又反馈回来，如此反复，直到网络达到稳态为止。

图 2-28 为 BAM 网络的基本结构。BAM 网络能够实现异联想问题。假设在网络的 x 输入端输入初始模式 $\boldsymbol{x}(0)$，则 $\boldsymbol{x}(0)$ 通过权矩阵 $\boldsymbol{W}_1$ 加权后而后至 y 端，通过 y 端输出节点转移特性 f_y 的非线性变换，变为 y 端输出 $\boldsymbol{y}(0) = f_y[\boldsymbol{x}(0) \cdot \boldsymbol{W}_1]$。$\boldsymbol{y}(0)$ 再反馈回来，经过 $\boldsymbol{W}_2$ 加权后至 x 端输入，再经过 x 端输出节点转移特性 f_x 的非线性变换，变为 x 端输出 $\boldsymbol{x}(1) = f_x[\boldsymbol{y}(0) \cdot \boldsymbol{W}_2]$。如此反复进行，可写出 BAM 网络状态转移的一般方程为

$$\begin{cases} \boldsymbol{x}(t) = f_y\{f_x[\boldsymbol{x}(t-1) \cdot \boldsymbol{W}_1] \cdot \boldsymbol{W}_2\} \\ \boldsymbol{y}(t) = f_y\{f_x[\boldsymbol{y}(t-1) \cdot \boldsymbol{W}_2] \cdot \boldsymbol{W}_1\} \end{cases} \tag{2-85}$$

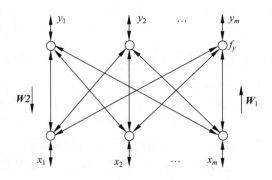

图 2-28 BAM 网络基本结构

若权矩阵 W 经过充分训练,网络达到稳定,那么对于初始输入 $x(0)$,经过有限次运行后,网络就达到稳定状态 $(x(t),y(t))$。若输入 $x(0)=x^i$,即离 x^i 比其他已经存储模式 x^i 更近,这样,才认为 $x(t)=x^i$。此时,网络在 x 输出端重建了被干扰的模式。同时,还有 $y(t)=y^i$,即网络在 y 输出端实现了网络的异联想。对 y 端初始输入 $y(0)$ 也有类似的过程。请注意,$x(t),y(t)$ 均为稳定状态。

2. 学习规则

对于离散 BAM,神经元转移特性函数可选用 $f_x(x)=f_y(x)=\mathrm{sgn}(x)$。当网络只存储一对模式 (x^1,y^1) 时,若想使 x^1,y^1 都是稳定状态,即模式对 (x^1,y^1) 为网络的不动点,应用条件

$$y^1 = \mathrm{sgn}(x^1 \cdot W_1) \tag{2-86}$$

$$x^1 = \mathrm{sgn}(y^1 \cdot W_2) \tag{2-87}$$

若 $W_1=\alpha (x^1)^{\mathrm{T}} y^1,W_2=\alpha (y^1)^{\mathrm{T}} x^1$ 存在,那么式(2-86)和式(2-87)肯定成立。式中,α 为大于零的常数,为方便计,一般取 $\alpha=1$。

当网络存储模式对集合 $\{(x^1,y^1),(x^2,y^2),\cdots,(x^p,y^p)\}$,可将存储对模式的结论直接推广,得出 BAM 网络的 Hebb 学习公式为

$$W_1 = \alpha \sum_{k=1}^{D} (x^k)^{\mathrm{T}} \cdot y^k \tag{2-88}$$

$$W_2 = \alpha \sum_{k=1}^{D} (y^k)^{\mathrm{T}} \cdot x^k \tag{2-89}$$

当 $\alpha=1$ 时,网络的连接强度矩阵显然有

$$W_1 = W_2^{\mathrm{T}} \tag{2-90}$$

3. 网络的稳定性

网络的能量函数可定义为

$$E = -\frac{1}{2} xWy^{\mathrm{T}} - \frac{1}{2} yW^{\mathrm{T}} x^{\mathrm{T}} \tag{2-91}$$

因为标量 $yW^{\mathrm{T}} x^{\mathrm{T}}=(xWy^{\mathrm{T}})^{\mathrm{T}}=xWy^{\mathrm{T}}$,所以上式可写为

$$E = -xWy^{\mathrm{T}} \tag{2-92}$$

对非零门限值的情况,可定义能量函数

$$E = -xWy^{\mathrm{T}} + x\theta + y\mu \tag{2-93}$$

式中：$\boldsymbol{\theta}=(\theta_1,\theta_2,\cdots,\theta_n)$为 x 端各节点门限值；$\boldsymbol{\mu}=(\mu_1,\mu_2,\cdots,\mu_m)$为 y 端各节点门限值。

4. 网络结构的其他形式

利用人工神经元网络实现 BAM 的结构有多种形式，其中一种就是把离散 BAM 网络推广到连续取值的情形。实际上，将连续 BAM 看作连续型 Hopfield 网络的直接推广更为合适，这两种网络的运行方程及能量函数，甚至用电子电路来实现等方面都具有很大的相似性。连续 BAM 也可看作一种适应性网络，即对网络权值作连续缓慢的调整，以使其适应于环境。通过恰当地定义能量函数，也可证明此时网络仍是稳定的。

自适应 BAM 是让短期记忆的一些稳态来回反响，最后逐渐把信息存入长期记忆中去，后者体现在 **W** 中，这是学习过程。请注意在学习期间，$\boldsymbol{W}_{ij}$ 的变化比 $\boldsymbol{x}$，$\boldsymbol{y}$ 的变化缓慢得多，不变权值总是导致全局稳定性，在学习过程中认为网络处在平衡状态。

BAM 网络甚至也可扩展成为竞争的学习形式。此时，对网络的结构要稍加修改，即在 x 和 y 端增加横向连接，以形成竞争机制。BAM 网络还可推广到高阶，构成自适应 BAM、高阶异关联网络等。BAM 网络主要应用于图像处理、语音处理和控制系统。在国外已有由 BAM 原理制造成的产品出售。

2.4.3　Hamming 网络

1987 年由 Lippmann 等人提出的一种与 Hopfield 网络大同小异的网络称为 Hamming 网络，这是一种由上、下两层组成的网络。其拓扑结构如图 2-29 所示。

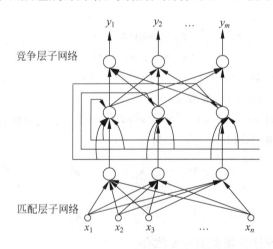

图 2-29　Hamming 神经网络的结构

Hamming 网络由匹配层子网络和竞争层子网络组成，匹配层子网络完成类别样本记忆存储及输入模式与样本模式的匹配度计算功能；竞争层子网络通过迭代寻找最大匹配度输出。

令下层单元数为 n，每个单元输出的可能值为 $x_i=+1$（或 -1），上层单元数为 m，两层之间连接权重为 $\boldsymbol{W}_{ij}(0\leqslant i\leqslant n-1,0\leqslant j\leqslant m-1)$，上层之间的连接权重 $T_{ki}(0\leqslant k,l\leqslant m-1)$；此外，对上层单元来说，来自下层单元的总输入具有非线性阈值函数的形式，阈值记为 $\zeta_j(0\leqslant j\leqslant m-1)$。上层单元的输出也具有非线性阈值函数形式，但取阈值为零。其中，非线性阈值函数的定义为

$$f_i(u-\zeta) = \begin{cases} 0, & u < \zeta \\ u-\zeta, & \zeta \leqslant u \leqslant u_c \\ \text{常数}, & u > u_c \end{cases} \qquad (2\text{-}94)$$

式中：ζ 为阈值；u_c 为饱和值。当 u 低于阈值时，函数值为零；高于饱和值时，函数值为常数；处于两者之间时是线性函数。在 Hamming 网络中，假定在任何情况下均不会达到饱和。

Hamming 网络的学习问题就是确定连接权重及阈值使系统达到稳定。Hamming 网络的运行机理：下层的匹配层子网络，在学习阶段，将若干类别样本记忆存储在网络的连接权中，在工作阶段该子网络计算输入模式与各样本模式的匹配程度，并把结果送入上层的竞争层子网络，以便于该子网络选择匹配层子网络中最大的输出，从而实现了对离散输入模式进行汉明距离最小意义下的识别及分类。该网络可以直接作为分类器，是在最小误差概率意义下的最佳分类器，在分类性能和计算复杂度等许多方面具有优势。

2.5 RBF 神经网络

神经网络对复杂问题具有自适应和自学习能力，为解决复杂系统的信息处理和控制等问题提供了新的思想和方法。作为一种前馈型神经网络，径向基函数（Radical Basis Function，RBF）神经网络避免了 BP 神经网络冗长繁琐的计算，学习速度较通常的 BP 方法快很多，具有良好的泛化能力，能以任意精度逼近非线性函数。RBF 神经网络由于其并行计算、容错性和学习等优点，被广泛用于信息处理和控制系统设计等的研究。

2.5.1 RBF 神经网络的结构

径向基函数是一种将输入向量扩展或者预处理到高维空间中的神经网络学习方法。Broomhead 和 Lowe 在 1988 年发表的论文中初步探讨了径向基函数用于神经网络设计与应用于传统插值领域的不同特点，最早将 RBF 用于神经网络设计之中。RBF 神经网络是由输入层、隐含层和输出层组成的三层前向网络。RBF 神经网络模型如图 2-30 所示。

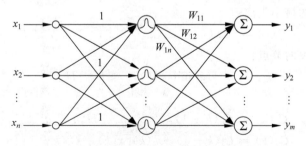

图 2-30　RBF 神经网络模型

其中，隐含层为径向基层，隐含层的单元数目通常根据所描述对象的需求确定。RBF 神经网络中，第一层为输入层，由网络和外部环境连接起来的信号神经元组成，神经元的个数由输入信号的维数决定，图 2-30 所示的 RBF 神经网络中含有 n 个输入层神经元；第二层为隐含层,隐含层神经元是一种中心点径向对称衰减的非负非线性函数,输入层到隐含层的变换是非线性的,隐含层节点选取基函数作为转移函数;第三层为输出层,是对输入的响应,图 2-30 所示的 RBF 神经网络中含有 m 个输出层。

$\boldsymbol{X}=[x_1,x_2,\cdots,x_n]$ 为输入层向量,$\boldsymbol{W}=[W_1,W_2,\cdots,W_m]^{\mathrm{T}}$ 是隐含层到输出层的权值向量,$\boldsymbol{Y}=[y_1,y_2,\cdots,y_m]$ 为输出层向量。h_j 为常用的径向基函数,可选择以下基函数:

(1) 高斯函数 $\Phi(x,\rho)=\exp[-(x-C_h)^2/\rho^2]$;

(2) 细板样条函数 $\Phi(x,\rho)=(x-C_h)^2\lg(x-c_i)$;

(3) 平方根函数 $\Phi(x,\rho)=[(x-C_h)^2+\rho^2]^{1/2}$;

(4) 逆平方根函数 $\Phi(x,\rho)=[(x-C_h)^2+\rho^2]^{-\alpha},\alpha>0$。

其中,C_h 表示 RBF 中心;ρ 表示宽度,是一个正数。

输出层为线性层,第 j 个输出节点的输出为

$$y_i=f_i(x)=\sum_{k=1}^N W_{ik}\phi_k(x,c_k)=\sum_{k=1}^N W_{ik}\phi_k(\|x-c_k\|_2),\quad i=1,2,\cdots,m$$

$$y_i(\boldsymbol{W},\boldsymbol{x})=\sum W_{ij}h_j$$

2.5.2　RBF 神经网络的训练

RBF 神经网络的训练分两步进行。第一步是采用非监督式学习训练隐含层的权重值,在图 2-30 所示的 RBF 网络模型中,中间层与输入完全连接,即权值为 1;第二步是采用监督式学习训练线性输出值。隐含层的权重值训练时通过不断地使隐含层的每个神经元都按输入接近每个神经元的权重值,使隐含层的输出接近零,从而输出对后面线性层的影响因为其自身值很小可以忽略。另外,任意非常接近权重值的输入,隐含层的每个神经元都接近 1。

RBF 网络中有两个可调参数,即中心 $\boldsymbol{C}_h$ 和权值 $\boldsymbol{W}$。采用 k 均值聚类方法调整中心,同时调整权值。

1. 中心调整

中心调整算法以聚类最小距离为指标,将输入数据分解为 k 类,给出 k 个中心:

(1) 随机选择初始中心 $\boldsymbol{C}_h(0),1\leq h\leq H$,给出初始学习率 $\alpha(0)$;

(2) 计算 k 步的最小距离:

$$l_h(k)=\|\boldsymbol{x}(k)-\boldsymbol{C}_h(k-1)\|,\quad 1\leq h\leq H$$

(3) 求最小距离的节点:

$$q=\arg[\min l_h(k),1\leq h\leq H]$$

(4) 更新中心:

$$\boldsymbol{C}_h(k)=\boldsymbol{C}_h(k-1),\quad 1\leq h\leq H,h\neq q$$
$$\boldsymbol{C}_q(k)=\boldsymbol{C}_q(k-1)+\alpha(k)[\boldsymbol{x}(k)-\boldsymbol{C}_q(k-1)]$$

(5) 重新计算第 q 节点的距离:

$$l_q(k)=\|\boldsymbol{x}(k)-\boldsymbol{C}_q(k-1)\|$$

(6) 修正学习率:

$$\alpha(k+1)=\frac{\alpha(k)}{1+\mathrm{int}[k/H]^{1/2}}$$

式中：int[ ]表示取整数。

(7) $k=k+1$，返回步骤(2)。

2. 权值更新

输出层的每一个节点或线性组合器是一个权值估计器，用最小二乘法或其他方法求出。

将权值看作状态向量，即

$$W_j(k) = [W_{1j}(k), W_{2j}(k), \cdots, W_{mj}(k)]^{\mathrm{T}}, \quad 1 \leqslant j \leqslant m$$

设在第 k 步时中间层的输出向量为

$$\Phi(k) = [\Phi_1(k), \Phi_2(k), \cdots, \Phi_H(k)]^{\mathrm{T}} = [\Phi_1(l_1(k), \rho), \cdots, \Phi_H(l_H(k), \rho)]^{\mathrm{T}}$$

第 k 步第 j 个估计输出为

$$\hat{y}_j(k) = \sum W_{ij} \Phi_i(l_i(k), \rho)$$

估计输出与实际输出的误差为

$$\varepsilon_j(k) = y_j(k) - \hat{y}_j(k)$$

根据递推最小二乘法，权值的更新为

$$W_j(k+1) = W_j(k) + P(k)\Phi(k) \cdot \varepsilon_j(k)$$

$$P(k) = \frac{1}{\lambda(k)} \left[P(k-1) - \frac{P(k-1)\Phi(k) \cdot \Phi^{\mathrm{T}}(k) \cdot P(k-1)}{\lambda(k) + \Phi^{\mathrm{T}}(k)P(k-1)\Phi(k)} \right]$$

式中：P 为误差方差矩阵；λ 为遗忘因子。

2.5.3　RBF神经网络在交通流预测中的应用

如何发挥现有公路的潜在能力，减少因交通事故等道路原因造成的经济损失，是社会发展中亟需解决的问题。交通流预测可以科学地为交通流的动态控制和疏导提供有力的支持，并为出行者提供有效的道路信息，这样既可以保证出行者节约时间，又能减少道路拥堵。因此，准确可信的道路交通流预测是动态交通控制的根本和关键。RBF具有函数结构简单、计算量少和不存在局部极小的优点，可以实现对交通流的准确预测。

RBF神经网络交通流预测方法：对车流量数据进行采集，将有效数据作为RBF神经网络的训练数据，建立RBF神经网络交通流预测模型；根据2.5.2节所述RBF神经网络的训练过程，基于 k 均值类聚方法调整中心，用最小二乘法求得权值；由训练后的网络根据训练数据做出车流量的预测，将得到的数据和图像与期望数据进行对比，最终得出结论。

仿真结果表明，RBF神经网络对交通流的预测具有较高的预测精度和较好的收敛性。可根据交通流的预测对道路上的交通流量进行控制调节，为人们出行带来便利。

城市交通流预测是十分复杂的非线性问题，而RBF神经网络克服了神经网络对网络初值依赖性差、局部极小等缺陷，并且收敛速度快，样本精度高。因此，RBF神经网络能够识别复杂非线性系统，在交通流分析预测中具有巨大的潜力。

2.6　自组织神经网络

认知过程中，除了通过有指导的学习获取知识外，还可以根据对外界事物的观察，找出其内在规律和本质属性，从而调整自己的认识，这种通过自主的学习获得认知的功能称为自学习或自组织的学习。自组织神经网络就是通过自组织特性来记忆知识的网络。

常用的自组织神经网络主要包括自组织特征映射网络、学习向量量化网络、自适应共振理论模型和对偶传播网络。

1. 自组织特征映射网络

自适应特征映射(Self-Organization Feature Map,SOFM)网络由 Kohonen 根据人脑的特点提出,在模式识别、样本分类、优化计算中得到广泛的应用。他认为神经网络中邻近的各个神经元通过彼此侧向交互作用,相互竞争,自适应发展成检测不同信号的特殊检测器,这就是自组织特征映射的含义。

2. 学习向量量化网络

学习向量量化(Learning Vector Quantization,LVQ)是 1988 年由 Kohonen 提出的一类用于模式分类的有监督学习算法,结合了有监督和无监督的学习方式,由竞争层和线性输出层两部分组成。根据训练样本是否有监督,LVQ 可分为两种:一种是有监督学习向量量化,如 LVQ1、LVQ2.1 和 LVQ3,它是对有类别属性的样本进行聚类;另一种是无监督学习向量量化,如序贯硬 C 均值,它是对无类别属性的样本进行聚类。LVQ 的神经网络分类方法结构简单、功能强大,已成功应用于统计学、模式识别、机器学习等多个领域。

3. 自适应共振理论模型

自适应共振理论(Adaptive Resonance Theory,ART)是 1976 年美国波士顿大学 S. Groossberg 提出的。ART 是他在人类心理和认知活动的基础上建立起的一种统一的数学理论。经过多年的研究和不断地发展,现已提出 ART1、ART2、ART3 共三种结构。

4. 对偶传播网络

1987 年,美国学者 Robert Hecht-Nielsen 提出了对偶传播网络模型(Counter Propagation Network,CPN),CPN 最早是用来实现样本选择匹配系统的。CPN 网络能存储二进制或模拟值的模式对,因此这种网络模型也可用于联想存储、模式分类、函数逼近、统计分析和数据压缩等。

Winner-Take-All("胜者为王")学习规则是一种竞争学习规则,用于无导师学习。一般将网络的某一层确定为竞争层,对于一个特定的输入 X,竞争层的所有 p 个神经元均有输出响应,其中响应值最大的神经元为在竞争中获胜的神经元,即

$$W_{j^*}^{\mathrm{T}} \cdot X = \max(W_i^{\mathrm{T}} \cdot X), \quad i = 1, 2, \cdots, p \qquad (2\text{-}95)$$

只有获胜的神经元才有权调整其权向量,调整量为

$$\Delta W_{j^*} = \alpha(X - W_{j^*}) \qquad (2\text{-}96)$$

式中:$\alpha \in (0,1]$为一个学习常数,随着学习的进展而减小。由于两个向量的点积越大,表明两者越相近,所以调整获胜神经元权值的结果是使权值进一步接近当前输入。显然,当下次出现与 X 相像的输入模式时,上次获胜的神经元更容易获胜。在反复的竞争学习过程中,竞争层的各神经元所对应的权向量被逐渐调整为输入样本空间的聚类中心。

2.6.1 竞争学习

生物视网膜中,特定细胞对于特定的图形(如直线或圆等)比较敏感。当视网膜中有若干接收单元受特定模式刺激时,大脑皮层中特定的神经元开始兴奋。这种由特定刺激引起

局部兴奋的反射功能是受后天环境影响而形成的一种生理现象。因此,可设计一种可能是多层也可能是反馈的层次结构的自组织网络,输入端相当于视网膜的接收装置,当环境中的信息传到网络输入层时,要对输出层的节点产生刺激,而输出层的不同节点将对输入模式作出不同的反应。作出最大反应的节点被激活,那么该节点表征了这类模式,即网络确认了模式所属的类别。这种特定输入模式产生特定激活节点的过程,称为竞争过程。被激活的节点称为竞争获胜节点。竞争学习实质上是一种规律性检测器,即基于刺激集合和某个重要特征的先验概念所构造的装置,发现有用的内部特征。

这种网络的简单工作过程是网络输入模式向量后,按照某一规则让输出层节点开始竞争,当某一节点竞争获胜后,对权结构按照能使获胜的节点对该类模式更加敏感的方向进行调整。当网络再输入这个模式或者相近模式时,该节点更容易获胜,同时,其他节点受到抑制,从而对该类模式不敏感难以获胜。当其他类模式输入时,这些节点再参与有希望的竞争。

竞争网络的一般结构如图 2-31 所示。图 2-31(a)表示的竞争网络结构有两层,其中低层网络用于按某一规则计算输入模式与已存储模式的相似量度,称为匹配层子网络。上层用于输出节点按其受刺激程度相互竞争,称为竞争层子网络。图 2-31(b)是一种典型的竞争网络结构,有 n 个输入层节点,m 个输出层节点。由底向上的输入层到输出层的连接为完全互连,完成信息馈送及匹配计算,输出层 m 节点的连接为自兴奋和邻抑制类型,自兴奋是从节点到其自身构成正向连接自环,邻抑制是从一个节点到另一个节点呈负向抑制连接,这些连接完成节点间的相互竞争。

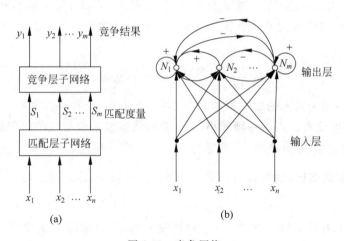

图 2-31 竞争网络

2.6.2 自组织特征映射神经网络

1. 网络拓扑结构

基于自组织特征映射网络的网络结构如图 2-32 所示。

图 2-32 中网络上层为 m 个输出节点,输出层中的神经元一般是以二维形式排成一个节点矩阵,其中的每个神经元是输入样本的代表。输入节点在输出层的下方,设有 n 个输入向量,即有 n 个输入节点,输入层中的每一个神经元通过权值与输出层的神经元相连。二维

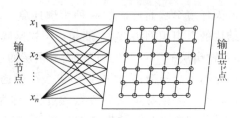

图 2-32 自组织特征映射网络结构

平面上的输出节点间也可能存在局部连接。输出层中的神经元间存在着竞争：对于"赢"的神经元 c，在其周围 N_c 的区域内，神经元在不同程度上得到兴奋，而在 N_c 区域之外的神经元节点受到抑制。这个 N_c 可以是正方形，也可以是六角形，如图 2-33 所示。N_c 是 t 的函数，随着训练过程的进行，N_c 的半径逐渐减小，面积成比例缩小，最后只剩下一个节点（或一组节点），反映了一类样本的属性或模式。

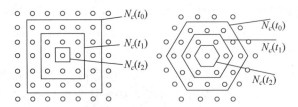

图 2-33 N_c 的形状和变化

输入样本 $\boldsymbol{X}^1, \boldsymbol{X}^2, \cdots, \boldsymbol{X}^p$ 表示输入有 p 类模式，有 k 个样本，每一样本为 n 维输入，$\boldsymbol{X}^k = (x_1^k, x_2^k, \cdots, x_n^k)$，$x_i^k$ 与输出的第 j 个节点的连接权为 W_{ij}，输出为 y_j，输出与输入之间有下列关系：

$$\frac{\mathrm{d}y_j}{\mathrm{d}t} = \sum_{i=1}^{n} W_{ij} x_i^k - r(y_j) \tag{2-97}$$

式(2-97)右边第一项为输入的加权累加；第二项是与输出 y_j 有关的非线性函数，作用是使输出 y_j 的变化速度变慢。当第一项较小（无外界输入或输入量与权值的积较小）时，由于第二项的存在，使输出 y_j 的值减小，直到零为止。如果第一项比较大，表示 y_j 的变化速率增长快，但由于 y_j 的值增加，会引起第二项的增加，使 $\frac{\mathrm{d}y_j}{\mathrm{d}t}$ 减小，达到稳态时，$\frac{\mathrm{d}y_j}{\mathrm{d}t}=0$，此时，

$$y_j = f(W_{ij} x_i^k), \quad f(\bullet) = r^{-1}(\bullet) \tag{2-98}$$

$f(\bullet)$ 是一个单调上升的非线性函数，与一般神经元的输入/输出关系相似。竞争是在输出节点之间进行的，y_j 最大的节点就是获胜的节点。

W_{ij} 的学习满足 Hebb 规则，其变化率和输入/输出状态的乘积成正比，即

$$\frac{\mathrm{d}W_{ij}}{\mathrm{d}t} = \alpha y_j x_i^k - \beta(y_i) W_{ij} \tag{2-99}$$

式中：α 为一个常数，式中右边第一项服从 Hebb 规则；后一项 $\beta(y_i) W_{ij}$ 为遗忘因子，当外界没有输入 x_i^k 时，权值 W_{ij} 会随时间的增大而减小。

竞争在算法中只要对比 x_i^k 和 W_{ij} 之间的相近程度就行，故在上式中考虑一种特殊情况：当 $y_j \in (0,1)$ 即为 0、1 的二值函数，并且满足 $y_j=0$ 时，$\beta(y_j)=0$；$y_j=1$ 时，$\beta(y_j)=\alpha$，则上式变为

$$\frac{\mathrm{d}W_{ij}}{\mathrm{d}t} = \begin{cases} \alpha(x_i^k - W_{ij}), & y_j = 1 \\ 0, & y_j = 0 \end{cases} \tag{2-100}$$

上式表明,经过学习后,权值 W_{ij} 越来越接近输入的 x_i^k。

权值的调整是在获胜节点 N_c 内进行的,越靠近获胜节点,其权值调整系数 α 越大;相反,越远则权值调整系数 α 越小。

2. 网络算法步骤

自组织特征映射网络的训练算法步骤如下:

(1) 权值初始化。

(2) 给网络输入样本模式 $\boldsymbol{X}^k = (x_1^k, x_2^k, \cdots, x_n^k)$。

(3) 计算输入 $\boldsymbol{X}^k$ 与全部输出节点所连权向量的距离:

$$d_j = \sum_{i=1}^n (x_i^k(t) - W_{ij}(t))^2, \quad j = 1, 2, \cdots, m$$

(4) 选取最小距离的节点 j^* 竞争获胜:

$$d_{j^*} = \min_{j=1}^m |d_j|$$

因为输入与权值的匹配度为它们的内积,其最大处正是"气泡中心"(即 N_c 的中心),内积最大也表明它们之间的向量差的范数最小,这个最小距离确定了"优胜者" N_{j^*},因此,气泡中心为 d_{j^*},即匹配定律。气泡指的是神经元活动值,第 i 个神经元的输出信号 y_i 的初期分布可能是随机的,随着时间的推移,由于彼此侧向交互作用,y_i 的分布将形成"气泡"。这里 N_c 是指神经元活动所形成的气泡是以神经元 c 为中心、有一定宽度(或半径)的神经元群体的集合。N_c 的宽度是时变的,开始可选择较宽,随着时间的推移,N_c 将单调收缩,最后终结于 $N_c = \{c\}$。

(5) 对节点 j^* 及其邻域内的节点连接权值进行更新:

$$W_{ij}(t+1) = W_{ij}(t) + \alpha[x_i(t) - W_{ij}(t)], \quad \forall j \in N_c$$

$0 < \alpha(t) < 1$,并随时间减小

$$W_{ij}(t+1) = W_{ij}(t), \quad \forall j \notin N_c$$

领域 N_c 开始约为 1/2 输出平面,中心点为 y_{j^*},以后逐渐压缩。

(6) 输入样本数据,$t = t+1$,返回步骤(2),重复进行。

3. 网络的工作原理

了解自组织特征映射网络的工作原理,先从一维情况进行讨论。图 2-34 所示为一维情况下的自组织特征映射网络。

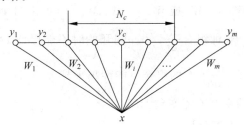

图 2-34 一维情况下的自组织特征映射网络

1) 排序问题

用自适应学习方法可以使输出神经元的兴奋位置与输入样本大小有关，按样本值的大小，可以从左到右排序，或者从右到左排序。例如输入是一个随机数 $x(t_1),x(t_2),\cdots,$ $x(t_p)$，代表不同的随机样本，如果输出 $y_1,y_2,\cdots,y_l$ 排列在一条直线上，其连接权值用 $W_1,$ $W_2,\cdots,W_l$ 表示，$x\in\mathbf{R}$，而且当 $i\neq j$ 时，$x(t_i)\neq x(t_j)$，对于任意一个输入 $x(t_i)$，可找到一个匹配度最大的权值 w_c，使得下式成立：

$$\|x(t_i)-W_c\|=\min_i\|x(t_i)-W_i\| \tag{2-101}$$

定义一个区域 N_c：

$$N_c=\{\max(1,N_c-1),c,\min(1,c+1)\} \tag{2-102}$$

对于任意一个输出 y_i，它的最相邻输出为 $i-1$ 和 $i+1$，只有在两个端点 y_1 和 y_l 处，显然它们相邻的神经元只有一个，前者为 y_2，后者为 y_{l-1}。如果只考虑最近的近邻神经元，在一维情况下可得下式：

$$\begin{cases}\dfrac{\mathrm{d}W_i}{\mathrm{d}t}=\alpha(t)(x-W_i),\quad i\in N_c\\[3mm]\dfrac{\mathrm{d}W_i}{\mathrm{d}t}=0,\qquad\qquad\quad i\notin N_c\end{cases} \tag{2-103}$$

无序地输入随机数样本学习后，在输出神经元上得到有序的排序，这种排列有单调递增和单调递减两种。显然，$y_1,y_2,\cdots,y_l$ 对输入样本的有序排列实际上主要是对与 y_i 相连的权值的有序排列形成的。用一个因子 D 表示其输出规律的程度：

$$D=\sum_{i=2}^{l}|W_i-W_{i-1}|-|W_l-W_1| \tag{2-104}$$

一般情况下 $D\geqslant0$，而如果 w_i 是有序排列的，上式的第一项和第二项一样，所以 $D=0$，而无序排列时，$D>0$，对 D 求导，得

$$\frac{\mathrm{d}D}{\mathrm{d}t}=\sum_{i=2}^{l}\frac{\mathrm{d}}{\mathrm{d}t}|W_i-W_{i-1}|-\frac{\mathrm{d}}{\mathrm{d}t}|W_l-W_1| \tag{2-105}$$

如果 $3\leqslant c\leqslant l-2$，而且 N_c 的区域为 W_c,W_{c+1},W_{c-1}，在式(2-105)中只有五项，$\dfrac{\mathrm{d}W_{c+2}}{\mathrm{d}t}=0$，$\dfrac{\mathrm{d}W_{c-2}}{\mathrm{d}t}=0$，即有

$$\frac{\mathrm{d}D}{\mathrm{d}t}=-\frac{\mathrm{d}}{\mathrm{d}t}|W_{c+1}|+\frac{\mathrm{d}}{\mathrm{d}t}|W_{c-1}|+\frac{\mathrm{d}}{\mathrm{d}t}|W_{c+1}-W_c|+\frac{\mathrm{d}}{\mathrm{d}t}|W_c-W_{c-1}|-\frac{\mathrm{d}}{\mathrm{d}t}|W_l-W_1|$$

$$\tag{2-106}$$

式中，W_1,W_l 只有在 W_c 为 W_2 或 W_{l-1} 时才可能改变。对于上式有各种可能的组合，如 $W_c>W_{c+1}$ 或 $W_{c+1}>W_c$，$W_{c-1}>W_c$ 或 $W_{c-1}<W_c$，$W_{c-1}>0$ 等 31 种组合，其中有 13 种组合 $\dfrac{\mathrm{d}D}{\mathrm{d}t}<0$；2 种组合 $\dfrac{\mathrm{d}D}{\mathrm{d}t}=0$；16 种组合 $\dfrac{\mathrm{d}D}{\mathrm{d}t}>0$。刚开始时不能保证 $D=0$，但是当有序的规则一旦建立，那么 D 保持常数，$\dfrac{\mathrm{d}D}{\mathrm{d}t}=0$ 的组合可能性越来越大，而且一旦 D 变成零，那么 D 就永远为零，一个有序排列的系统不能变到无序。

2) 自组织学习在分布上的分析

当一些随机样本输入到自组织特征映射网络时，如果样本足够多，那么在权值的系数分

布上可以近似于输入随机样本的概率密度分布,在输出神经元上也反映了这种分布,即概率大的样本集中在输出空间中的某一个区域,如果输入的样本有几种不同的类型,那么它们会根据自身的概率分布集中到输出空间的各个不同的区域,同一区域代表同一类样本,区域可以逐渐减小,使区域划分变得越来越明显,这种情况下,不管输入样本是几维,都可以投影到低维数据空间的某一个区域,这就是数据的压缩。同时,在高维空间中比较相近的样本,在低维空间中的投影也比较相近,这样将会从样本空间中取得比较多的信息。

这种自组织学习算法,能使神经元网络具有自组织有序特征映射的功能,这种映射的特点是能够保持输入向量特征的拓扑结构不变。

4. 网络在遥感影像分类中的应用

20 世纪 90 年代以来,神经网络大量应用于遥感影像分类和专题信息提取。遥感图像的一个最主要研究内容是对各种地物分类,最终目的是识别地物。但由于受到大气、地形等影响,需要有高精度的方法对其进行分类。神经网络可以实现监督和非监督条件下的分类工作。BP 神经网络、Hopfield 神经网络、RBF 神经网络等都被应用于遥感影像分类,但这些方法和传统的最大似然方法一样属于监督分类方法,需要研究者具备遥感影像判读的先验知识。在对影像进行分类前,需要对网络进行训练,样本的好坏影响网络的训练结果,从而对最后分类结果的准确度存在影响。而自组织特征映射网络不需要教师信号,通过对输入信号的竞争学习将其划分为不同类别,是一种较为理想的分类方法。外界输入不同样本时,网络中任何位置的神经元兴奋开始都是随机的,但自组织训练后会在竞争层形成神经元的有序排列,功能相近的神经元非常靠近,功能不同的神经元离得较远。

SOFM 网络应用于遥感分类时,首先对数据进行处理,在网络训练前需要对导入的数据进行规格化,使其转化为一维向量,并且将多维的灰度值归一化为[0,1],从而确保在训练过程中以输入向量和权值向量欧氏距离最小条件选出的获胜神经元有最大的输出值;建立自组织特征映射网络模型,设定训练样本取值范围、训练次数等;最后进行仿真分析。

自组织模型竞争获胜的方法更相近于人脑的学习方式,因此能在复杂的、非平稳的环境中辨识学习目标,克服了其他分类方法不易收敛、不稳定等不利因素。而且在实际应用中简单易学,同时也能达到遥感分类的精度要求。

2.6.3　基于自适应谐振构成的自组织神经网络

自适应谐振理论有 ART1、ART2 和 ART3 三种形式。ART1 是处理双极性(二进制)数据,观察向量的每个分量是二值的,只能取 0 或取 1。ART2 是 ART1 的扩展形式,用于模拟信号输入,观察向量的各个分量可取任意实数值,也可用于二进制输入,而 ART3 是分级搜索模型,除了兼容前两种结构的功能外,将两层神经元网络扩大为任意多层神经元网络,并在神经元的运行模型中纳入了人类神经元生物电-化学反应机制,因而具备了很强的功能和可扩展的能力。

1. 网络的基本结构

ART 模型是一种接近于实际神经系统的模型,记忆容量随着学习样本的增加而增加,记忆形式也与生物中的记忆形式相似。ART 网络一般由两层神经元和一些控制部分组成。ART1 网络基本结构如图 2-35 所示。

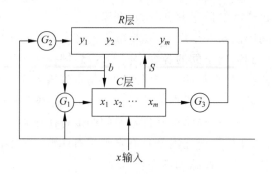

图 2-35　ART 网络基本结构

ART1 是二进制输入，由两个相继的存储单元(短期记忆 STM)C 层和 R 层组成两层神经网络，分成两个子系统。C 层为比较层，或称为匹配子系统；R 层为竞争层，或称为竞争子系统。C 层和 R 层两个子系统之间的连接通路为长期记忆(LTM)。另外还有三种控制器组成的控制部分。

1) 比较层 C(匹配子系统)

C 层有 n 个节点，每个节点接收三种信号。比如 C 层第 i 个节点接收信号：每个节点接收输入信号 x_i、R 层第 j 个单元返回的信号 b_i 以及增益控制器 G_1 的控制信号。

设 C 层的第 i 个单元输出为 c_i，输出根据"2/3 规则"产生，即"多数表决"，如果三个信号中有两个为 1，那么输出为 1，如图 2-36 所示。

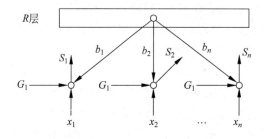

图 2-36　"2/3 规则"产生输出

2) 竞争层 R(竞争子系统)

R 层的功能相当于一种前向竞争网络。有 m 个节点，表示有 m 类输入模式。输出层节点为满足设立新模式类的需要，需要能够动态地增长。节点接收来自 C 层的信号，同时受控制器 G_3 的输出控制。C 层的信号送至 R 层后，经过竞争，在 R 层获胜的节点，代表输入向量的模式类别。

3) 控制部分

G_1 为增益控制器，接收信号 X 由 R 层返回的信号 b。当输入信号 x_i 不全为零，R 层输出 b_j 全为零时，$G_1=1$，给出加强信号；其他情况时，$G_1=0$，给出抑制信号。G_2 为 R 层启动控制器，X 全为零时，$G_2=0$；X 不全为零时，$G_2=1$，使 R 工作。G_3 为匹配控制器，当输入信号 X 和 R 返回的信号 b 匹配较好时，G_3 没有输出；当不匹配时，G_3 输出一个复位信号，抑制 R 中获胜的节点，表示此次选择的模式类不满足要求，需要重新进行竞争。

2. 网络的运行过程

从输入模式数据开始到最后将模式存储在相应的模式类中,网络的运行过程分为以下几个步骤:

1) 初始化

网络的初始状态是在网络没有输入模式之前,网络处在等待工作状态。此时,输入端 $\boldsymbol{X}=0$,并且控制信号被置成 $G_2=0$,R 层输出全为零,即 R 层单元处于同样的初始状态,每个节点都有平等的竞争机会。

设置从 C 层到 R 层的初始连接权值 W_{ij},从 R 层到 C 层的初始连接权值 $\overline{W}_{ij}$。

2) 识别阶段

当网络输入不全为零的 $\boldsymbol{X}$ 后,置 $G_2=1$,$G_1=1$,由"2/3 规则"可知,C 层的第 i 个节点的输出为 $S_i(x_i)=x_i$,$i=1,2,\cdots,n$。如图 2-37 所示,在 R 层第 j 个节点的输入为

$$T_j = \sum_{i=1}^{n} S_i(x_i) W_{ij}, \quad j=1,2,\cdots,m$$

这时没有 R 层的返回信号 b,$\boldsymbol{X}$ 与 b 不匹配,G_3 输出一个复位信号。

3) 竞争阶段

R 层中的节点经过竞争算法,得到一个输出最大的节点 j^*,其输出为 $y_{j^*}=1$,而所有 $j\neq j^*$ 的节点,输出为 $y_j=0$。

4) 比较阶段

R 层的输出信息返回 C 层,$G_1=0$。输入 C 层的信号由 $\boldsymbol{X}$ 和返回信息 b 组成,根据"2/3 规则"改变 C 层的输出为 S'_i,$i=1,2,\cdots,n$。C 层第 i 个节点得到的返回信号为

$$b_i = \sum_{j=1}^{m} \overline{W}_{ij} y_j = \overline{W}_{j^* i}$$

如图 2-38 所示,C 层第 i 个节点的输出变为

$$S'_i = b_i \wedge x_i = \overline{W}_{j^* i} \wedge x_i$$

式中:$\wedge$ 表示逻辑"与"。新的状态 S' 反映了输入向量 $\boldsymbol{X}$ 与获胜节点 j^* 的匹配程度。如果 S' 给出了匹配较好的信息,表示竞争的结果正确,则 G_3 没有输出;否则,G_3 给出一个复位信号,使获胜的节点无效,并使其在本次输入模式匹配中不能再次获胜,然后进入再竞争阶段。

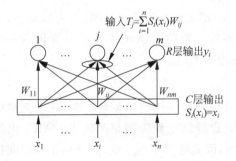

图 2-37　ART 信号流向识别阶段

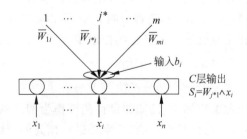

图 2-38　ART 信号流向比较阶段

5) 再竞争

这时 R 层的输出全为零,于是 $G_1=1$,在 C 层输出端又得到 $S_i=x_i(i=1,2,\cdots,n)$,于是

网络又进入再竞争阶段。重复进行,直到充分匹配为止。

3. 网络的学习算法

(1) 初始化。

设置 $W_{ij}(0)=\dfrac{1}{1+n}$,$\overline{W}_{ij}(0)=1$,$i=1,2,\cdots,n$;$j=1,2,\cdots,m$;

设置 $\rho(0\leqslant\rho\leqslant1)$ 为警戒线,为匹配程度的阈值。

(2) 给定输入样本:

$$\boldsymbol{X}=(x_1,x_2,\cdots,x_n)^{\mathrm{T}},\quad \boldsymbol{X}\in(0,1)^n$$

(3) 计算 R 层节点输出:

$$y_j=\sum_{i=1}^n W_{ij}S_i(x_i)=\sum_{i=1}^n W_{ij}x_i,\quad j=1,2,\cdots,m$$

(4) 选择获胜节点 j^*:

$$y_{j^*}=\max_j\{y_j\}$$

节点 j^* 根据"胜者为王"规则获得竞争胜利。

(5) 警戒线检测,设向量中不为零的个数用 $|\boldsymbol{X}|$ 表示,定义

$$|\boldsymbol{X}|=\sum_{i=1}^n x_i$$

$$|\boldsymbol{TX}|=\sum_{i=1}^n \overline{W}_{j^*i}x_i$$

如 $\dfrac{|\boldsymbol{TX}|}{|\boldsymbol{X}|}>\rho$ 成立时,则接受 j^* 为获胜节点,转至步骤(7),否则转至步骤(3)。

(6) R 层节点 j^* 的输出暂时设定为零,使之不参加竞争,转至步骤(3)。

(7) 修改网络权值:

$$\overline{W}_{j^*i}(t+1)=\overline{W}_{j^*i}(t)x_i$$

$$W_{ij^*}(t+1)=\dfrac{\overline{W}_{j^*i}(t)x_i}{\beta+\sum\overline{W}_{j^*i}(t)x_i}$$

一般取 $\beta=0.5$。

(8) 恢复步骤(6)中抑制的 R 层节点,返回步骤(2)。

通过上述算法,可以将输入的样本 $\boldsymbol{X}^1,\boldsymbol{X}^2,\cdots,\boldsymbol{X}^p$ 都记忆在权值 W_{ij}、$\overline{W}_{ij}(i=1,2,\cdots,n$; $j=1,2,\cdots,m)$ 中,选择 ρ 的大小,可以调节输入样本的分类能力,ρ 越接近于 1,则输入一个新样本与已学习记忆过的样本稍有不同,就属于新的一类。

4. ART 网络的应用

机械设计中的分类决策及分类表达是一种模式识别或一种映射关系。将 ART 网络应用于此类应用中,已知的设计条件作为网络的输入,设计结论作为网络的输出。ART 网络的自适应、自组织功能,不需要进行预先的网络训练,因此适用于对广泛、繁杂的条件空间进行粗分类和预处理。ART 网络的内部结构则决定了设计系统的性能和设计的质量,通过其内部单元的相互作用,可以完成复杂的非线性处理和变换,将设计域中各种分散的多个设计条件收敛到结论域中几种可能的设计结论。结论表明,将 ART 网络用于机械设计的分类决策和分类表达问题可以给出满意的结果。

2.7 神经网络和模糊系统

人工神经元网络是对人脑的结构和工作方式的近似和简化,这种结构和工作方式的并行性在许多方面已经产生了类似于人脑行为的某些功能特点。模糊系统是将输入、输出和状态变量定义在模糊集上的系统,抓住人脑思维的模糊性特点,模仿人的综合推断来处理常规数学方法难以解决的模糊信息处理问题。随着神经网络技术和模糊信息处理技术研究的深入,将模糊技术和神经网络技术进行结合,构造一种可"自动"处理模糊信息的模糊神经网络或称自适应和自学习模糊系统,是发展的必然。

2.7.1 简述

模糊系统和神经网络均可视为智能信息处理领域内的一个分支,有各自的基本特性和应用范围。它们在对信息的加工处理过程中均表现出很强的容错能力。模糊系统是仿效人的模糊逻辑思维方法设计的一类系统,这一方法本身就明确说明了系统在工作过程中允许数值量的不精确存在。另外,神经网络在计算处理信息的过程中所表现出的容错性来自于其网络自身的结构特点。而人脑思维的容错能力,正是源于这两个方面的综合——思维方法上的模糊性以及大脑本身的结构特点。

神经网络和模糊系统都属于一种数值化的、非数学模型的函数估计器和动力学系统,它们都能以一种不精确的方式处理不正确的信息。神经网络和模糊系统不同于传统的统计学方法,它们不需要给出表征输入与输出关系的数学模型表达式,也不像人工智能(AI)那样,仅能进行基于命题和谓词运算的符号处理而难以进行数值计算与分析,更不易于硬件实现。神经网络和模糊系统由样本数据,即过去的经验来估计函数关系——激励与响应的关系或输入与输出的关系。它们能够用定理和有效的数值算法进行分析与计算,并且很容易用数字的或模拟的 VLSI 实现。

神经网络和模糊系统的比较如表 2-2 所示。

表 2-2　神经网络与模糊系统比较

比 较 方 面	神 经 网 络	模 糊 系 统
基本组成	多个神经元	模糊规则
知识获取	样本、算法实例	专家知识、逻辑推理
知识表示	分布式表示	隶属函数
推理机制	学习函数的自控制、并行计算、速度快	模糊规划的组合、启发式搜索、速度慢
推理操作	神经元的叠加	隶属函数的最大-最小
自然语言	实现不明确,灵活性低	实现明确,灵活性高
自适应性	通过调整权值学习,容错性高	归纳学习,容错性低
优点	自学习自组织能力,容错,泛化能力	可利用专家的经验
缺点	黑箱模型,难以表达知识	难以学习,推导过程中模糊性增加

模糊系统试图描述和处理人的语言和思维中存在的模糊性概念,从而模仿人的智能;神经网络则是根据人脑的生理结构和信息处理过程,来创造人工神经网络,其目的也是模仿

人的智能,可以从知识表示、存储、运用和获取,系统性能和精度,以及连接方式等方面,对它们进行比较。

1. 知识表示、存储、运用和获取

(1) 知识表示:模糊系统可以表达人的经验性知识,便于理解;而人工神经网络只能描述大量数据之间的复杂函数关系,难以理解。

(2) 知识存储:人工神经网络的基本单元是神经元,用多层网络实现映射时,神经元之间是用权连接的,学习的知识是分布地存储在权中间的。模糊系统则是以规则的方式来存储知识的。

(3) 知识运用:模糊系统和神经网络都具有并行处理的特点,人工神经网络涉及的神经元很多,计算涉及乘法、累加和指数运算以及反复迭代等,计算量大;而模糊系统同时激活的规则不多,只需要两个量的比较和累加,每次迭代涉及的规则不多,计算量小。因此,模糊系统的计算速度比人工神经网络更快,实时应用可能性大。

(4) 知识获取:模糊系统的规则是靠专家提供或设计,对于复杂系统的专家知识,往往很难由直觉和经验获取,表示规则形式也很困难,这些知识的获取需要很多时间;而神经网络的权系数可通过对输入/输出样本的学习来确定,无须人来设置。

2. 系统性能和精度

影响模糊系统和人工神经网络性能差异的主要原因是多层神经网络的输入空间可按任意超平面划分,而模糊系统的输入/输出空间只能按平行于超平面之一的输入/输出轴划分。例如,在模式分类的应用中,由于上述原因,神经网络处理会比模糊系统处理的精度高很多;在函数逼近应用中,模糊系统对输入空间的划分,对其性能影响并不很敏感,但是,如果对输入空间和输出空间进行复杂划分后,用人工神经网络来进行训练,就可以很容易地逼近期望函数。对模糊系统输入空间的划分,会引起输入变量的增加,进而导致规则数目按指数形式增加,对于多变量输入系统,其系统组织会变得不可能。

人工神经网络和模糊系统都可以对一个非线性系统进行映射,但是它们的映射曲面是各不相同的,人工神经网络是用点点映射的办法,因此其输出与输入之间的关系曲面比较光滑,而模糊系统则是区域之间的映射,如果区域分得比较粗,那么映射输出的表面就比较粗糙,每一条规则如梯形台阶。模糊系统的编码精度较低,特别当推理路径较长时,其精度下降也更大。如果要求映射的精度较高,则用人工神经网络较好。

3. 连接方式

以前馈式人工神经网络为例,一旦输入与输出和隐含层确定了,那么它们的连接结构就确定了,层间单元之间都是全连接,因此在迭代过程中,每迭代一次,每个权都要进行学习,费时较多。而在模糊控制中,每次输入可能只与几条规则有关,显然连接并不是固定的,每次输入、输出联系的规则都是在变动的,而每次连接的规则数目较少,运用方便。

由以上分析可以看到,人工神经网络与模糊系统各有其特点和应用范围,又由于它们都是利用数值形式进行处理,故有可能将两者结合起来,组成模糊神经网络,使之兼有两者之长,两者的结合是发展的必然。

模糊神经网络一方面可以对专家用语言描述的事件直接进行编码,可以用语言描述方式来采集知识,比较容易引入启发性知识,还可以跟踪推理过程,能使网络中的权值具有明显的含义。另一方面,模糊神经网络也具有学习功能,可以通过学习来提高其编码的精度。由此可见,模糊神经网络是当前很有发展前途的技术,已应用于控制、模式分类、模糊模型、专家系统的预处理器、图像分割、边沿检测以及加速神经网络的学习等方面,并且都取得了明显的效果。

　　模糊逻辑和神经网络技术从简单结合到完全融合主要体现在 4 个方面,如图 2-39 所示。由于模糊系统和神经网络的结合方式目前还处于不断发展的进程中,所以还没有更科学的分类方法。

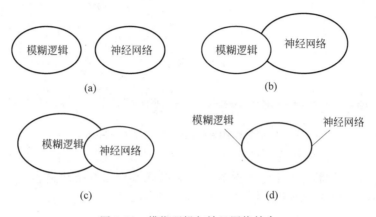

图 2-39　模糊逻辑与神经网络结合

(a) 模糊逻辑-神经网络;(b) 模糊逻辑在神经网络中;
(c) 神经网络在模糊逻辑中;(d) 模糊逻辑与神经网络的完全融合

　　目前神经网络与模糊技术的融合方式大致有以下 3 种:

　　(1) 模糊与神经模型:该模型根据输入量的不同性质分别由神经网络和模糊控制器并行直接处理输入信息,直接作用于控制对象,更能发挥各自的控制特点,如图 2-40 所示。

　　(2) 神经、模糊模型:以模糊控制为主体,应用神经网络实现模糊控制的决策过程,以模糊控制方法为"样本",对神经网络进行离线训练学习,"样本"就是学习的"教师"。所有样本学习完以后,这个神经网络就是一个聪明、灵活的模糊规则表,具有自学习、自适应功能。其结构如图 2-41 所示。

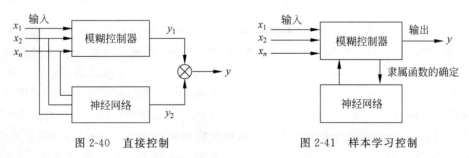

图 2-40　直接控制　　　　　　　　图 2-41　样本学习控制

　　(3) 模糊、神经模型:以神经网络为主体,将输入空间分割成若干不同形式的模糊推论组合,对系统先进行模糊逻辑判断,以模糊控制器输出作为神经网络的输入。后者具有自学习的智能控制特性。其结构如图 2-42 所示。

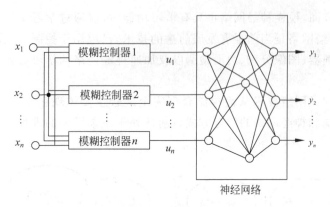

图 2-42 智能控制

2.7.2 神经网络和模糊系统的结合方式

结合前面介绍的几种神经网络和模糊系统的结合方式,本节对其中两种做简单介绍。第一种是将人工神经网络作为一种计算工具引进已有的模糊系统中,具体来说就是将人工神经网络作为模糊系统中隶属函数、模糊规则和扩展原理的网络化描述形式。应用人工神经网络可以解决下面两类问题:

(1) 在一般的模糊系统设计中,规则是由对解决的问题持有丰富经验的专业人员以语言的方式表达出来的。专业人员对于问题认识的深度和综合能力,直接影响模糊系统工作性能的好坏,对于某些问题,不同的专业人员持有的见解存在一定的差异,应用人工神经网络方法,可以以一种简单的数值运算方式综合各专业人员不同的语言性经验。

(2) 对某些问题,即使是很有经验的专业人员也很难将他们的经验总结归纳为一些比较明确且简化的规则,并以语言的形式表达出来,应用人工神经网络可以为模糊系统建立行之有效的决策规则。

为了解决上述两类问题,可以采用模糊认知映射(Fuzzy Cognitive Maps,FCM)结构,在一定程度上通过数值运算的形式实现对结构性语言经验的综合推理,而利用单层前向网络输入/输出积空间的聚类方法,能够直接从原始的工作数据中归纳出若干条规则,最后以语言的方式表示出来。

在模糊系统的规则形成部分采用神经网络可以得到一类新颖的自适应模糊系统,这就是基于神经网络的自适应模糊系统。这类系统是把自适应原理引入模糊神经网络中,使它能适应环境的变化,从而使系统具有更大的鲁棒性。因此,这类系统有着广泛的应用前景。这类系统具有类似于神经元系统的形式,但其输入所连接的是不同的模糊控制规则,而不是普通神经网络的节点。通常,可以通过几种自适应算法对模糊神经网络进行自适应的修改,例如,可以调整加于各条规则的权重 W_i,可以修改模糊集论域的范围大小,可以修改模糊集的结构,也可以改变非模糊化的方法等。这类系统不同于传统的模糊控制系统。传统的模糊控制系统不能很好地适应环境的变化,当外部环境变化时,它们可以从一条规则改变到执行另一条规则,但是,规则本身是不能改变的。这是一种静态系统,它对于环境已知、测量值正常时,其性能是好的,但是,当外部环境变化时,其假设的前提条件受到了破坏,其后果也可能是灾难性的。

第二种方式是将模糊性原理引入现有的神经网络结构中,这种结合又可分为以下4种情形:

(1) 将训练及工作过程中的神经网络结构视为一种模糊的类别标志;

(2) 将模糊性原理应用到神经网络中的每个神经元,即改变传统神经元的综合函数和传递函数形式,使得神经元在功能上表现为各种模糊运算操作,例如模糊交集、并集和模糊加权等;

(3) 对神经网络的输入数据进行模糊化预处理;

(4) 将模糊关系引入神经网络结构,其基本思想是将模糊并集、交集等运算操作和神经网络的学习机制结合起来。在神经网络中,关系数据的作用远未受到如同特征数据那样的重视。

2.7.3 模糊神经网络

模糊神经网络(Fuzzy Neural Network,FNN)将模糊系统和神经网络相结合,充分考虑了二者的互补性,集逻辑推理、语言计算、非线性动力学于一体,具有学习、联想、识别、自适应和模糊信息处理等功能。其本质就是将常规神经网络输入模糊信号和模糊权值。目前已经提出了许多种模糊神经网络,比较著名的有 FAM(模糊联想记忆)、F-ART(模糊自适应谐振理论)、FCM(模糊认知图)、FMLP(模糊多层感知机)等。

在模糊神经网络中,神经网络的输入、输出节点用来表示模糊系统的输入、输出信号,神经网络的隐含节点用来表示隶属函数和模糊规则,利用神经网络的并行处理能力使得模糊系统的推理能力大大提高。

模糊神经系统有三种形式:

(1) 基于模糊算子的模糊神经网络,主要指网络输入/输出和连接权全部或部分采用模糊实数,计算节点输出的权相加采用模糊算子的模糊神经网络。

(2) 模糊化神经网络,指网络的输入/输出及连接权均为模糊集,可以将其视为一种纯模糊系统,模糊集输入通过系统内部的模糊集关系而产生模糊输出。

(3) 模糊推理网络是模糊模型的神经网络的一种实现,是一种多层前向网络。模糊推理网络的可调参数一般是非线性的,并且可调参数众多,具有强大的自学习功能,可以用作离线辨识的有效工具;但是模糊推理网络计算量大,只适合离线使用,自适应能力较差。

典型的模糊神经网络结构是多层前向模糊神经网络。在模糊系统中,"模糊化"→"模糊推理"→"模糊判决"是构成模糊系统的最基本模块,将模糊系统表达成联接主义方式的网络结构,就得到多层前向模糊神经网络。图 2-43 所示是一种模糊神经网络基本结构。

图 2-43 中,第 1 层为输入层,输入变量为精确值。节点个数为输入变量的个数。

第 2 层为输入变量的隶属函数层,实现输入变量的模糊化。

$$O_i^2 = \mu_{A_i}(x_1), \quad i = 1,2,\cdots,m$$

$$O_i^2 = \mu_{B_i}(x_2), \quad i = m+1, m+2,\cdots, m+n$$

其中,x_1、x_2 表示输入;A_i、B_i 表示模糊集;O_i^1、O_i^2 为 A_i、B_i 的隶属函数值,表示 x_1、x_2 属于 A_i、B_i 的程度。隶属度函数 μ_{A_i} 和 μ_{B_i} 的形状由一些参数确定。

第 3 层为"与"层,该层节点个数为模糊规则数。该层每个节点只与第二层中 M 个节点中的一个和 n 个节点中的一个相连,共有 $M \times n$ 个节点,也就是有 $M \times n$ 条规则。每个节点

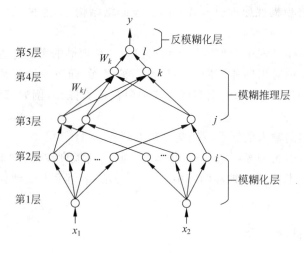

图 2-43　模糊神经网络基本结构

的输出代表该条规则的可信度。

$$O_i^3 = \omega_i = \mu_{A_i}(x_1) \times \mu_{B_i}(x_2)$$

第 4 层为"或"层,节点数为输出变量模糊度划分的个数 q。该层与第三层的连接为全互连,连接权值为 W_{kj},其中 $k=1,2,\cdots,q,j=1,2,\cdots,M\times n$(权值代表了每条规则的置信度,训练中可调)。

第 5 层为反模糊化层,节点数为输出变量的个数。该层与第 4 层的连接为全互连,该层将第 4 层各个节点的输出转换为输出变量的精确值。

模糊神经网络无论作为逼近器,还是模式存储器,都需要学习和优化权系数。学习算法是模糊神经网络优化权系数的关键。模糊神经网络的学习算法大多来自神经网络,如 BP 算法、RBF 算法等。

2.7.4　模糊神经网络的应用

1. 自适应神经网络模糊推理系统对复杂、非线性系统的建模

在 MATLAB 中应用 FUZZY 工具箱对 ANFIS 系统进行建模的过程为:首先,假设一个参数化的模型结构(这个模型将输入变量及输入变量的隶属度函数、模糊规则、输出变量及输出变量的隶属度函数等联系起来);然后,将获得的输入、输出数据对按照一定的格式组合成 ANFIS 算法的训练数据,再使用选定的算法训练前面假设的参数化模型,使其按照一定的误差准则调整相应的参数,从而使模型不断地逼近(模拟出)给定的训练数据。

对于非线性函数,利用 MATLAB 提供的 ANFIS 工具进行模糊建模的算法程序如下:

```
x = (0:0.1:10);
y = sin(2 * x)./exp(x/5);              % 给出训练数据对
trnDate = [x',y'];
numMFS = 5;
mfType = 'gaussmf';                    % 设置初始参数
epochs = 20;
infismat = genfis1(trnDate,numMFS,mfType);   % 生成初始模糊物理系统
```

程序运行后,得到训练数据与 ANFIS 输出数据对比曲线,如图 2-44 所示。

图 2-44 中,小圆圈代表所给的训练数据,实线代表经过 ANFIS 训练后生成的模糊系统的输出数据。可以看出,生成的模糊系统能够很好地拟合所给的非线性函数。

自适应神经模糊推理系统是模糊控制与神经网络控制根据各自的特点,取长补短形成的一种有机结合方式,一方面能够通过神经网络对样本数据的学习使模糊推理系统的控制规则自动生成;另一方面使神经网络的每一层、每个节点都有明确的物理意义。

2. 基于 BP 算法的模糊神经系统在发动机故障诊断中的应用

建立简单智能化的故障诊断系统,实现机械设备的在线检测与实时故障诊断,并在实践中推广应用,是故障诊断系统研究的主要方向。汽车发动机故障诊断技术,是在汽车小解体或不完全解体的前提下,利用测试技术、信息处理技术、智能故障诊断等技术,采集发动机的各种具有某些特征的动态信息,并对这些信息进行各种分析、处理、区分和识别,确认其异常表现,预测其发展趋势,查明其产生原因、发生部位和严重程度,提出有针对性的维修措施和处理方法。

基于模糊神经网络的故障诊断系统,克服了模糊系统和神经网络各自的缺点,充分发挥各自的优点,使得系统具有较强的自学习能力,为复杂系统的故障诊断提供了有效的工具。该诊断系统分为知识获取和推理两部分:知识获取是模糊神经网络通过学习根据领域问题组织的训练样本而获得领域知识,这些知识分布在网络各节点的连接权值上(即作为知识库);推理即训练后的神经网络对输入模式进行前向计算,其输出即推理结论。

模糊神经网络结构如图 2-45 所示,基本步骤为:首先通过输入模糊化模块完成从特征信号到网络输入模式之间的转化,即将故障征兆信号转化为以隶属度表示的模糊量集合,从而使神经网络的训练样本更精确;然后在学习推理模块,应用 BP 神经网络算法完成从故障征兆到故障原因的推理诊断过程;最后经过输出清晰化模块,完成神经网络的输出模式到诊断结果的去模糊化过程,即根据 ANN 输出向量的隶属度最终确定故障的原因。

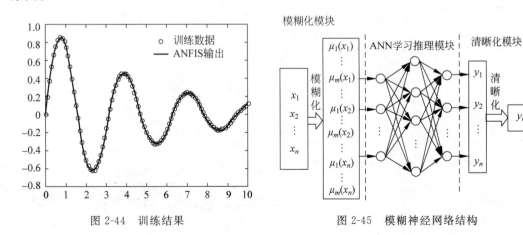

图 2-44 训练结果　　　　　　　　　　　　　图 2-45 模糊神经网络结构

根据发动机台架实验和实际维修经验,以及有关汽车故障诊断方面的资料,对发动机故障的表现,作出其故障程度的隶属度分布。

$$x_1 : 发动机起动困难 = \frac{1}{起动机不转动} + \frac{0.8}{起动机转动但点不着火} +$$

$$\frac{0.3}{能起动但立即熄火} + \frac{0}{能正常起动}$$

$$x_2 : 冷却水温度过高 = \frac{1}{100℃ 以上} + \frac{0.7}{90 \sim 100℃} + \frac{0.3}{85 \sim 90℃} + \frac{0}{85℃ 以下}$$

$$x_3 : 发动机油压过低 = \frac{1}{没有油压读数} +$$

$$\frac{0.7}{急速时 0.03MPa 以下,正常时 0.1MPa 以下} +$$

$$\frac{0.3}{急速时 0.03 \sim 0.05MPa,正常时 0.1 \sim 0.2MPa} +$$

$$\frac{0}{急速时 0.05 \sim 0.06MPa,正常时 0.2 \sim 0.5MPa}$$

$$x_4 : 发动机急速不稳 = \frac{1}{不能急速} + \frac{0.7}{急速时发动机抖动严重} +$$

$$\frac{0.4}{急速时发动机转速不平稳} + \frac{0}{急速时转速平稳}$$

$$x_5 : 发动机加速不良 = \frac{1}{踩下加速踏板不加速反而熄火} +$$

$$\frac{0.7}{踩下加速踏板转速不增加} +$$

$$\frac{0.4}{踩下加速踏板转速增加很少} +$$

$$\frac{0}{踩下加速踏板能正常加速}$$

$$x_6 : 有爆震 = \frac{1}{有尖锐金属敲击声} + \frac{0.5}{有轻微金属敲击声} + \frac{0}{无敲击声}$$

$$x_7 : 进气温度传感器读数不正常 = \frac{1}{与当时的大气温度相差 5℃ 以上} +$$

$$\frac{0.7}{与当时的大气温度相差 2 \sim 5℃} +$$

$$\frac{0}{与当时大气温度相当}$$

$$x_8 : 进气管压力传感器读数异常 = \frac{1}{0.01MPa 以下或 0.1MPa 以上} +$$

$$\frac{0.5}{0.01 \sim 0.03MPa} + \frac{0}{0.03 \sim 0.1MPa}$$

$$x_9 : 急速时节气门位置传感器读数异常 = \frac{1}{示数大于 1\%} + \frac{0.5}{示数在 0 \sim 1\%} +$$

$$\frac{0}{示数为 0}$$

$$x_{10}: \text{匀速运行时喷油脉冲宽度较小} = \frac{1}{0\text{ms}} + \frac{0.8}{0 \sim 0.5\text{ms}} + \frac{0.3}{0.5 \sim 1.0\text{ms}} + \frac{0}{1.0\text{ms 以上}}$$

$$x_{11}: \text{氧传感器读数异常} = \frac{1}{1.0\text{V 以上或小于 } 0\text{V}} + \frac{0.5}{0.7 \sim 1.0\text{V 或 } 0 \sim 0.3\text{V}} + \frac{0}{0.3 \sim 0.7\text{V}}$$

可能存在的故障分为以下几种:

y_1:发动机内部有烧结物; y_2:点火时刻不对;

y_3:冷却水温度传感器故障; y_4:线路故障;

y_5:电动汽油泵故障; y_6:喷油器故障;

y_7:火花塞故障; y_8:节气门故障。

对于以上几种故障原因的存在程度,采用表 2-3 所示的模糊范畴描述。

表 2-3 模糊范畴描述

故障存在程度	隶 属 度
存在	$0.8 \sim 1$
可能存在	$0.6 \sim 0.8$
不清楚	$0.4 \sim 0.6$
不太可能存在	$0.2 \sim 0.4$
不存在	$0 \sim 0.2$

表 2-4 所示为神经网络的训练样本,利用 BP 神经网络进行训练。由于模糊逻辑的隶属度在[0,1],因此对神经元的激活函数取 log-sigmoid 函数,将输入范围从$(-\infty, +\infty)$映射到$(0,1)$,从而和模糊逻辑结合。

表 2-4 车用发动机故障征兆和原因的对应关系

样本	输入模式(故障征兆集)											输出模式(故障原因集)							
	x_1	x_2	x_3	x_4	x_5	x_6	x_7	x_8	x_9	x_{10}	x_{11}	y_1	y_2	y_3	y_4	y_5	y_6	y_7	y_8
1	0	0.7	0.7	0.7	0.7	1	0	0	0	0	0	1	0	0	0	0	0	0	0
2	0.8	0	0	0.4	0.4	1	0.5	0.5	0	0	0	0	1	0	0	0	0	0	0
3	0.8	1	0.3	0.4	0.7	0	0	0	0.5	0.8	0.5	0	0	1	0	0	0	0	0
4	0.3	0	1	0.4	0.4	0	1	1	1	1	1	0	0	0	1	0	0	0	0
5	0.8	0	0.7	0.4	0.7	0	0	0	1	1	0	0	0	0	0	1	0	0	0
6	0.3	0	0	0.7	0	0	0	0	0	0.5	0	0	0	0	0	0	1	0	0
7	0.8	0	0	0.7	1	0	0	0	0	0	0	0	0	0	0	0	0	1	0
8	0.3	0	0	1	0.4	0	0	1	1	0	0.5	0	0	0	0	0	0	0	1
9	0	0	0	0	0	0	0	0	0	0	0	0	0	0	0	0	0	0	0

应用上述模糊神经网络进行汽车发动机故障诊断。选择一个样本作为输入,假设汽车故障症状为

$$x = \frac{0.8}{x_1} + \frac{0}{x_2} + \frac{0.7}{x_3} + \frac{0.4}{x_4} + \frac{0.7}{x_5} + \frac{0}{x_6} + \frac{0}{x_7} + \frac{0}{x_8} + \frac{0}{x_9} + \frac{1}{x_{10}} + \frac{1}{x_{11}}$$

经过训练的后神经网络,得到输出

$$y = [0.0030; 0.0000; 0.0031; 0.0005; 0.9908; 0.0000; 0.0000; 0.0009]$$

采用最大隶属度法进行清晰化,根据故障原因的隶属函数描述可知,发动机存在的问题为 y_5,即电动汽油泵故障,与给定的样本输出比较,结果正确。

在此基础上,给定一个非样本作为输入:

$$x = \frac{1}{x_1} + \frac{0}{x_2} + \frac{0.7}{x_3} + \frac{0.7}{x_4} + \frac{0.7}{x_5} + \frac{0}{x_6} + \frac{0}{x_7} + \frac{0}{x_8} + \frac{0}{x_9} + \frac{0.8}{x_{10}} + \frac{1}{x_{11}}$$

得到输出

$$y = [0.0007; 0.0000; 0.0012; 0.0003; 0.9864; 0.0001; 0.0003; 0.0022]$$

采用最大隶属度法进行清晰化,发动机存在的问题为 y_5,即电动汽油泵故障。

将上述样本输入与非样本输入进行比较,最后得出一致结论,可以看出该模糊神经网络诊断结果正确,容错能力强。

习题

1. 人工神经网络是模拟生物神经网络的产物,二者除相同点外,它们还存在哪些主要区别?

2. 前馈型神经网络和反馈型神经网络有哪些不同?

3. 感知器神经网络存在的主要缺陷是什么?

4. 试述何为有监督(有导师)学习? 何为无监督(无导师)学习?

5. 论述 BP 算法的基本思想,讨论 BP 网络的优缺点。

6. 对误差反向传播训练算法而言,如何有效提高训练速度?

7. 简述 BP 网络和 RBF 网络的不同。

8. 简述"胜者为王"学习规则的三个步骤。

9. 简述 SOFM 网权值初始化的原则和一般方法。

10. 下面给出的训练集由玩具兔和玩具熊组成。输入样本向量的第一个分量代表玩具的重量,第二个分量代表玩具耳朵的长度,教师信号为 -1 表示玩具兔,教师信号为 1 表示玩具熊。

$$\left\{ \boldsymbol{X}^1 = \begin{bmatrix} 1 \\ 4 \end{bmatrix}, d^1 = -1 \right\} \left\{ \boldsymbol{X}^2 = \begin{bmatrix} 1 \\ 5 \end{bmatrix}, d^2 = -1 \right\} \left\{ \boldsymbol{X}^3 = \begin{bmatrix} 2 \\ 4 \end{bmatrix}, d^3 = -1 \right\}$$

$$\left\{ \boldsymbol{X}^4 = \begin{bmatrix} 2 \\ 5 \end{bmatrix}, d^4 = -1 \right\} \left\{ \boldsymbol{X}^5 = \begin{bmatrix} 3 \\ 1 \end{bmatrix}, d^5 = 1 \right\} \left\{ \boldsymbol{X}^6 = \begin{bmatrix} 3 \\ 2 \end{bmatrix}, d^6 = 1 \right\}$$

$$\left\{ \boldsymbol{X}^7 = \begin{bmatrix} 4 \\ 1 \end{bmatrix}, d^7 = 1 \right\} \left\{ \boldsymbol{X}^8 = \begin{bmatrix} 4 \\ 2 \end{bmatrix}, d^1 = 1 \right\}$$

(1) 用 MATLAB 训练一个感知器,求解此分类问题。

(2) 用输入样本对所训练的感知器进行验证。

11. 论述 RBF 算法的基本思想。应用 MATLAB 编制一个基于 RBF 神经网络算法的应用程序,给出运算的仿真结果。

第3章

进 化 计 算

20 世纪 60 年代,用模拟生物和人类进化公式求解复杂优化问题的仿生算法作为广义人工智能的重要分支,在科研和实际问题中的应用越来越广泛,并取得了较好的效果。这类仿生算法目前统称为进化计算(Evolutionary Computation,EC),又称进化算法(Evolutionary Algorithm,EA)。

目前,进化计算方法主要包括遗传算法、进化策略和进化规划三类。三者在利用生物进化机制求解问题最优解的基本思路上是一致的,但是在对进化对象的理解上存在一定的差别,从而在自然选择和遗传操作的模拟与实现上有不同的侧重点和具体实现方式。相较而言,进化策略和进化规划更加相像,而遗传算法则更加侧重于遗传物质——染色体的作用,认为生物进化发生在染色体上,生物进化是基因适应的过程,因此主要通过对染色体进行模拟遗传操作完成解的进化。而进化策略和进化规划则是强调生物进化的外在表现,是一种行为适应的过程,因此进化策略和进化规划主要通过改进系统性能,从而发掘出问题的最优解。通过比较进化策略和进化规划对生物进化的哲学解释,可以认为两者是相一致的,有时会被认为是同一类方法,但是两者在自然选择和遗传操作具体实现上还是有区别的。

20 世纪 60 年代,遗传算法、进化策略和进化规划都是各自出现并独立发展的,在相当长的一段时间内,三者之间并没有进行沟通或是交流。直到 1992 年,人们意识到这三者具有相同的思想基础,都是生物进化机制,有相当大的相似性。于是,人们将它们统称为"进化计算",同时将进化计算对应的算法称作进化算法。1993 年,《进化计算》作为专业性国际期刊在美国问世。1994 年,IEEE 神经网络委员会主持召开了第一届进化计算国际会议,以后每年举行一次。这些都标志着进化计算作为一个相对独立的人工智能学科分支已经得到了国际学术界的认可。

3.1 进化计算的一般框架与共同特点

3.1.1 进化计算的一般框架

在科学研究和工程技术中,许多问题最后都可以归结为最优化问题的求解,比如最优设计问题和最优控制问题等。当进化计算方法用于求解优化问题时,可以突出地体现进化计算方法的优点,这是目前进化计算研究与应用的重点,有时也称为"进化优化"或者"模拟进化"。

进化算法是一种基于生物遗传和自然选择等生物进化机制的启发式随机搜索算法。和其他许多搜索算法一样,进化算法也具有迭代形式,即从给定的初始解经过反复迭代,逐步改进当前解,直至搜索到最优解或者满意解。在进化计算中,每一次迭代过程都被看成是一代生物个体的繁殖,因此称为"代"。但是进化计算与普通的搜索算法还是有所不同的。

首先,普通的搜索算法在搜索过程中,一般只是从一个初始解出发,改进到另一个比较好的解,然后再从这个改进的解出发进一步改进;而进化计算在最优解的搜索过程中,一般是从原问题的一组初始解出发,改进到另一组比较好的解,再从这组改进的解出发进一步改进。在进化计算中,每一组解被称为"人口"或"解群",而每一个解被称为一个"个体"。其次,在普通的搜索算法中,可以采用任意形式表示解,一般并不需要进行特殊的处理。但是在进化计算中,原问题的每一个解被看成是一个生物个体,因此一般要求用一条染色体(即一组有序排列的基因)来表示。这就要求建立原问题的优化模型之后,还必须进行原问题的解(即决策变量,如优化参数等)的编码。此外,普通的搜索算法在搜索过程中,一般都采用确定性搜索策略,但是进化计算是一种概率型的算法。在搜索过程中,进化计算利用结构化和随机性的信息,使最满足目标的决策获得最大的生存可能。

在自然界中,染色体决定物种的性质,而基因有序地排列组成染色体。在搜索问题中,由决策变量确定目标,而决策变量则是由一系列的分量组成。进化算法正是人为建立并充分利用了这种相似性。

基于上述认识,进化计算的求解过程一般步骤如表 3-1 所列。

表 3-1　进化计算的一般步骤

步骤 1	给定一组初始解
步骤 2	评价当前这组解的性能(即对目标满足的优劣程度如何)
步骤 3	按步骤 2 中计算得到的解的性能,从当前这组解中选择一定数量的解作为迭代后的解的基础
步骤 4	对步骤 3 所得到的解进行操作(如基因重组和突变),作为迭代后的解
步骤 5	若这些解已满足要求,则停止;否则,将这些迭代得到的解作为当前解,返回步骤 2

3.1.2　进化计算的共同特点

优化问题的搜索技术可分为枚举搜索、微分搜索、随机搜索和启发式搜索四类。枚举搜索技术是一种在解空间中遍历所有解的搜索方法,包括动态规划法、隐式枚举法(分支定界法)和完全枚举法等。显然,通过枚举搜索技术总是可以寻找到全局最优解,但是搜索效率非常低,不适合解决复杂的寻优问题。微分搜索技术是一种基于导数的搜索方法,包括直接法(如爬山法等)和间接法(即求导数为零的点)。这类方法首先要求导数存在并容易得到;其次,这类方法一般是一种局部搜索方法,而不是一种全局搜索方法。随机搜索技术是从解空间中随机选择一定数量的点从中寻优,搜索过程具有一定的盲目性,难以保证解的质量。启发式搜索技术则是利用问题所提供的启发式信息进行搜索的方法,如 A* 搜索、模拟退火等都属于启发式搜索。

进化算法本质上是一种启发式随机搜索算法。相比其他搜索方法,进化算法所具有的共同特点是：

（1）易用性和应用的广泛性。现行的大多数优化算法都是基于线性、凸性、可微性等，但进化算法可不必遵循这些假定，不要求目标函数的导数信息和待求解问题邻域内的知识，它只需要评价目标值的优劣就可以进行搜索，具有高度的非线性。这一性质使得进化算法广泛应用于科学和工程问题，易于写出一个通用算法，以求解许多不同的优化问题。

（2）全局搜索与局部搜索的协调性。进化算法通过群体搜索策略将局部搜索和全局搜索很好地协调起来，既可以通过群体中的个体求解极值点邻域内解，又可以通过个体的突变保证群体多样性，从而在整个解空间中探索，大大提高发现全局最优解的概率。

（3）可并行性。进化算法作为一种群体搜索技术适合于并行实现，或者说算法的搜索过程本身就具有隐并行性。

（4）鲁棒性。进化算法是非常稳定的，计算结果的可靠性很高。大量实验证明，在不同的噪声干扰条件下，进化算法对同一问题的多次求解可以得出相似的结果。

3.2 遗传算法基础

遗传算法（Genetic Algorithm，GA）是一种基于达尔文生物进化论的自然选择和孟德尔遗传学说的生物进化过程的计算模型，是一种全新的随机搜索与优化算法。它最初由美国密歇根大学 J. Holland 教授于 1975 年创建，J. Holland 教授出版了专著 *Adaptation in Natural and Artificial Systems*，之后 GA 才逐渐为人所知，他所提出的 GA 通常被称为简单遗传算法（SGA）。

3.2.1 遗传算法的历史与发展

遗传算法这一概念最初由美国密歇根大学安娜堡分校的 J. Holland 及其研究团队在 20 世纪 60 年代在研究细胞自动机时提出并发展起来。直到在匹兹堡召开了第一届世界遗传算法大会之前，遗传算法还仅限于理论方面的研究。遗传算法随着计算机计算能力的发展和实际应用需求的增多逐渐进入实际应用阶段。1989 年，《纽约时报》作者约翰·马科夫写了一篇文章，文章中描述了第一个用于商业的遗传算法——进化者（evolver）。之后，越来越多领域中出现不同种类的遗传算法，《财富》杂志 500 强企业中大多数都用 GA 进行时间表安排、数据分析、未来趋势预测、预算以及解决很多其他组合优化问题。

遗传算法的发展经历了萌芽期、发展期、成熟期。

（1）萌芽期（20 世纪六七十年代）：1967 年，Holland 的学生 J. D. Bagley 在其博士论文中首次提出"遗传算法"这一学术名称。此后，Holland 指导学生完成了多篇遗传算法相关研究的论文。1971 年，R. B. Hollstien 在其博士论文中首次采用遗传算法进行函数优化。1975 年是遗传算法研究历史上十分重要的一年，在这一年 Holland 出版了遗传算法领域的第一本也是奠基性的著作 *Adeptation in Natural and Artificial Systems*，因此有人将 1975 年称为遗传算法诞生之年。该书对遗传算法中的基本理论和人工自适应系统进行了系统的阐述，提出了著名的模式理论及隐并行性，用以解释遗传算法的运行机理。在明确了进化算子的前提下，将算法应用于系统适应性研究、自动控制和机器学习等多个领域。

同年,K. A. De Jong 完成了博士论文《一类遗传自适应系统的行为分析》。该论文所做的研究工作可以看作遗传算法发展进程中的一个里程碑,这是因为它结合了 Holland 的模式理论和计算实验。尽管 De Jong 和 Hollstien 一样主要侧重于研究函数优化的应用,但是他进一步完善和系统化了选择、交叉和突变操作,同时又提出了新的遗传操作技术,如代沟。

(2) 发展期(20 世纪 80 年代):进入 20 世纪 80 年代,遗传算法到达了兴盛发展的时期,其理论研究和应用研究都成为非常热门的课题。1985 年,第一届遗传算法国际会议(International Conference on Genetic Algorithms,ICGA)在美国召开,并且成立了国际遗传算法学会(International Society of Genetic Algorithms,ISGA),之后会议隔一年举行一次。1989 年,Holland 的学生 D. E. Goldberg 出版了专著《搜索、优化和机器学习中的遗传算法》,该书对当时的工作成果进行了全面细致的总结和分析。该书的最大特点在于理论与应用的结合,不但适用于广大的研究人员,而且是一本很好的教材。

(3) 成熟期(20 世纪 90 年代至今):到 20 世纪 90 年代,遗传算法已经形成了成熟的理论基础及广泛的应用。在欧洲,从 1990 年开始,基于自然思想的并行问题求解(Parallel Problem Solving from Nature,PPSN)学术会议每两年举办一次,其中会议主要内容之一就是遗传算法。此外,以遗传算法的理论基础为中心的学术会议还有遗传算法基础(Foundations of Genetic Algorithms,FOGA),该会议也是从 1990 年开始隔年召开一次,这些国际会议论文集中反映了近些年来遗传算法的最新发展及动向。1991 年,L. Davis 编辑并出版了《遗传算法手册》(*Handbook of Genetic Algorithms*),手册中包括了大量遗传算法在工程技术和社会生活中的应用实例。1992 年,Koza 发表了专著《遗传程序设计:基于自然选择法则的计算机程序设计》。1994 年,他又出版了《遗传程序设计 第二册:可重用程序的自动发现》,这深化了遗传程序设计的研究,开创了程序设计自动化新局面。

目前,关于遗传算法的研究仍在持续,越来越多不同领域的研究人员已经或正在置身于有关遗传算法的研究或者应用之中。

3.2.2 遗传算法的基本原理

遗传算法是依据自然界生物进化现象而提出的一种具有广泛适用性的随机搜索算法,这起源于计算机对生物系统进行的模拟研究。

1. 遗传算法的基本思想

遗传算法的基本思想是达尔文进化论和孟德尔的遗传学说。达尔文进化论最重要的是优胜劣汰、适者生存原理。它认为每一物种在发展中将越来越适应环境。物种每个个体的基本特征都会被子代继承,但子代个体又会产生一些异于父代的变化。当环境发生变化时,只有那些能够适应环境的个体特征才能被保存下来。生物的进化过程本质上就是一种优化过程。

孟德尔的遗传学说最重要的是基因遗传原理。它认为物种的性质是由染色体决定的,而染色体则是由基因有序排列组成的,每个基因存在于特殊位置并控制某些特殊性质,因此每个基因产生的个体对环境具有某种适应性,通过基因突变和基因杂交可以产生更适应于环境的子代,经过存优去劣的自然淘汰,适应性高的基因结构得以保存下来。

2. 遗传算法的基本概念

由于遗传算法是在进化论和遗传学机理的影响下产生的一种直接搜索优化方法,所以在这个算法中需要用到各种进化和遗传学的概念。

（1）串：它是个体的表现形式，在算法中是二进制串，并且对应于遗传学中的染色体。

（2）群体：个体的集合称为群体，串是群体中的元素。

（3）群体大小：在群体中个体的数量称为群体的大小。

（4）基因：基因是串中的元素，基因用于表示个体的特征。例如，有一个串 $S=1010$，则其中的 1，0，1，0 这 4 个元素称为基因。

（5）基因位置：基因在串中存在的位置称为基因位置，有时也简称为基因位。基因位置是从串的左侧向右侧计算。例如，在串 $S=1011$ 中，0 的基因位置是 2。基因位置对应遗传学中的地点。

（6）基因特征值：在用串表示整数时，基因的特征值和二进制数的权一致。例如，在串 $S=1011$ 中，位于基因位 3 的 1，它的基因特征值为 2；位于基因位 1 的 1，它的基因特征值为 8。

（7）染色体：染色体又可以称作基因型个体，群体是由一定数量的个体组成，群体中个体的数量称作群体大小。

（8）适应度：适应度表示某一个体对于环境的适应程度，通常为了体现染色体的适应能力，算法中会引入一种对问题中的每一个染色体都能进行度量的函数，称作适应度函数。这个函数用于计算个体在群体中被使用的概率。

3. 遗传算法的基本原理

遗传算法开始于代表问题可能潜在的解集的一个种群，初始种群则是由经过基因编码的一些个体组成。按照适者生存和优胜劣汰的自然选择原理，逐代演化产生出越来越好的近似解，在每一代，根据问题域中个体的适应度值大小进行选择，并借助于自然遗传学中的遗传算子进行组合交叉以及突变，产生出代表新的解集的种群。这个过程中，种群像自然进化一样，子代种群要比父代更加适应于环境，末代种群中的最优个体经过解码，可以作为问题近似最优解。遗传算法的执行过程可分为以下几个步骤。

1）初始化

选择一个群体，长度为 l 的 n 个二进制串 $b_i(i=1,2,\cdots,n)$ 组成遗传算法的初解群，也称为初始群体。在每个串中，每个二进制位就是个体染色体的基因。这个初始的群体也就是问题假设解的集合。在初始群体上，一般采用随机方式构造，也可以采用经验方法构造，以减少进化代数。

2）选择

选择操作用于从群体中按个体的适应度值选择出较适应环境的个体，作为待繁殖的父代个体，因此有时也称这一操作为再生。由于在选择用于繁殖下一代的个体时，是根据个体对环境的适应度值而决定其繁殖量的，因此有时也称为非均匀再生。

3）交叉

交叉操作用于对父代个体的染色体进行交叉重组，结合二者的特性产生新的子代染色体。交叉的基本实现方式是将父代个体的基因串按照指定位置进行互换，从而产生新的个体。

4）突变

突变操作用于使染色体上位串产生随机的变化，得到新的个体。在突变时，对执行突变的基因串的对应位求反,即把 1 变为 0,把 0 变为 1。能遗传的突变是生物进化的重要手段,对于保证群体多样性具有不可替代的作用。

5) 全局最优收敛

当最优个体的适应度达到给定的阈值,或者最优个体的适应度和群体适应度不再上升时,则算法的迭代过程收敛,算法结束。否则,用经过选择、交叉、突变所得到的新一代群体取代上一代群体,并返回到第 2)步即选择操作处继续循环执行。

3.2.3　遗传算法数学基础分析

遗传算法在机理方面具有搜索过程和优化机制等属性,数学方面的性质可通过模式定理和构造块假设等分析加以讨论;此外,Markov 链也是分析遗传算法的一个有效工具。

1. 模式定理

1) 模式

种群中的个体即基因串中的相似样板称为"模式",模式表示基因串中某些特征位相同的结构,因此模式也可能解释为相同的构形,是一个串的子集。在二进制编码中,模式是基于三个字符集 $\{0,1,*\}$ 的字符串,符号 $*$ 代表 0 或者 1。对于二进制编码串,当串长为 l 时,共有 3^l 个不同的模式。简而言之,模式是由 $0,1,*$ 构成的长度为 l 的字符串,代表了个体的集合,该集合中的个体具有共同的基因特征。

例 3-1　$*1*$ 表示 4 个元的子集 $\{010\quad 011\quad 110\quad 111\}$。

遗传算法中串的运算实际上是模式的运算,如果各个串的每一位按等概率生成 0 或者 1,则模式为 n 的种群模式种类总数的期望值为 $\sum_{i=1}^{l} C_l^i 2^i \{1 - [1 - (1/2)^i]^n\}$,种群最多可以同时处理 $n \times 2^l$ 个模式。

例 3-2　一个个体(种群中只有一个),父个体 001 要通过突变变为子个体 011,其可能影响的模式如图 3-1 所示。

被处理的模式总数为 8 个,即 $8 = 1 \times 2^3$。如果独立地考虑种群中的各个串,则仅能得到 n 条信息,然而把适应值与各个串结合考虑,发掘串群体的相似点,就可得到大量的信息来帮助指导搜索,相似点的大量信息包含在规模不大的种群中。

2) 模式阶和定义距

定义 3-1　模式阶:模式阶是模式 H 中确定位的个数,记作 $O(H)$。

例如,$O(011**1**0) = 5$。

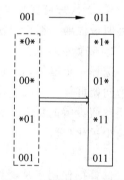

图 3-1　可能影响的模式

定义 3-2　定义距:模式中从左到右第一个确定位和最后一个确定位之间的距离,记作 $\delta(H)$。

例如,$\delta(001**1***) = 5$。

模式阶用来反映不同模式之间确定性的差异,模式阶数越高,则模式的确定性就越高,所能匹配的样本数就会越少。在遗传操作中,相同阶数的模式也会有不同的性能,而模式的定义距就反映了这种性质的差异。

3）模式定理

假定在第 t 次迭代时,种群 $A(t)$ 中有 m 个个体属于模式 H,记作 $m=m(H,t)$,即第 t 代时,有 m 个个体属于 H 模式。在选择阶段时,每个串根据它的适应值进行选择,一个串 A_i 被选择的概率为

$$p_i = \frac{f_i}{\sum\limits_{j=1}^{n} f_j} \tag{3-1}$$

式中:n 为种群中个体总数。

当采用非重叠的 n 个串的种群替代种群 $A(t)$,可以得到

$$m(H,t+1) = m(H,t) \cdot n \cdot \frac{f(H)}{\sum\limits_{j=1}^{n} f_j} \tag{3-2}$$

式中:$f(H) = \dfrac{\sum\limits_{i \in H} f_i}{m}$,表示在 t 时模式 H 的平均适应度。

若用 $\bar{f} = \dfrac{\sum\limits_{j=1}^{n} f_i}{n}$ 表示种群平均适应度,则式(3-2)可表示为

$$m(H,t+1) = m(H,t) \frac{f(H)}{\bar{f}} \tag{3-3}$$

上式表明,下一代群体中属于模式 H 的个体数目,与模式的平均适应度值成正比,与群体的平均适应度值成反比。换句话说,那些适应度值高于种群平均适应度值的模式,在下一代中将会有更多的代表串出于 $A(t+1)$ 中,因为在 $f(H) > \bar{f}$ 时,$m(H,t+1) > m(H,t)$。个体数目的这种增减规律符合自然选择的“优胜劣汰”原则。

假设从 $t=0$ 开始,某一特定模式适应度值保持在种群平均适应度值 $c\bar{f}$ 以上,c 为常数,$c > 0$,则模式选择生长方程为

$$m(H,t+1) = m(H,t) \frac{\bar{f} + c\bar{f}}{\bar{f}} = (1+c)m(H,t) = (1+c)^t m(H,0) \tag{3-4}$$

上式表明,在种群平均值以上(以下)的模式将按指数增长(衰减)的方式被选择。

4）交叉操作对模式的影响

下面讨论交叉操作对模式 H 的影响。

例 3-3　对串 A 分别在下面指定点上与 H_1 模式和 H_2 模式进行交叉。

A　　　　0111000

H_1　　　*1****0　　$\left(\text{被破坏概率:} \dfrac{\delta(H)}{l-1} = \dfrac{5}{7-1} = \dfrac{5}{6}; \text{生存率:} \dfrac{1}{6}\right)$

H_2　　　***10**　　$\left(\text{被破坏概率:} \dfrac{\delta(H)}{l-1} = \dfrac{1}{7-1} = \dfrac{1}{6}; \text{生存率:} \dfrac{5}{6}\right)$

显然 A 与 H_1 交叉后,H_1 被破坏,而与 H_2 交叉时,H_2 不被破坏。一般的有:模式 H 被破坏的概率为 $\dfrac{\delta(H)}{l-1}$,故交叉后模式 H 生存的概率为 $1 - \dfrac{\delta(H)}{l-1}$(其中,$l$ 为串长;$\delta(H)$ 为

模式 H 的定义距)。

考虑到交叉本身是以随机方式进行的,即以概率 P_c 进行交叉,故对于模式 H 的生存概率 P_s,可用下式表示:

$$P_s \geqslant 1 - P_c \frac{\delta(H)}{l-1} \tag{3-5}$$

同时考虑选择交叉操作对模式的影响,(选择交叉互相独立不影响)则子代模式的估计:

$$m(H,t+1) \geqslant m(H,t) \cdot \frac{f(H)}{\bar{f}}\left[1 - P_c \frac{\delta(H)}{l-1}\right] \tag{3-6}$$

上式表明,模式增长和衰减依赖于两个因素:一是模式的适应度值 $f(H)$ 与平均适应度值的相对大小;另一个是模式定义距 $\delta(H)$ 的大小(当 P_c 一定,l 一定时)。

5)突变操作对模式的影响

下面再考察突变操作对模式的影响。突变操作是以概率 P_m 随机地改变一个位上的值,为了使得模式 H 可以生存下来,所有确定位必须存活。因为单个等位基因存活的概率为 $(1-P_m)$,并且由于每次突变都是统计独立的,因此,当模式 H 中 $O(H)$ 个确定位都存活时,这时模式 H 才能够被保留下来,存活概率为

$$(1-P_m)^{O(H)} \approx 1 - O(H) \cdot P_m, \quad P_m \ll 1(为 0.01 以下) \tag{3-7}$$

上式表明,$O(H)$ 个定位值没有突变的概率。由此可得

$$m(H,t+1) \geqslant m(H,t) \cdot \frac{f(H)}{\bar{f}}\left[1 - P_c \frac{\delta(H)}{l-1} - O(H)P_m\right] \tag{3-8}$$

式中:$m(H,t+1)$ 为在 $t+1$ 代种群中存在模式 H 的个体数目;$m(H,t)$ 为在 t 代种群中存在模式 H 的个体数目;$f(H)$ 为在 t 代种群中包含模式 H 的个体平均适应度;$\bar{f}$ 为 t 代种群中所有个体的平均适应度;l 为个体长度;P_c 为交叉概率;P_m 为突变概率。

对于 k 点交叉时,式(3-8)可表示为

$$m(H,t+1) \geqslant m(H,t) \cdot \frac{f(H)}{\bar{f}}\left[1 - P_c \frac{c_l^k - c_{l-1-\delta(H)}^k}{c_{l-1}^k} - O(H)P_m\right] \tag{3-9}$$

模式定理:在选择、交叉和突变三种遗传算子的作用下,低阶、短定义距以及平均适应度高于种群平均适应度的模式所对应的个体数目,将在遗传算法的迭代过程中呈指数增长。

模式定理保证了较优的模式(遗传算法的较优解)的数目呈指数增长,为解释遗传算法机理提供了数学基础。

从模式定理可看出,在遗传过程中存活下来的模式都是高平均适应度、短定义距、低阶的优良模式,在连续的后代里获得至少以指数增长的串数目,这主要是因为选择使最好的模式有更多的选择,交叉算子不容易破坏高频率出现的、短定义距的模式,而一般突变概率又相当小,因而它对这些重要的模式几乎没有影响。

2. 积木块假设

遗传算法通过短定义距、低阶以及高适应度的模式(积木块),在遗传操作作用下被选择并重组,最终接近全局最优解。满足这个假设的条件有两个:①表现型相近的个体基因型类似;②遗传因子间相关性较低。积木块假设指出,遗传算法具备寻找全局最优解的能力,即积木块在遗传算子作用下,能生成短定义距、低阶以及高适应度的模式,最终生成全局最优解。

模式定理还存在以下缺点：

(1) 模式定理只对二进制编码适用；

(2) 模式定理只是指出具备什么条件的积木块会在遗传过程中按指数增长或者衰减，无法据此推断出算法的收敛性；

(3) 没有解决算法设计中控制参数选取问题。

模式定理保证了较优模式的样本数呈指数增长，从而使遗传算法找到全局最优解的可能性存在；而积木块假设则指出了在遗传算子的作用下，能生成全局最优解。

3.3 遗传算法分析

3.3.1 遗传算法基本结构

在 GA 的基本结构中插入迁移、显性、倒位等其他高级基因操作和启发式知识，因为基本流程没有改变，所以不能作为新的算法结构讨论。GA 计算中的瓶颈是计算群体适应度函数。为了克服群体数大造成的计算时间久问题，Krishnakumar 提出了称为 μ_{GA} 的小群体方法，将群体数取为 5。其仿真结果显示出了较高的计算效率和适用于动态系统优化的潜力，但尚待进行理论上的分析与更严格的试验。二进制编码的 GA 进行数值优化时，存在精度不高的缺点。Schraudolph 和 Belew 提出了参数动态编码（DPE）的策略，类似于 Schaffer 对搜索空间尺度变换的方法，是一种提高 GA 精度的新的结构形式。当发现最重要的基因数超过某个值后，采用变焦操作提高 1 倍精度，用 De Jong 的函数仿真测试结果显示了较高的精度，但 DPE 对于非线性强的多模型优化问题性能不佳。

遗传本质上是进行无约束优化，尚能处理简单约束问题，但是复杂约束问题尚待研究。Anddroulakis 提出扩展遗传搜索算法（EGS），采用实数编码，把搜索方向当作独立的变量处理，对无约束和有约束问题均有较好结果。为了克服早熟收敛，Poths 等人提出了基于迁移和人工选择的遗传算法（GAMAS），利用 4 组群体进行宏进化，其思想类似于并行实现，结果显示了较好的性能。GA 具有天然并行的结构，因此一般在并行机上实现。GA 并行实现的研究由来已久并颇有前景，因为它的计算瓶颈是适应度的计算。Grefenstette 全面研究了 GA 并行实现的结构问题，给出同步主从式、半同步主从式、非同步分布式及网络式等结构形式。Goldberg 提出了基于对象设计 GA 并行结构的思想。Muhlenbein 等用并行 GA 在由 64 个处理器构成的并行机上求出了 400 维 Rastrigin 多模型函数的全局最小解，成为 GA 求解高度复杂的优化问题的有力实例。Spiessens 等也给出了 GA 的大规模并行实例。

3.3.2 基因操作

基因操作主要包括选择、交叉和突变，适应度尺度变换和最优保存等策略可视作基因选择的一部分。另外，还有许多用得较少、作用机理尚不明确或者没有普遍意义的高级基因操作，这部分内容的研究在 GA 理论研究中最为丰富多彩。

发展各种选择操作的目的是避免基因缺失，提高全局收敛性和计算效率。基因选择操作类型见表 3-2，选择操作策略与编码方式无关。选择的主要思想是串的选择概率正比于其适应度值。但是适应度值的分布与问题有关,比例选择不一定合适,所以采用适应度值尺度交叉方法进行弥补。排序选择方法则与适应度值的分布和正负无关。

表 3-2　基因选择操作

序号	名　称	特　点	研　究　者
1	回放式随机采样(轮盘赌选择)	选择误差较大	De Jong,Brindle
2	适应度线性尺度变换	简单,可消除遗传早期的超级串现象	Bagley
3	无回放式余数随机采样	误差最小	Brindle,Booker
4	无回放式随机采样	降低选择误差,复制数$<f/(f+1)$	De Jong,Brindle
5	确定式采样	选择误差更小,操作简易	Brindle
6	柔性分段式复制	有效防止基因缺失,但需要选择相关参数	Yun
7	自适应柔性分段式动态群体采样	群体自适应变化,提高搜索效率	Yun
8	最优串复制	全局收敛,提高搜索效率,但不宜于非线性强的问题	De Jong,Back
9	均匀排序	与适应度的大小及其差异程度正负无关	Back
10	稳态复制	保留父代中一些高适应度串	Syswerda
11	最优串保留	保证全局收敛	Creffenstette,Yun
12	适应度指数尺度变换	$f'=f^k$,幂指数 k 与特定问题有关	Gillies
13	适应度自适应线性尺度变换	符合遗传机理,比适应度线性尺度变换更有效	Yun

交叉操作的作用是组合出新的个体,在串空间进行有效搜索,同时必须降低对有效模式的破坏概率。交叉操作是 GA 区别于其他进化算法的重要特征。主要交叉策略见表 3-3,其中单点交叉、双点交叉、均匀交叉和多点交叉也可用于实数矢量间的交叉。由于单点交叉效果并不理想,实际中常用的是多点交叉(含双点交叉)和均匀交叉,多点交叉是单点交叉的扩展。

表 3-3　基因交叉操作

序号	名　称	特　点	研　究　者
1	单点交叉	标准 GA 的成员	Holland,De Jong,Goldberg
2	双点交叉	使用较多	Cavicchio,Booker
3	多点交叉	交叉点大于 2	De Jong,Spears
4	均匀交叉	每一位以相同概率交换	Syswerda,Whitely,Yun
5	启发式交叉	应用领域知识	Grffenstette
6	算数交叉	适合于实数编码	Michalewicz

此外,还有序号交叉、基于位置交叉、圈交叉和部分匹配交叉等基因交叉操作。Qi 和 Palmieri 等研究了采用实数编码、群体数无限的标准 GA 中均匀交叉的行为,证明交叉操作能把群体保持在合适区域内的同时,还能搜索新的解空间。在交叉操作之前应该首先进行配对,常用的配对策略是随机配对。

当交叉操作产生的子代的适应度值不再比它们的父代好,但是未达到全局最优解时,就会发生早熟收敛。早熟收敛的根源是发生了有效基因缺失,为了解决这个问题,只有依赖于突变,但常规位突变的效果不明显并且很慢。基因突变在 GA 中的作用是第二位的,基因主要突变操作见表 3-4。

表 3-4 基因突变操作

序号	适用编码	名 称	特 点	研 究 者
1	符号	常规位突变	标准 GA 的成员	De Jong
2		概率自调整突变	由两个串的相似性确定突变概率	Whitley
3		有效基因突变	避免有效基因缺失	Yun
4		自适应有效基因突变	最低有效基因个数自适应变化	Yun
5	实数	均匀突变	由一个实数元素以相同的概率在域内变动	Michalewicz
6		非均匀突变	使整个矢量在解空间轻微变动	Michalewicz

另外,许多高级基因操作得到了研究,比如显性操作、倒位操作、分离和易位操作、增加和缺失操作以及迁移操作等。这些基因操作来源于群体遗传学,目前应用尚少,需要进一步深入研究其机理及作用。

3.3.3 遗传算法参数选择

GA 中需要选择的参数主要有串长 l、群体大小 n、交叉概率 P_c 以及突变概率 P_m 等,这些参数对 GA 性能影响很大。二进制编码时,串长 l 的选择取决于特定问题解的精度。Goldberg 提出了变长度串的概念,并显示了良好性能。为了选择合适的 n、P_c、P_m,人们进行了研究。Schaffer 建议的最优参数范围:$n=20 \sim 30$,$P_c=0.75 \sim 0.95$,$P_m=0.005 \sim 0.01$。恽为民和席裕庚等认为,n 的选择与所求问题的非线性程度相关,即非线性越大,n 越大。常用的参数范围:$n=20 \sim 200$,$P_c=0.5 \sim 1.0$,$P_m=0 \sim 0.05$。在简单遗传算法(SGA)或标准遗传算法(CGA)中,这些参数是不变的。Crefenstette 利用上层 GA 来优化下层 GA 的参数。事实上,这些参数需要随着遗传进程而自适应变化,这种有自组织性能的GA 将具有更好的鲁棒性、全局最优性和效率。

3.3.4 遗传算法的改进

GA 作为一种随机优化搜索算法,为很多困难问题的求解开辟了新途径。用其求解问题时,一方面,希望在广的空间进行搜索,便于求得最优解;另一方面,希望向着最优解的方向尽快缩小搜索范围,收敛于寻优目标,以求得全局最优解。对最优解和收敛速度的追求,促使了遗传算法在 SGA 的基础上的不断发展,可见 GA 的发展主要围绕着如何提高全局最优解的概率和效率。

多年来,人们从各种不同的方面做了种种努力,取得了相当大的进展;同时针对不同的应用领域,研究了特定问题求解相应的算法。

1. 交叉、突变概率的自适应调整

交叉、突变概率(P_c、P_m)的自适应调整,是提高搜索效率的有效方法之一。调整算法为

$$\begin{cases} P_c = \begin{cases} k_1(f_{max} - f'_c)/(f_{max} - \bar{f}), & f'_c \geqslant \bar{f} \\ k_3, & f'_c < \bar{f} \end{cases} \\ P_m = \begin{cases} k_2(f_{max} - f)/(f_{max} - \bar{f}), & f \geqslant \bar{f} \\ k_4, & f < \bar{f} \end{cases} \end{cases} \quad (3\text{-}10)$$

式中：f'_c 为交叉前父代双亲适应度大者；f 为需突变个体的适应度；$k_1 = k_3 = 1, k_2 = k_4 = 0.5$。

对于适应度高于种群的平均值的个体，P_c 和 P_m 取小一些可促进 GA 收敛；对于适应度低于种群的平均值的个体，P_c 和 P_m 取大一些可避免 GA 陷入局部解。

2. 高级算子

人们利用生物遗传学、生态学等的研究成果，模拟大自然的造物机制，为提高 GA 的有效性在基本算子基础上进行了有益的探索。

1）逆算子

逆算子（inversion operator）也称倒位算子，其操作是在一个个体的长度方向上选择两个切断点，两点之间的基因倒位后，再拼接起来成为新的个体，经常将逆算子与交叉相结合进行操作。

2）对等交叉法

两个个体上的基因完全对等时才能进行交叉。例如，有 3 个个体 A、B 和 C，其中，$A = 11001, B = 00110, C = 10011$。由于 A、B 的基因完全对等，因此可进行交叉，而 A 与 C、B 与 C 都不能。

3）静态繁殖

SGA 是用子代个体取代父代个体，静态繁殖（steady state reproduction）是在迭代过程中用部分优质子串来更新部分父串，这需要合理确定更新的数量。

4）本地算子

自然界中相距遥远的、种类相似的生物并非会一起繁殖，本地的才有机会。为了维持多样性，本地算子采用了两项措施：一方面采用一种共享机制，限制一些个体快速扩张；另一方面，为了维持一些个体的存在，应有选择地进行交配，即交叉受限。

3. 并行 GA

主要有两种并行 GA 模型。

1）近旁模型

近旁模型是指在种群内的各个个体仅与限定的近旁个体相互作用进行 GA 操作，因此操作是并行且局域的。在种群内定义每一个个体的近旁。此模型中，由于近旁的定义不同，因此有多种形式，图 3-2(a) 所示为其中一例。由于 GA 操作的局域性，在种群中即使某个个体的适应度 f 很高，采用近旁模型的影响只能通过近旁间渐渐地波及整个群体，因此抑制了个体适应度的急剧增加，从而起到了抑制早期收敛的作用。

2）岛模型

岛模型是把种群分成多个子群，在多计算机上进行独立且并行的 GA 操作。同时，不同部分的子群之间可进行个体交叉，并将其称作迁移。若任意子群之间均可有个体迁移，则将

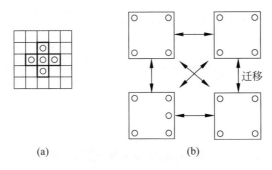

图 3-2 并行 GA 示意图

(a) 近旁模型；(b) 岛模型

其称作"飞石"模型。岛模型的迁移，需要确定哪些子群间可以迁移、迁移个体的选择及迁移的个体数和经几代可迁移等。图 3-2(b) 为分成 4 个子群并进行迁移的岛模型示意图。在此模型中，使用并行计算缩短运算时间，并且因为局域性搜索，对于整个群体而言，可维持个体的多样性，从而抑制了早熟收敛。在实际应用时，需要结合求解的具体问题，设计和调试相应的正确参数，才能收到较好的效果。

4. 可变长个体与 Messy GA

SGA 种群中的个体，二进制位串长度是不变的。由模式定理可知，低阶、短定义距以及平均适应度高于种群平均适应度的模式所对应的个体数目，将在遗传算法的迭代过程中呈指数增长。定义长的模式称为积木块，由于 SGA 被破坏的可能性大，因此人们正探索用可变长个体改善 GA 的搜索能力。

1) 可变长个体

若个体的位串长度 l 不变，个体可用二元组（基因位置与其值）表示为

$$A: (i_1, v_1)(i_2, v_2)(i_3, v_3)\cdots(i_l, v_l) \tag{3-11}$$

例如，$A = 011001$ 可表示为 $A: (1,0)(2,1)(3,1)(4,0)(5,0)(6,1)$。

若可变长个体长度 l 是可变的，个体也可用二元组表示，此时，

$$\begin{cases} 1 \leqslant i_k \leqslant l, & k = 1, 2, \cdots, l \\ v_k \in v_i, & k = 1, 2, \cdots, l \end{cases} \tag{3-12}$$

例如，

$$(4,0)(5,0)(3,1)$$
$$(4,0)(3,1)$$
$$(4,0)(2,1)(5,0)(6,1)(1,0)$$

且相同的个体可有不同的表示，如 $(4,0)(2,1)(5,0)(6,1)(1,0)$ 或 $(2,1)(5,0)(4,0)(6,1)$ $(1,0)$ 等。

2) 算子

代替 SGA 中交叉算子的是如下两个算子：

(1) 切断(cut)。以某概率在个体长度上随机选择位置，将基因链切断，如图 3-3(a) 所示。

(2) 接合(splice)。以某概率将两个基因链接合，如图 3-3(b) 所示。

| 个体1 | (0,1) | (2,1) | (5,0) | (3,0) | (1,0)(4,1) |
| 个体2 | (5,1) | (4,0)(2,1)(1,1) | | | |

(a)

| 新个体1 | (0,1) | (2,1) | (5,0) | (3,0) | (4,0)(2,1) | (1,1) |
| 新个体2 | (5,1) | (1,0)(4,1) | | | | |

(b)

图 3-3 切断与接合算子

（a）切断算子；（b）接合算子

3）Messy GA

可变长个体的遗传算法称为 Messy GA,其工作流程如下：

（1）设置个体位串的最大长度 $k_{\max}=l,k \leqslant l$；

（2）初始化：在 GA 空间生成不同长度的个体位串 N 个,为初始种群；

（3）译码至问题空间,求适应度并进行评价；

（4）用两两竞争法选择,直到选出 N 个高适应度的个体(只适用于初始种群)；

（5）按"切断→接合→选择→评价"循环求解,直到满足结束条件。

5. 基于小生境技术的 GA

在生物的进化过程中,不同的局部生态环境造成生物体的基因组合也不相同,即环境小生境也参与了生物体多样性的形成。在 SGA 的基础上,Goldberg 提出了一种适应度共享模型(fitness-sharing model)的选择策略,它是一种基于小生境技术的 GA 算法。该算法是用共享函数来调整种群中各个个体的适应度,在进化过程中能依据调整后的适应度进行选择种群,从而维护种群多样性,构造出小生境的进化环境。它是一种用于多峰搜索问题的优化算法,使得能够尽可能搜索到多个全局最优解。

共享函数(sharing function)是表示两个个体之间关系密切程度的函数。设有 n 个个体的种群 $A=[a_1,a_2,\cdots,a_n]$,两个个体 a_i 与 a_j 间的共享函数 $\mathrm{sh}(d_{ij})$ 一般描述为

$$\mathrm{sh}(d_{ij}) = \begin{cases} 1-\left(\dfrac{d_{ij}}{\sigma_{\mathrm{share}}}\right)^a, & d_{ij} \leqslant \sigma_{\mathrm{share}} \\ 0, & d_{ij} > \sigma_{\mathrm{share}} \end{cases} \tag{3-13}$$

式中：σ_{share} 为小生境半径,是设定值；d_{ij} 为个体 a_i 与 a_j 间距离的测度,在解空间采用欧氏距离,在 GA 空间采用汉明距离；a 为调整系数。

由上式可见：

（1）$0 \leqslant \mathrm{sh}(d_{ij}) \leqslant 1$,$\mathrm{sh}(d_{ij})$ 大表明二者关系密切,或者说个体之间相似的程度大；

（2）每一个个体自身的 $\mathrm{sh}(d_{ij})=1$；

（3）当 $d_{ij} \geqslant \sigma_{\mathrm{share}}$ 时,$\mathrm{sh}(d_{ij})=0$；

（4）在 σ_{share} 范围内的个体小生境半径相同,互相减小适应度,收敛在同一小生境内。σ_{share} 的值是影响搜索性能的关键因素。

个体 a_i 在(同一小生境内)种群中的共享度 m_i 是它与种群中其他个体间共享函数值之和,描述为

$$m_i = \sum_{j=1}^n \mathrm{sh}(d_{ij}), \quad i=1,2,\cdots,n \tag{3-14}$$

设个体 a_i 的共享适应度为 $f'(a_i)$，算法为

$$f'(a_i) = f(a_i)/m_i \tag{3-15}$$

可见，共享法是一种选择策略，适应度共享函数将问题空间的多个峰值分开，在 GA 空间中，相当于将每一代个体分为多个子群。之后，子群中和子群间由交叉、突变操作产生下一代种群。它是一种适用于复杂多峰函数的寻优算法。在基于小生境技术的 GA 算法中，除了适应度共享模型之外，还有排挤模型和预选择模型，它们都是可以维持个体多样性的选择策略。

6. 混合 GA

局部搜索能力差是 SGA 的不足之处。将具有很强的局部搜索能力的算法，如模拟退火法、梯度法和 GA 相结合，构成混合 GA，是增强 GA 局部搜索能力的有效手段。模拟退火算法与 GA 结合的混合 GA 是一种求解大规模组合优化问题的有效近似算法，梯度法与 GA 结合的混合 GA 则适用于连续可微函数的全局寻优。

7. 导入年龄结构的 GA

在 SGA 基础上导入年龄结构的算法，是模拟自然界中多年生生物具有年龄所建立的模型。这一算法有两种：AGA(Aged GA)和 ASGA(Age Structured GA)。二者的共同特点是把离散时间的一个单位作为一代，对种群中的每一个个体设置整数年龄参数。在第 t 代年龄为 x 的个体，在第 $t+1$ 代年龄为 $x+1$，并设置死亡年龄。

1) AGA

AGA 是导入年龄和死亡年龄的模型。算法中除了由选择而淘汰一部分个体外，达到死亡年龄的个体也被淘汰。交叉后的父代不保留，新生的子代年龄为零。因此，这一算法中亲子不共存。增加的计算是年龄的更新和到龄个体的死亡。

2) ASGA

ASGA 是在导入年龄、死亡年龄参数外，增设死亡率参数的模型，也是模拟了多年生生物在每一年龄都可能有死亡这一现象。死亡率是对于生存着的个体，与适应度无关的死亡概率，是 0～1 的随机数。在每一代中，除了选择操作及达到死亡年龄的个体被淘汰之外，每一年龄的个体按照死亡率被淘汰一部分。在这一模型中，交叉后的父代仍可生存，因此在个体群中亲子共存。

ASGA 与 AGA 相比较，在相同情况下，求解过程中，个体适应度 f 的变化前者出现较少的振荡，趋向于最终收敛。可见，导入年龄结构的模型，是为了抑制种群中适应度 f 高的个体的增殖，从而使适应度 f 低的个体生存概率增加，因此可降低选择压力，维持个体多样性，缓和早熟收敛。

8. 基于基因分布评价的适应度调整

为了分析种群中个体的多样性，需要设定评价方法。此类问题在个体只用"0""1"编码时较易解决。本书对于多变量优化问题，用十进制整数编码来评价个体多样性的方法及适应度调整，要点为：

(1) 用基因分布直方图评价种群中基因分布的多样性；

(2) 用基因分布直方图计算个体的稀少度；

(3) 通过调整突变的幅度，产生稀少的个体；

（4）由稀少度进行适应度调整，使稀少的个体在种群中存在，以维持个体的多样性。

设 i 表示变量，也表示个体的基因位置号。基因位置的值域为 $[-D,+D]$，即变量编码值。将其均分为 M 个区域，即 $n=1,2,\cdots,M$。用基因分布直方图（图 3-4）可对种群某一基因位置上的基因分布状态进行描述和评价，也可对某一个体在所有基因位置上的基因分布状态进行描述和评价，并进行个体稀少度 R_i 计算。

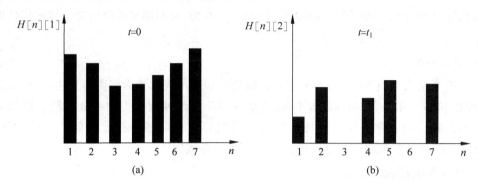

图 3-4　基因分布直方图

图 3-4(a)中，$H[n][1]$，$t=0$ 为第 0 代所有个体在基因位置 1 上的基因分布直方图（$n=1,2,\cdots,7$）。此时，种群中的个体由初始化随机产生，可以看出基因分布较均匀。图 3-4(b)中，$H[n][2]$，$t=t_1$ 为第 t_1 代所有个体在基因位置 2 上的基因分布直方图。可见，在 $n=3$ 和 $n=6$ 两个区间内，基因分布为 0，即在基因位置 2 上的基因不包含这两个区间的编码值。

个体稀少度 R_i 定义为在个体 i 的所有基因位置上，基因分布为 0 的区间数。将 R_i 小的个体称为稀少的个体。突变操作是用 $[-E,+E]$ 的随机数加在个体群中，在个体所有的基因位置上调节突变的幅度，以调节产生稀少的个体数。适应度调整算法为

$$f' = f/R_i \tag{3-16}$$

由于 R_i 与迭代有关，因此是变量。另外，采用双倍体和显性遗传等都是 GA 的改进算法。

9. GA 理论研究

GA 的理论研究有两种：基于模式理论的分析和基于随机模型理论的研究。Holland 提出的模式（积木块）及模式定理指出了在 3 个 GA 算子的作用下，较优的模式数目呈指数增长，为解释 SGA 的寻优机理提供了一种数学方法。其不足是仅适用于二进编码制，没有涉及 SGA 的 5 项参数如何选取等问题。Bethke 提出了用 Walsh 函数、离散 Walsh 变换计算模式平均适应度的方法，分析 GA 的寻优过程。基于随机模型理论的 GA 分析是建立 Markov 链的 GA 模型，分析 GA 的收敛问题。

GA 主要研究的问题如下：

1）编码与收敛问题

二进制编码是 GA 最早用的编码，由 Holland 提出。至今，遗传算法已有多种编码被应用，如十进制整数、实数、浮点数等。浮点数编码具有精度高且搜索空间大的优点。对浮点数编码用 Markov 链，在种群规模 $N \to \infty$ 的假设条件下可得到全局收敛的结论。

2）参数的优化

主要指种群规模 N、交叉概率 P_c、突变概率 P_m 的优化问题。

3）GA 欺骗问题

在 GA 搜索过程中，将妨碍适应度高的个体生成而影响 GA 的工作，使搜索方向偏离全局最优解的问题，称为 GA 欺骗问题。依据模式欺骗性定义，欺骗问题分完全欺骗、一致欺骗、序列欺骗和基本欺骗 4 种，其欺骗性依次由高到低，搜索难度也随之由高到低。依据模式欺骗性定义和相关定理，单调和单峰函数无模式欺骗性，非单调和多峰函数有可能具有模式欺骗性，这是因为搜索过程中可能存在某些低阶模式难以重组为期望的高阶模式，使搜索偏离全局最优解所致。研究表明，有可能利用适当的调整适应度函数和基因编码的不同方式来避免欺骗问题。

总之，研究的关键是 GA 算法的全局收敛性并求取最优（准最优）解的问题。至今，很多复杂 GA 问题的分析仍是困难的，有待于深入探讨。

3.3.5 遗传算法的基本实例

遗传算法与纯数值函数优化计算，对很多实际问题进行数学建模后，可将其抽象为一个数值函数的优化问题。遗传算法提供了一种求解这种优化问题的通用框架。遗传算法通过对群体所施加的迭代进化过程，不断地将当前群体中具有较高适应度的个体遗传到下一代群体中，并且不断地淘汰适应度较低的个体，从而最终寻找出适应度最大的个体。这个适应度最大的个体经解码处理之后所对应的个体表现型就是这个实际应用问题的最优解或近似最优解。

利用遗传算法进行数值函数优化计算时，若精度要求不太高，自变量的个数不是太多时，可以采用二进制编码表示个体；若精度要求较高，自变量的个数较多时，可以采用浮点编码表示个体。本节以遗传算法最基本的应用——函数优化作为实例分析，讲解遗传算法的编程实现，编程采用 MATLAB 软件。

考虑如下问题：

例 3-4 若函数为 $y=|\sin(x)/x|$，其中 $-10\leqslant x\leqslant 10$，求解 y 的最大值。

1）分析

要求精确度为 0.0001，样本总数为 50 个，交叉个体数与突变个体数均为 14 个，此处认为交叉个体数/样本总数的比值就是交叉率，突变率同理。

2）程序清单

例程 3-1

主函数部分如下：

```
clc;clear;
global Bitlength                    %定义 3 个全局变量
global boundsbegin
global boundsend
boundsbegin = -10;
Bitlength = 18;                     %染色体长度 18
boundsend = 10;
```

```
precision = 0.0001;                              % 运算精确度
popsize = 50;                                    % 初始种群大小
Generationmax = 50;                              % 最大进化代数
p1 = 14;                                         % 种群交叉个数
p2 = 14;                                         % 个体突变个数
population = round(rand(popsize, Bitlength));    % 随机生产初始化种群
[Fitvalue, everypopulation] = newfitness(population);  % 调用子函数 fitness 计算个体适应度和
                                                 % 选择概率 everypopulation

Generation = 1;
while Generation < = Generationmax               % 总共进化 N 代
    newpopulation = xuanzefuzhi(population, everypopulation);
    a = unidrnd(51 - p1);                        % 随机选择交叉个体的起始序号
    for i = a:a + p1/2 - 1
        scro = newcrossover(newpopulation, i, p1);  % 调用函数进行交叉操作
        newpopulation(i, :) = scro(1, :);
        newpopulation(i + p1/2, :) = scro(2, :);
    end
    b = unidrnd(51 - p2);                        % 随机选择突变个体的起始序号
    for i = 0:p2 - 1
        smnew = newpopulation(i + b, :);
        newpopulation(i + b, :) = newmutation(smnew);% 调用函数进行突变操作
    end
    population = newpopulation;                   % 更新种群
    [Fitvalue, everypopulation] = newfitness(population);  % 调用子函数 fitness 计算新种群的适应度
    [fmax, nmax] = max(Fitvalue);                 % 调用库函数 max,记录最佳适应度对应的函
                                                 % 数 y 值和其染色序号
    ymax(Generation) = fmax;                      % 记录当代最佳适应度
    x = transform2to10(population(nmax, :));      % 调用子函数 transform2to10 转化为十进制数
    xx = boundsbegin + x * (boundsend - boundsbegin)/(power(2, Bitlength) - 1);
                                                 % 将 x 整合到[ - 10,10]区间中
    xmax(Generation) = xx;                        % 保存整合后最佳染色体十进制的值
    Generation = Generation + 1;                  % 依次循环进化,得到最佳种群个体
end
disp('满足要求的 x 值');
x = xx                                            % 最佳种群个体
disp('函数最大值');
MAX = targetfun(x)                                % 调用子函数 targetfun 要求的函数的最大值
```

主函数首先进行初始化,设定染色体长度、运算精度、最大迭代代数和随机突变个体数等。随机产生初始种群后,调用适应度函数对种群中个体进行适应度值计算,随机选择个体进行交叉和突变之后产生子代种群。之后继续调用适应度函数,直到达到最大迭代代数。其中,因为十进制相比二进制更加适合适应度函数计算,所以其中包含着编码和解码部分。

其中,适应度函数部分代码如下:

```
function [Fitvalue, everypopulation] = newfitness(population)
global Bitlength
global boundsbegin
global boundsend                                  % 三个全局变量,在主函数中有定义
```

```
popsize = size(population,1);                    % 总共计算多少个个体
for i = 1:popsize
    x = transform2to10(population(i,:));         % 调用子函数 transform2to10 转化为十进制数
    xx = boundsbegin + x * (boundsend − boundsbegin)/(power(2,Bitlength) − 1);
    Fitvalue(i) = targetfun(xx);
end
Fitvalue = Fitvalue';
fsum = sum(Fitvalue);
everypopulation = Fitvalue/fsum;                 % 包含 50 个个体的适应度值
```

适应度函数取自目标函数，即

```
function y = targetfun(x)
 % 适应度函数，即原函数
y = abs(sin(x)/x);
```

个体选择复制部分代码如下：

```
function newpopulation = xuanzefuzhi(population,everypopulation)
e1 = floor(everypopulation * 50);            % 将每个个体的选择概率乘以 50 并向下取整
a = 0;                                       % 用于计算新种群个体数,保证其数量等于 50
for i = 1:50
    if e1(i)>= 1
        a = a + e1(i);
        for j = 1:e1(i)
            newpopulation(j + a,:) = population(i,:);
        end
    end
end
if a < 50                                    % 若种群个数不足 50 时进行补数操作
    b = 50 − a;                              % 补充个体数设为 b
    e2 = everypopulation * 50 − e1;          % 选择概率乘以 50 后的小数部分
    [E2,I] = sort(e2,'descend');             % 对 e2 数组进行降序排列,返回其原来的元素序号
    for i = 1:b
        newpopulation(a + i,:) = population(I(i),:);
    end
end
```

交叉操作部分代码如下：

```
function scro = newcrossover(newpopulation,i,p1)
global Bitlength;                     % Bitlength 是个全局变量,本例中值为 18
    c = 9;                            % 交叉位是后 9 位
    scro(1,:) = [newpopulation(i,1:c) newpopulation(i + p1/2,c + 1:Bitlength)];
    scro(2,:) = [newpopulation(i + p1/2,1:c) newpopulation(i,c + 1:Bitlength)];
```

选择复制后的新种群中第 i、$i+\frac{1}{2}p_1$ 的两个个体进行交叉操作，返回的 scro 可以看成

2 行 18 列的二维数组,代表两个个体。

其中,变异操作部分代码如下:

```
function newpopulation = newmutation(smnew)
  newpopulation = smnew;
  for k = 15:18
  newpopulation(k) = abs(smnew(k) - 1);          %将 smnew 中第 15~18 个位置变异
end
```

在代码中,将交叉位数设置为二进制数的后 9 位,突变位也同样做了设置,因此交叉位数和突变位数又是不同于交叉率、突变率的。

代码中存在解码与编码部分,其代码如下:

```
function x = transform2to10(Population)          %二进制数转换为十进制数
global Bitlength
x = 0;
for i = 0:Bitlength - 1
    x = x + Population(Bitlength - i) * power(2,i);
end
```

以上为例题的全部例程。在操作中可以改变最大迭代次数和随机突变个体数等,来观察不同参数对遗传算法的影响。

3) 结果输出

当最大迭代次数为 8 时:

满足要求的 x 值 $x=0.7123$;函数最大值 MAX$=0.9176$。

当最大迭代次数为 16 时:

满足要求的 x 值 $x=0.1563$;函数最大值 MAX$=0.9959$。

当最大迭代次数为 24 时:

满足要求的 x 值 $x=-1.2127$;函数最大值 MAX$=0.7723$。

当最大迭代次数为 32 时:

满足要求的 x 值 $x=-0.0020$;函数最大值 MAX$=1.0000$。

当最大迭代次数为 50 时:

满足要求的 x 值 $x=-0.0405$;函数最大值 MAX$=0.9997$。

由极限知识可知,当 x 趋于 0 时,$y=|\sin(x)/x|$ 到达最大值 1。

由结果可知,总体趋势上,迭代次数越多,那么得到的函数最优近似解越接近函数最优解。但是,当迭代次数不够大时,也有可能得到比较理想的函数最优近似解,这是遗传算法中交叉和突变操作带来的优势。本例程的编码过程参照遗传算法的基本原理和基本结构,子函数部分体现遗传算法的基因操作和适应度值计算,适合理解遗传算法的实现过程。

3.4 遗传算法在函数优化及 TSP 中的应用

函数优化是遗传算法的典型应用领域,也是对遗传算法进行性能评价的常用算例。各种复杂形式的测试函数被构造出来,有连续函数也有离散函数,有凸函数也有凹函数,有低维函数也有高维函数,有确定函数也有随机函数,有单峰函数也有多峰函数等,人们用这些几何特性各异的函数来评价遗传算法的性能。而对于一些非线性、多模型、多目标的函数优化问题,用其他优化方法较难求解,使用遗传算法却可以方便地得到较好的结果。

随着问题规模的扩大,组合优化问题的搜索空间急剧扩大,有时在目前的计算机上用枚举法很难甚至不可能得到精确最优解。对于求解这类复杂问题,人们已意识到应把精力放在寻找其满意解上,而遗传算法则是寻求这种满意解的最佳工具之一。实践证明,遗传算法对于组合优化中的 NP 完全问题非常有效。例如,遗传算法已经在求解 TSP、背包问题、装箱问题、图形划分问题等方面得到成功的应用。

3.4.1 一元函数优化实例

例 3-5 利用遗传算法计算下面函数的最大值:

$$f(x) = x + 8\sin(5x) + 5\cos(4x), \quad x \in [0,10]$$

1) 分析

选择二进制编码,种群中个体数目为 50,染色体上的基因数目为 20,交叉率为 0.7,突变率为 0.2。在选择复制操作中,可以使用轮盘赌选择法,这是一种随机的复制方式,但总趋势是将适应度值比较大的基因遗传下去。

下面为该一元函数优化问题的 MATLAB 代码。

2) 程序清单

例程 3-2

```
figure(1);
fplot('x + 8 * sin(5 * x) + 5 * cos(4 * x)',[0,10]);   % 画出函数曲线
% 初始化参数
clear all;clc;
NP = 50;                                    % 种群数量
L = 20;                                     % 二进制位串长度,即染色体上基因数目,
                                            % 和计算要求的精度有关
Pc = 0.7;                                   % 交叉率
Pm = 0.2;                                   % 变异率
G = 100;                                    % 最大遗传代数
Xs = 10;                                    % 定义域上限
Xx = 0;                                     % 定义域下限
f = randi([0,1],NP,L);                      % 随机获得初始种群
trace = zeros(1,G);                         % 预先分配内存
for k = 1:G
% 解码
    for i = 1:NP
        U = f(i,:);                         % 一条染色体
        m = 0;
        for j = 1:L
            m = U(j) * 2 ^ (j - 1) + m;     % 二进制转十进制的过程
        end
        x(i) = Xx + m * (Xs - Xx)/(2 ^ L - 1);  % 将染色体解码在函数定义域
        Fit(i) = func1(x(i));               % 适应度,即目标函数值
    end
    % 求适应度最优
```

```matlab
    maxFit = max(Fit);                          % 目标函数最大值
    minFit = min(Fit);                          % 目标函数最小值
    rr = find(Fit == maxFit);
    % 最大值在 Fit 数组中的位置，返回一个数组，因为可能有几个相同的最大值
    fBest = f(rr(1,1),:);                       % 最优适应度，有多个相同值时只取第一个
    xBest = x(rr(1,1));                         % 最优适应度对应的染色体
    Fit = (Fit − minFit)/(maxFit − minFit);     % 归一化适应度值
    % 复制操作
    sum_Fit = sum(Fit);
    fitvalue = Fit./sum_Fit;                    % 可以看作概率密度 f
    fitvalue = cumsum(fitvalue);                % 可以看作概率累计 F
    ms = sort(rand(NP,1));                       % 随机生成(0,1)的有序概率密度 NP 大小向量
    fiti = 1;
    newi = 1;
    while newi <= NP
        if (ms(newi) < fitvalue(fiti))
            nf(newi,:) = f(fiti,:);
            newi = newi + 1;
        else
            fiti = fiti + 1;
        end
    end
    % 基于概率的交叉操作
    for i = 1:2:NP
        p = rand;
        if p < Pc                               % 控制交叉的染色体总数
            q = randi([0,1],1,L);               % 随机生成要交叉的基因位置
            for j = 1:L
                if q(j) == 1
                    temp = nf(i + 1,j);
                    nf(i + 1,j) = nf(i,j);
                    nf(i,j) = temp;             % 两条相邻染色体在指定位置进行交叉
                end
            end
        end
    end
    % 基于概率的变异操作
    i = 1;
    while i <= round(NP * Pm)                    % 控制变异染色体总数
        h = randi([1,NP],1,1);                  % 随机选取一个染色体进行变异
        for j = 1:round(L * Pm)                 % 控制染色体上变异基因总数
            g = randi([1,L],1,1);               % 随机选取一个基因进行变异
            nf(h,g) = ~nf(h,g);                 % 变异，即取反
        end
        i = i + 1;
    end
    f = nf;                                     % 新一代种群
    f(1,:) = fBest;                             % 保留最优个体在新种群中
    trace(k) = maxFit;
end
disp('最优解');
disp(xBest);                                    % 最优个体，也就是最优解
```

```
figure(2)
plot(trace)
xlabel('迭代次数')
ylabel('目标函数值')
title('适应度进化曲线')
```

子函数，即适应度函数代码如下：

```
function fit = func1(x)
fit = x + 8 * sin(5 * x) + 5 * cos(4 * x);
end
```

3）结果输出

取迭代代数为 100，结果如下：

最优解

7.8575

使用的目标函数图像如图 3-5 所示。

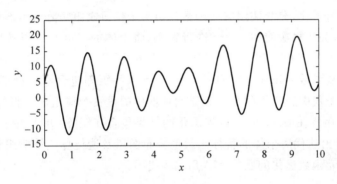

图 3-5　目标函数图像

由函数图像可知，最大值出现在 $x=8$ 附近，所以遗传算法求得的最优近似解符合实际。遗传算法的适应度进化曲线如图 3-6 所示。

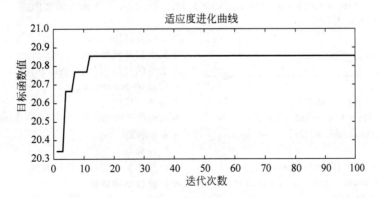

图 3-6　遗传算法适应度进化曲线

在适应度进化曲线上可以看到，迭代到 42 代时，目标函数值就已经进化到函数最优近似解,说明遗传算法具有比较好的收敛性。

例 3-6 利用遗传算法计算下面函数的最大值:

$$f(x) = x\sin(9\pi \cdot x) + 3.3, \quad x \in [-1, 2]$$

1) 分析

选择二进制编码,种群中个体数目为 40,染色体长度为 20,使用代沟为 0.8。编程时可以采用 Sheffield 大学的遗传算法工具箱 GATBX,它可以直接调用 mut 等函数,使用起来非常方便。使用基于适应度的重插入可以确保 4 个最适应的个体总是被连续传播到下一代。设置区域描述器 FieldD 描述染色体的表示和解释,每个格雷码采用 20 位二进制,变量区间为 [-1, 2]。等级评定算法采用选择等差为 2 和使用线性评估,给最适应个体的适应度值为 2,最差个体的适应度值为 0,这里的评定算法假设目标函数是最小值问题。选择层使用高级函数选择调用低级函数随机遍历采样例程 sus,SelCh 包含来自原始染色体的 GGAP×NIND 个个体,这些个体将使用高级函数 recombin 进行重组,recombin 使个体通过 SelCh 被选择再生产,并使用单点交叉例程 xovsp,使用交叉概率 $P_c = 0.7$ 执行并叉。交叉后产生的子代被同一个矩阵 SelCh 返回,实际使用的交叉例程通过支持使用不同函数名字串传递给 recombin 而改变。

为了产生一组子代,突变使用突变函数 mut。子代再次由矩阵 SelCh 返回,突变概率默认,与个体长度有关。再次使用 bs2rv 进行解码,将个体的二进制编码转换为十进制编码,计算子代的目标函数值 ObjVSel。由于使用了代沟,所以子代的数量比当前种群数量要小,因此需要使用恢复函数 reins,这里的 Chrom 和 SelCh 矩阵包含原始种群和子代结果。新种群中的个体由子代中新产生的个体和原始种群中的优良个体组成。将每次迭代后的最优解和解的平均值存放在 trace 中。遗传优化的结果包含在矩阵 ObjV 中。决策变量的值为 variable。最后画出迭代后个体的目标函数值分布图以及遗传算法性能跟踪图。

下面为该一元函数优化问题的 MATLAB 代码。

2) 程序清单

例程 3-3

```
figure(1);
fplot('variable. * sin(9 * pi * variable) + 3.3',[-1,2]);    % 画出函数曲线
% 定义遗传算法参数
NIND = 40;                              % 个体数目(Number of individuals)
MAXGEN = 24;                            % 最大遗传代数(Maximum number of generations)
PRECI = 20;                             % 变量的二进制位数(Precision of variables)
GGAP = 0.8;                             % 代沟(Generation gap)
trace = zeros(2, MAXGEN);               % 寻优结果的初始值
FieldD = [20; -1;2;1;0;1;1];            % 区域描述器(Build field descriptor)
Chrom = crtbp(NIND, PRECI);             % 初始种群
gen = 0;                                % 代计数器
variable = bs2rv(Chrom, FieldD);        % 计算初始种群的十进制转换
ObjV = variable. * sin(9 * pi * variable) + 3.3;% 计算目标函数值
while gen < MAXGEN
    FitnV = ranking( - ObjV);           % 分配适应度值(Assign fitness values)
    SelCh = select('sus', Chrom, FitnV, GGAP); % 选择
```

```
        SelCh = recombin('xovsp', SelCh, 0.7);                    % 重组
        SelCh = mut(SelCh);                                       % 突变
        variable = bs2rv(SelCh, FieldD);                          % 子代个体的十进制转换
        ObjVSel = variable. * sin(9 * pi * variable) + 3.3;       % 计算子代的目标函数值
        [Chrom ObjV] = reins(Chrom, SelCh, 1, 1, ObjV, ObjVSel);  % 重插入子代的新种群
        variable = bs2rv(Chrom, FieldD);
        gen = gen + 1; % 代计数器增加
        % 输出最优解及其序号,并在目标函数图像中标出,Y 为最优解,I 为种群的序号
        [Y, I] = max(ObjV); hold on;
        plot(variable(I), Y, 'bo');
        trace(1, gen) = max(ObjV);                                % 遗传算法性能跟踪
        trace(2, gen) = sum(ObjV)/length(ObjV);
end
variable = bs2rv(Chrom, FieldD);                                  % 最优个体的十进制转换
hold on, grid;
plot(variable,ObjV,'b * ');
figure(2);
plot(trace(1,:));
hold on;
plot(trace(2,:),' - .');grid
legend('解的变化','种群均值的变化')
```

3）结果输出

（1）图 3-7 为目标函数 $f(x)=x\sin(9\pi \cdot x)+3.3, x\in[-1,2]$ 的图像。

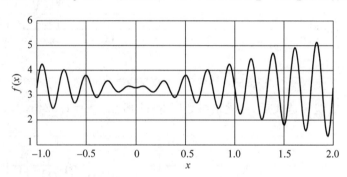

图 3-7　目标函数图像

（2）图 3-8 为目标函数的图像和初始随机种群个体分布图。

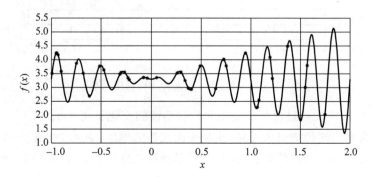

图 3-8　初始种群分布图

（3）经过 1 次遗传迭代后，寻优结果如图 3-9 所示。$x-1.4080,f(x)=4.5000$。

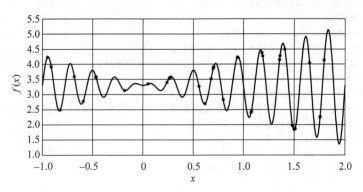

图 3-9　一次遗传迭代后的结果

（4）经过 8 次遗传迭代后，寻优结果如图 3-10 所示。$x=1.8380,f(x)=5.1230$。

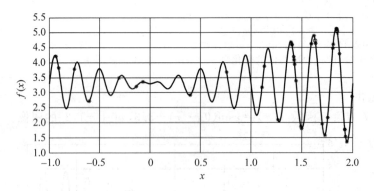

图 3-10　经过 8 次遗传迭代后的结果

（5）经过 24 次遗传迭代后，寻优结果如图 3-11 所示。$x=1.8340,f(x)=5.1340$。

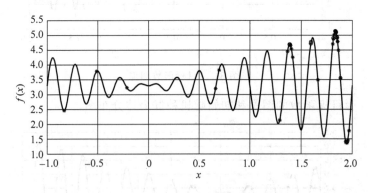

图 3-11　经过 24 次遗传迭代后的结果

（6）经过 24 次迭代后最优解的变化和种群均值的变化见图 3-12。

由上面一系列的迭代结果图可知，随着迭代代数的增加，最优个体越来越逼近函数最优解，在第 24 代时基本已经收敛到最优解，证明遗传算法可以在较短时间内找到函数最优解，效果非常好。

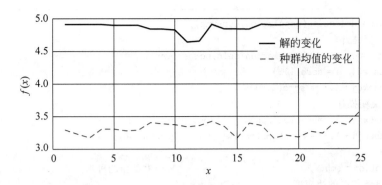

图 3-12 经过 24 次迭代后最优解的变化和种群均值的变化

例 3-7 利用遗传算法计算下面函数的最大值：

$$f(x) = 150 \times \exp(-0.1x) \times \sin x, \quad x \in [-2, 2]$$

1）分析

选择二进制编码，种群中个体数目为 50，交叉概率为 0.8，突变概率为 0.1。突变交叉等操作不采用遗传算法工具箱。绘制经过遗传运算后的适应度曲线时，如果进化过程中种群的平均适应度与最大适应度在曲线上有相互趋同的形态，表示算法收敛进行得很顺利，没有出现振荡；在这种前提下，最大适应度个体连续若干代都没有发生进化，表明种群已经成熟。

2）程序清单

例程 3-4

主函数部分如下：

```
clc;clear all;close all;
global BitLength
global boundsbegin
global boundsend
bounds = [ - 2 2];                        %一维自变量的取值范围
precision = 0.0001;                       % 运算精度
boundsbegin = bounds(:,1);
boundsend = bounds(:,2);
% 计算如果满足求解精度至少需要多长的染色体
BitLength = ceil(log2((boundsend - boundsbegin)'. / precision));
popsize = 50;                             % 初始种群大小
Generationnmax = 50;                      % 最大代数
pcrossover = 0.8;                         % 交叉概率
pmutation = 0.1;                          % 突变概率
% 产生初始种群
population = round(rand(popsize,BitLength));
% 计算适应度,返回适应度 Fitvalue 和累积概率 cumsump
[Fitvalue,cumsump] = fitnessfun(population);
Generation = 1;
while Generation < = Generationnmax
    for j = 1:2:popsize
        % 选择操作
```

```
            seln = selection(population,cumsump);
            % 交叉操作
            scro = crossover(population,seln,pcrossover);
            scnew(j,:) = scro(1,:);
            scnew(j + 1,:) = scro(2,:);
            % 突变操作
            smnew(j,:) = mutation(scnew(j,:),pmutation);
            smnew(j + 1,:) = mutation(scnew(j + 1,:),pmutation);
        end
        population = smnew;                          % 产生了新的种群
        % 计算新种群的适应度
        [Fitvalue,cumsump] = fitnessfun(population);
        % 记录当前代最好的适应度和平均适应度
        [fmax,nmax] = max(Fitvalue);
        fmean = mean(Fitvalue);
        ymax(Generation) = fmax;
        ymean(Generation) = fmean;
        % 记录当前代的最佳染色体个体
        x = transform2to10(population(nmax,:));
        % 自变量取值范围是[ - 2 2],需要把经过遗传运算的最佳染色体整合到[ - 2 2]区间
        xx = boundsbegin + x * (boundsend - boundsbegin)/(power((boundsend),BitLength) - 1);
        xmax(Generation) = xx;
        Generation = Generation + 1;
    end
    Generation = Generation - 1;
    Bestpopulation = xx
    Besttargetfunvalue = targetfun(xx)
    % 绘制经过遗传运算后的适应度曲线
    figure(1);
    hand1 = plot(1:Generation,ymax);
    set(hand1,'linestyle','-','linewidth',1.8,'marker','*','markersize',6)
    hold on;
    hand2 = plot(1:Generation,ymean);
    set(hand2,'color','r','linestyle','-','linewidth',1.8,...
    'marker','h','markersize',6)
    xlabel('进化代数');ylabel('最大/平均适应度');xlim([1 Generationnmax]);
    legend('最大适应度','平均适应度');
    box off;hold off;
```

其中,判断遗传运算是否需要进行交叉或变异的代码如下:

```
function pcc = IfCroIfMut(mutORcro);
test(1:100) = 0;
l = round(100 * mutORcro);
test(1:l) = 1;
n = round(rand * 99) + 1;
pcc = test(n);
end
```

选择操作代码如下：

```
function seln = selection(population,cumsump);
% 从种群中选择两个个体
for i = 1:2
    r = rand;                           % 产生一个随机数
    prand = cumsump - r;
    j = 1;
    while prand(j)< 0
        j = j + 1;
    end
    seln(i) = j;                        % 选中个体的序号
end
```

交叉操作代码如下：

```
function scro = crossover(population,seln,pc);
BitLength = size(population,2);
pcc = IfCroIfMut(pc);                   % 根据交叉概率决定是否进行交叉操作,1 为是,0 为否
if pcc == 1
    chb = round(rand * (BitLength - 2)) + 1; % 在[1,BitLength - 1]范围内随机产生一个交叉位
    scro(1,:) = [population(seln(1),1:chb) population(seln(2),chb + 1:BitLength)];
    scro(2,:) = [population(seln(2),1:chb) population(seln(1),chb + 1:BitLength)];
else
    scro(1,:) = population(seln(1),:);
    scro(2,:) = population(seln(2),:);
end
```

突变操作代码如下：

```
function snnew = mutation(snew,pmutation);
BitLength = size(snew,2);
snnew = snew;
pmm = IfCroIfMut(pmutation);            % 根据突变概率决定是否进行变异操作,1 则是,0 则否
if pmm == 1
    chb = round(rand * (BitLength - 1)) + 1; % 在[1,BitLength]范围内随机产生一个突变位
    snnew(chb) = abs(snew(chb) - 1);
end
```

将二进制转化为十进制的代码如下：

```
function x = transform2to10(Population);
BitLength = size(Population,2);
x = Population(BitLength);
for i = 1:BitLength - 1
    x = x + Population(BitLength - i) * power(2,i);
end
```

适应度函数代码如下：

```
function [Fitvalue,cumsump] = fitnessfun(population);
global BitLength
global boundsbegin
global boundsend
popsize = size(population,1);            % 有 popsize 个个体
for i = 1:popsize
    x = transform2to10(population(i,:));% 将二进制转换为十进制
% 转化为[-2,2]区间的实数
xx = boundsbegin + x * (boundsend - boundsbegin)/(power((boundsend),BitLength) - 1);
    Fitvalue(i) = targetfun(xx);         % 计算函数值,即适应度
end
% 给适应度函数加上一个大小合理的数以便保证种群适应值为正数
Fitvalue = Fitvalue' + 230;
% 计算选择概率
fsum = sum(Fitvalue);
Pperpopulation = Fitvalue/fsum;
% 计算累积概率
cumsump(1) = Pperpopulation(1);
for i = 2:popsize
    cumsump(i) = cumsump(i - 1) + Pperpopulation(i);
end
cumsump = cumsump';
```

目标函数代码如下：

```
function y = targetfun(x);                % 目标函数
y = 150 * exp(-0.1 * x). * sin(x);
```

3）结果输出

图 3-13 为目标函数 $f(x) = 150 * \exp(-0.1 * x) * \sin x, x \in [-2,2]$ 的图像。

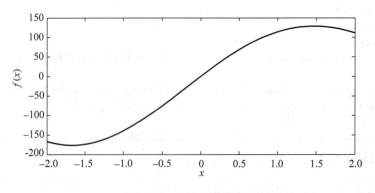

图 3-13　目标函数图像

程序运行结果如下：

Bestpopulation = 1.4783;Besttargetfunvalue = 128.8336。

由结果可知,当变量取值为 1.4783 时,目标函数可取最大值 128.8336,与目标函数图

像吻合。

图 3-14 是遗传算法寻优性能的跟踪图。

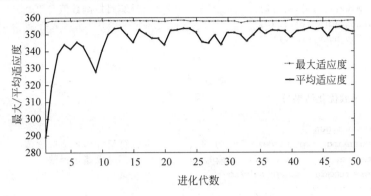

图 3-14　遗传算法寻优性能跟踪图

3.4.2　多元函数优化实例

多元函数的优化相比一元函数,只是变量的个数增加,算法的基本框架和流程是相同的。

例 3-8　利用遗传算法计算下面函数的最大值:

$$\begin{cases} f(x_1, x_2) = \sum_{i=1}^{5} i\cos[(i+1) \cdot x_1 + i] \cdot \sum_{i=1}^{5} i\cos[(i+1) \cdot x_2 + i] \\ -10 \leqslant x_i \leqslant 10, \quad i = 1, 2 \end{cases}$$

1) 分析

选择二进制格雷编码,种群中个体数目为 50,迭代代数为 100,代沟为 0.9,基因长度为 20。突变、交叉等操作采用遗传算法工具箱。

2) 程序清单

例程 3-5

主程序部分如下:

```
opt_minmax = 1;                     % 目标优化类型;1 最大化、-1 最小化
num_ppu = 50;                       % 种群规模;个体个数
num_gen = 100;                      % 遗传最大代数
num_v = 2;                          % 变量个数
len_ch = 20;                        % 基因长度
gap = 0.9;                          % 代沟
sub = -10;                          % 函数取值下限
up = 10;                            % 函数取值的上限
cd_gray = 1;                        % 为防止汉明悬崖,使用格雷编码;若不使用,则取值为 0
sc_log = 0;
trace = zeros(num_gen, 2);
fieldd = [rep([len_ch], [1, num_v]); rep([sub; up], [1, num_v]); rep([1 - cd_gray; sc_log; 1; 1],
[1, num_v])];
chrom = crtbp(num_ppu, len_ch * num_v);         % 区域描述器
```

```
k_gen = 0;
x = bs2rv(chrom,fieldd);
fun_v = fun_mutv(x(:,1),x(:,2));                    % 计算目标函数值
[tx,ty] = meshgrid( - 10:.1:10);
mesh(tx,ty,fun_mutv(tx,ty))
xlabel('x')
ylabel('y')
zlabel('z')
title('多元函数优化结果')
hold on
while k_gen < num_gen
    fit_v = ranking( - opt_minmax * fun_v);         % 计算目标函数适应度值
    selchrom = select('rws',chrom,fit_v,gap);        % 使用轮盘赌选择法
    selchrom = recombin('xovsp',selchrom);           % 交叉
    selchrom = mut(selchrom);                        % 突变
    x = bs2rv(selchrom,fieldd);                      % 子代个体解码
    fun_v_sel = fun_mutv(x(:,1),x(:,2));             % 计算子代个体对应目标函数值
    fit_v_sel = ranking( - opt_minmax * fun_v_sel);
    [chrom,fun_v] = reins(chrom,selchrom,1,1,opt_minmax * fun_v,opt_minmax * fun_v_sel);
                                                      % 根据目标函数值将子代个体插入新种群
    [f,id] = max(fun_v);                             % 寻找当前种群最优解
    x = bs2rv(chrom(id,:),fieldd);
    f = f * opt_minmax;
    fun_v = fun_v * opt_minmax;
    plot3(x(1,1),x(1,2),f,'k * ')
    hold on
    k_gen = k_gen + 1;
    trace(k_gen,1) = f;
    trace(k_gen,2) = mean(fun_v);
end
figure
plot(trace(:,1),'r - * ')
hold on
plot(trace(:,2),'b - o')
legend('各子代种群最优解','各子代种群平均值')
xlabel('迭代次数')
ylabel('目标函数优化情况')
title('多元函数优化过程')
```

目标函数代码如下：

```
function my = fun_mutv(x,y)                          % 多元函数的描述
t1 = zeros(size(x));
t2 = t1;
for i = 1:5
    t1 = t1 + i * sin((i + 1) * x + i);
    t2 = t2 + i * cos((i + 1) * y + i);
 end
my = t1. * t2;
end
```

3）结果输出

多元函数优化结果如图 3-15 所示。

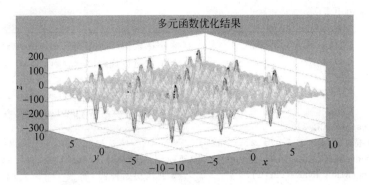

图 3-15 多元函数优化结果图

由优化结果图可以看出，算法最优近似解都向着最优解聚集。

多元函数优化过程如图 3-16 所示。

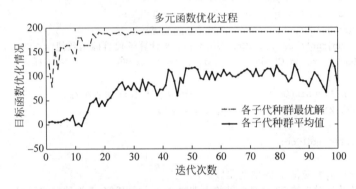

图 3-16 多元函数优化过程图

由优化结果图可以看出，随着迭代次数增加，种群的平均值朝着最优解的方向进化。

例 3-9 目标函数是一个连续、凸起的单峰 De Jong 函数，它的 M 文件 objfun1 包含在遗传算法工具箱中。

De Jong 函数的表达式为

$$f(x) = \sum_{i=1}^{n} x_i^2, \quad -512 \leqslant x_i \leqslant 512$$

求解最小值问题：

$$\min f(x), \quad -512 \leqslant x_i \leqslant 512$$

1）分析

这里 n 是定义问题维数的一个值。本例中选取 $n=20$。由 De Jong 函数的表达式可以看出，De Jong 函数是一个简单的平方和函数，只有一个极小点 $(0,0,\cdots,0)$，理论最小值为 $f(0,0,\cdots,0)=0$。选择二进制编码，种群中个体数目为 50，迭代代数为 300，代沟为 0.9，基因长度为 20，突变、交叉等操作采用遗传算法工具箱。

2）程序清单

例程 3-6

主程序部分如下：

```
NIND = 50;                                % 个体数目(Numbe of individuals)
MAXGEN = 300;                             % 最大遗传代数(Maximum number of generations)
NVAR = 20;                                % 变量的维数
PRECI = 20;                               % 变量的二进制位数(Precision of variables)
GGAP = 0.9;                               % 代沟(Generation gap)
trace = zeros(MAXGEN, 2);
% 建立区域描述器(Build field descriptor)
FieldD = [rep([PRECI],[1,NVAR]);rep([ - 512;512],[1, NVAR]);rep([1;0;1;1],[1,NVAR])];
Chrom = crtbp(NIND, NVAR * PRECI);        % 创建初始种群
gen = 0;                                  % 代计数器
ObjV = objfun1(bs2rv(Chrom, FieldD));     % 计算初始种群个体的目标函数值
while gen < MAXGEN                        % 迭代
    FitnV = ranking(ObjV);                % 分配适应度值(Assign fitness values)
    SelCh = select('sus', Chrom, FitnV, GGAP);% 选择
    SelCh = recombin('xovsp', SelCh, 0.7);    % 重组
    SelCh = mut(SelCh);                   % 变异
    ObjVSel = objfun1(bs2rv(SelCh, FieldD));  % 计算子代目标函数值
    [Chrom ObjV] = reins(Chrom, SelCh, 1, 1, ObjV, ObjVSel);    % 重插入
    gen = gen + 1;                        % 代计数器增加
    trace(gen, 1) = min(ObjV);            % 遗传算法性能跟踪
    trace(gen, 2) = sum(ObjV)/length(ObjV);
end
plot(trace(:,1));hold on;
plot(trace(:,2),' - .');grid;
legend(' 种群均值的变化',' 解的变化')
% 输出最优解及其对应的 20 个自变量的十进制值,Y 为最优解,I 为种群的序号
[Y, I] = min(ObjV)
X = bs2rv(Chrom, FieldD);
X(I,:)
```

3）结果输出

程序运行结果如下：

```
Y = 13.8406; I = 44;
ans =
Columns 1 through 14
 - 0.3101    0.1880   - 2.0366    0.0005   - 0.2729   - 0.2349    0.5396
 - 0.2661    0.4409   - 0.0073   - 1.0405   - 0.2896   - 1.0190   - 0.0288
Columns 15 through 20
 - 1.0562   - 1.0298   - 0.5317   - 0.2720    2.0181   - 0.2534
```

经过 300 次迭代后种群目标函数均值的变化和最优解的变化如图 3-17 所示。

3.4.3 TSP 问题的描述及优化意义

TSP 指旅行商问题(Travelling Salesman Problem,TSP),可描述为：已知 N 个城市之

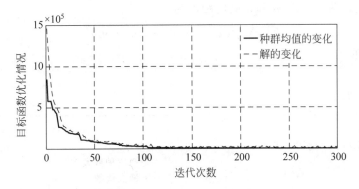

图 3-17 种群目标函数均值变化和最优解变化图

间的相互距离,现有一推销员必须遍访这 N 个城市,并且每个城市只能访问一次,最后又必须返回出发城市。如何安排他对这些城市的访问次序,使其旅行路线总长度最短?

旅行商问题是一个典型的组合优化问题,其可能的路径数目是与城市数目 N 呈指数型增长的,一般很难精确地求出其最优解,因而寻找其有效的近似求解算法具有重要的理论意义。另外,很多实际应用问题,经过简化处理后,均可化为旅行商问题,因而对旅行商问题求解方法的研究具有重要的应用价值。对庞大的搜索空间中寻求最优解,对于常规方法和现有的计算工具而言,存在着诸多的计算困难,使用遗传算法的搜索能力可以很容易地解决这类问题。

TSP 的优化问题在机器人运动规划中得到许多应用。例如,移动机器人的全局路径规划问题,它是一种特殊而又典型的机器人路径规划问题,可转化为一种 TSP 问题。移动机器人在有障碍物的工作环境中工作时,通过优化,可寻找出一条从给定起始点到终点的较优的运动路径,使移动机器人在运动过程中能安全、无碰撞地绕过所有的障碍物,且所走路径最短。又如焊接机器人的任务规划问题,对于点焊机器人的路径规划可以看作规划机器人末端的工具(如焊钳)从空间一个位姿到另一位姿的运动,即点到点运动,以无碰撞为约束,以最短时间或最短路径等为目标,可以归结为旅行商问题。对于弧焊来说,从起始点到起焊点及止焊点到下一段焊缝的起焊点或终止点的过程与点焊过程类似,也可以看作一个旅行商问题。

3.4.4 TSP 问题的遗传算法设计

例 3-10 针对 30 个城市进行 TSP 问题优化。遗传算法参数设定为:群体中个体数目为 100,交叉概率为 0.70,突变概率 0.50。通过改变进化代数 k,观察不同进化代数下路径的优化情况。

1) 分析

一般来说,遗传算法对解空间的编码大多采用二进制编码形式,但对于 TSP 一类排序问题,采用对访问城市序列进行排列组合的方法编码,即某个巡回路径的染色体个体是该巡回路径的城市序列。

针对 TSP 问题,编码规则通常是取 N 进制编码,即每个基因仅从 $1\sim N$ 的整数里面取一个值,每个个体的长度为 N,N 为城市总数,定义一个 s 行 t 列的 s 矩阵来表示群体,t 为城市个数,s 为样本中个体数目。针对 30 个城市的 TSP 问题,t 取值 30,即矩阵每一行的 30 个元素表示经过的城市编号。在 TSP 的求解中,用距离的总和作为适应度函数,来衡量求

解结果是否最优。两个城市 m 和 n 间的距离为

$$d_{mn} = \sqrt{(x_m - x_n)^2 + (y_m - y_n)^2}$$

2）程序清单

例程 3-7

主程序代码如下：

```
CityNum = 30;
[dislist,Clist] = tsp(CityNum);
inn = 100;                                    % 初始种群大小
gnmax = 50;                                   % 最大代数
pc = 0.7;                                      % 交叉概率
pm = 0.5;                                      % 突变概率
% 产生初始种群
s = zeros(inn,CityNum);
for i = 1:inn
    s(i,:) = randperm(CityNum);
end
[~,p] = objf(s,dislist);
gn = 1;
ymean = zeros(gn,1);
ymax = zeros(gn,1);
xmax = zeros(inn,CityNum);
scnew = zeros(inn,CityNum);
smnew = zeros(inn,CityNum);
while gn < gnmax + 1
    for j = 1:2:inn
        seln = sel(p);                        % 选择操作
        scro = cro(s,seln,pc);                % 交叉操作
        scnew(j,:) = scro(1,:);
        scnew(j + 1,:) = scro(2,:);
        smnew(j,:) = mut(scnew(j,:),pm);      % 突变操作
        smnew(j + 1,:) = mut(scnew(j + 1,:),pm);
    end
    s = smnew;                                % 产生了新的种群
    [f,p] = objf(s,dislist);                  % 计算新种群的适应度
    % 记录当前代最好和平均的适应度
    [fmax,nmax] = max(f);
    ymean(gn) = 1000/mean(f);
    ymax(gn) = 1000/fmax;
    % 记录当前代的最佳个体
    x = s(nmax,:);
    xmax(gn,:) = x;
    drawTSP(Clist,x,ymax(gn),gn,0);
    gn = gn + 1;
end
[min_ymax, index] = min(ymax);
drawTSP(Clist,xmax(index,:),min_ymax,index,1);
figure(2);
```

```
plot(ymax,'r'); hold on;
plot(ymean,'b');grid;
title('搜索过程');
legend('最优解','平均解');
fprintf('遗传算法得到的最短距离:                    %.2f\n',min_ymax);
fprintf('遗传算法得到的最短路线');
disp(xmax(index,:));
```

表示城市位置的代码如下:

```
function [DLn,cityn] = tsp(n)
DLn = zeros(n,n);
if n == 30
    city30 = [41 94;37 84;54 67;25 62;7 64;2 99;68 58;71 44;54 62;83 69;64 60;18 54;22 60;
83 46;91 38;25 38;24 42;58 69;71 71;74 78;87 76;18 40;13 40;82 7;62 32;58 35;45 21;41 26;44
35;4 50];
    for i = 1:30
        for j = 1:30
            DLn(i,j) = ((city30(i,1) − city30(j,1))^2 + (city30(i,2) − city30(j,2))^2)^
0.5;
        end
    end
    cityn = city30;
end
end
```

计算交叉概率的代码如下:

```
function pcc = pro(pc)
test(1:100) = 0;
l = round(100 * pc);
test(1:l) = 1;
n = round(rand * 99) + 1;
pcc = test(n);
end
```

选择操作代码如下:

```
function seln = sel(p)
seln = zeros(2,1);
% 从种群中选择两个个体
for i = 1:2
    r = rand;                              % 产生一个随机数
    prand = p − r;
    j = 1;
    while prand(j)< 0
        j = j + 1;
    end
```

```
        seln(i) = j;                              % 选中个体的序号
        if i == 2&&j == seln(i - 1)               % 若相同就再选一次
            r = rand;                             % 产生一个随机数
            prand = p - r;
            j = 1;
            while prand(j)< 0
                j = j + 1;
            end
        end
    end
end
end
```

交叉操作代码如下：

```
function scro = cro(s, seln, pc)
bn = size(s, 2);
pcc = pro(pc);                        % 根据交叉概率决定是否进行交叉操作,1 则是,0 则否
scro(1, :) = s(seln(1), :);
scro(2, :) = s(seln(2), :);
if pcc == 1
    c1 = round(rand * (bn - 2)) + 1;       % 在[1, bn - 1]范围内随机产生一个交叉位
    c2 = round(rand * (bn - 2)) + 1;
    chb1 = min(c1, c2);
    chb2 = max(c1, c2);
    middle = scro(1, chb1 + 1:chb2);
    scro(1, chb1 + 1:chb2) = scro(2, chb1 + 1:chb2);
    scro(2, chb1 + 1:chb2) = middle;
    for i = 1:chb1
        while find(scro(1, chb1 + 1:chb2) == scro(1, i))
            zhi = find(scro(1, chb1 + 1:chb2) == scro(1, i));
            y = scro(2, chb1 + zhi);
            scro(1, i) = y;
        end
        while find(scro(2, chb1 + 1:chb2) == scro(2, i))
            zhi = find(scro(2, chb1 + 1:chb2) == scro(2, i));
            y = scro(1, chb1 + zhi);
            scro(2, i) = y;
        end
    end
    for i = chb2 + 1:bn
        while find(scro(1, 1:chb2) == scro(1, i))
            zhi = logical(scro(1, 1:chb2) == scro(1, i));
            y = scro(2, zhi);
            scro(1, i) = y;
        end
```

```
            while find(scro(2,1:chb2) == scro(2,i))
                zhi = logical(scro(2,1:chb2) == scro(2,i));
                y = scro(1,zhi);
                scro(2,i) = y;
            end
        end
    end
end
```

城市之间的距离计算函数代码如下:

```
function F = CalDist(dislist,s)
DistanV = 0;
n = size(s,2);
for i = 1:(n-1)
    DistanV = DistanV + dislist(s(i),s(i+1));
end
DistanV = DistanV + dislist(s(n),s(1));
F = DistanV;
end
```

适应度函数代码如下:

```
function [f,p] = objf(s,dislist)
inn = size(s,1);                            % 读取种群大小
f = zeros(inn,1);
for i = 1:inn
    f(i) = CalDist(dislist,s(i,:));         % 计算函数值,即适应度
end
f = 1000./f';                               % 取距离倒数
% 根据个体的适应度计算其被选择的概率
fsum = 0;
for i = 1:inn
    fsum = fsum + f(i)^15;                   % 让适应度越好的个体被选择概率越高
end
ps = zeros(inn,1);
for i = 1:inn
    ps(i) = f(i)^15/fsum;
end
% 计算累积概率
p = zeros(inn,1);
p(1) = ps(1);
for i = 2:inn
    p(i) = p(i-1) + ps(i);
end
p = p';
end
```

绘图代码如下：

```
function drawTSP(Clist,BSF,bsf,p,f)
CityNum = size(Clist,1);
for i = 1:CityNum − 1
    plot([Clist(BSF(i),1),Clist(BSF(i + 1),1)],[Clist(BSF(i),2),Clist(BSF(i + 1),2)],
'ms − ','LineWidth',2,'MarkerEdgeColor','k','MarkerFaceColor','g');
    text(Clist(BSF(i),1),Clist(BSF(i),2),[' ',int2str(BSF(i))]);
    text(Clist(BSF(i + 1),1),Clist(BSF(i + 1),2),[' ',int2str(BSF(i + 1))]);
    hold on;
end
plot([Clist(BSF(CityNum),1),Clist(BSF(1),1)],[Clist(BSF(CityNum),2),Clist(BSF(1),2)],
'ms − ','LineWidth',2,'MarkerEdgeColor','k','MarkerFaceColor','g');
title([num2str(CityNum),'城市 TSP']);
if f == 0&&CityNum∼ = 10
    text(5,5,['第 ',int2str(p),' 代',' 最短距离为 ',num2str(bsf)]);
else
    text(5,5,['最终搜索结果：最短距离 ',num2str(bsf),'，在第 ',num2str(p),' 代达到']);
end
if CityNum == 10
    if f == 0
        text(0,0,['第 ',int2str(p),' 代',' 最短距离为 ',num2str(bsf)]);
    else
        text(0,0,['最终搜索结果：最短距离 ',num2str(bsf),'，在第 ',num2str(p),' 代达到']);
    end
end
hold off;
pause(0.05);
end
```

3）结果输出

当迭代代数为 50 时，搜索结果如图 3-18 所示。

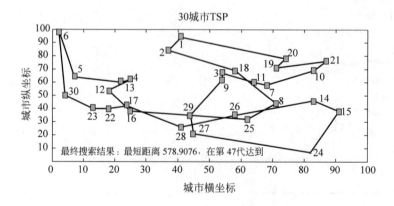

图 3-18　迭代代数为 50 时的搜索结果

当迭代代数为 250 时,搜索结果如图 3-19 所示。

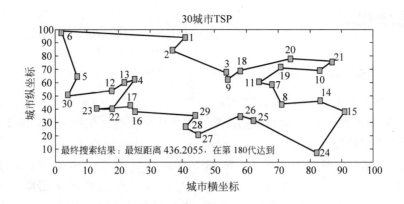

图 3-19　迭代代数为 250 时的搜索结果

当迭代代数为 500 时,搜索结果如图 3-20 所示。

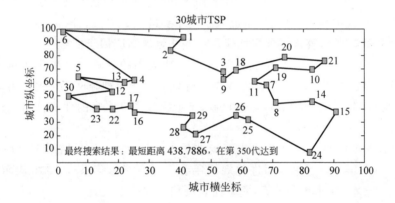

图 3-20　迭代代数为 500 时的搜索结果

其遗传算法性能跟踪图如图 3-21 所示。

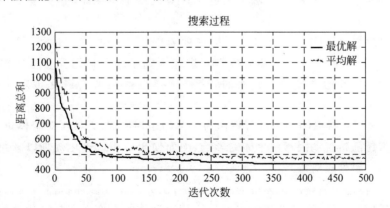

图 3-21　遗传算法性能跟踪图

3.5　进化规划

3.5.1　进化规划的起源与发展

进化规划是由美国的 L. J. Fogel 于 20 世纪 60 年代提出的。在研究人工智能的过程中,他提出一种随机优化方法,这种方法借鉴了自然界中生物进化的思想。他认为智能行为必须包括预测环境的能力,以及在一定目标指导下对环境作出合理响应的能力。不失一般性,他提出采用"有限字符集上的符号序列"表示模拟的环境,采用有限状态机表示智能系统。Fogel 提出的方法与遗传算法有许多共同之处,但不像遗传算法那样注重父代与子代的遗传细节(基因及其遗传操作)上的联系,而是把侧重点放在了父代与子代表现行为的联系上。1966 年,Fogel 等出版了《基于模拟进化的人工智能》(*Artificial Intelligence Through Simulated Evolution*),系统地阐述了进化规划的思想。但当时学术界对在人工智能领域采用进化规划持有怀疑态度,因此 Fogel 的进化规划技术与方法未能被接受。

20 世纪 80 年代中后期,进化规划进入了一个新的发展阶段。Fogel 使用进化规划解决旅行商问题(TSP 问题),改善了求解性能;他将进化规划应用于实数空间的连续参数优化问题领域,扩大了进化规划的适用范围,增强了进化规划的影响力。在此期间,进化规划不断扩展其应用领域,取得了相当丰富的成果。进化规划作为神经网络中的学习算法,提高了神经网络的性能;进化规划中的自适应机制,不但提高了其自身的性能,而且被广泛应用于进化计算的各个方向。

直到 20 世纪 90 年代,进化规划才逐步被学术界所重视,并开始用于解决一些实际问题。1992 年,在美国举行了第一届进化规划年会。此会议每年举行一次,从而迅速吸引了大批各行业(如学术、商业和军事等)的研究人员和工程技术人员。

3.5.2　进化规划的主要特点

进化规划属于表现型进化算法。在进化计算的一般框架下,进化规划自身的主要特点是:

(1) 进化规划对生物进化过程的模拟主要着眼于物种的进化过程,算法中不使用个体交叉(重组)算子,而主要依靠突变操作。进化规划中的选择运算着重于群体中各个体之间的竞争选择,当竞争数目 q 较大时,这种选择也就类似于进化策略中的确定选择过程。

(2) 进化规划直接以问题的可行解作为个体的表现形式,无须再对个体进行编码处理,也就无须再考虑随机扰动因素对个体的影响,因而便于应用。进化规划以 n 维实数空间上的优化问题为主要处理对象。

(3) Fogel 将每个完整的个体视为一个物种,认为重组会破坏物种的性状,因此在进化规划中没有任何重组算子,新个体的出现只依赖于个体的突变。这是进化规划区别于遗传算法和进化策略的最大特点。

3.5.3　进化规划中的算法分析

进化规划的基本思想是源于对自然界中生物进化过程的一种模仿,主要构成包括:

1) 个体的表示方法

在进化规划中,搜索空间是一个 n 维空间,与此相对应,搜索点就是一个 n 维向量 $x \in R^n$。算法中,组成进化群体的每个个体 X 就直接用这个 n 维向量来表示,即:$X = x \in R^n$。

2) 适应度评价

在进化规划中,个体的适应度函数 $F(x)$ 是由它所对应的目标函数 $f(x)$ 通过某种比例变换得到的。这种比例变换是为了既能保证每个个体的适应度函数总取正值,又能维持个体之间的竞争关系。目标函数到适应度函数的变换可以形式化的描述为

$$F(x) = \delta[f(x)]$$

式中:δ 为某种比例变换函数。

3) 突变算子

在进化规划算法中,突变操作是最重要的操作。一般来说,一个高效率的进化算子应该能充分反映出对应的自然界生物进化的原则。遗传算法和进化策略对生物进化过程的模拟是着眼于单个个体在其生存环境中的进化,强调的是"个体的进化过程";而进化规划是从整体的角度出发来模拟生物的进化过程,它着眼于整个群体的进化,强调的是物种的进化过程。所以在进化规划中不使用交叉运算之类的重组算子。在进化规划中,个体的突变操作是唯一的最优个体搜索方法,这是进化规划的独特之处。

在标准进化规划中,突变操作使用的是高斯突变算子。在突变过程中,通过计算每个个体适应度值的线性变换的平方根获得该个体突变的标准差,即对于突变 $m(x) = x'$($\forall i \in \{1, 2, \cdots, n\}$),有

$$\begin{cases} x_i' = x_i + \sigma_i \cdot z \\ \sigma_i = \sqrt{\beta_i \cdot F(x_i) + \gamma_i} \end{cases} \tag{3-17}$$

式中:z 为概率密度为 $p(z) = \dfrac{1}{\sqrt{2\pi}} \exp\left(-\dfrac{z^2}{2}\right)$ 的随机变量;系数 β_i 和 γ_i 为待定参数,通过改变这两个参数的值,向量 x 的每一个分量就可以达到不同的突变效果。一般将 β_i 和 γ_i 的值设为 1 和 0。

4) 选择算子

在进化规划中,选择操作是按照一种随机竞争的方式来进行的。进化规划中选择算子主要有依概率选择、锦标赛选择和精英选择三种。进化规划中比较常用的是随机 q 竞争选择的方法,即锦标赛选择方法,$q \geq 1$ 是选择算法的参数。选择机制的作用是根据适应度函数值从父代和子代集合的 2μ 个个体中选择 μ 个较好的个体组成下一代种群,其形式化表示为,$s: I^{2\mu} \to I^\mu$。选择操作的具体过程为:

(1) 将 μ 个父代个体组成的种群 $P(t)$ 和 $P(t)$ 经过一次突变运算后产生的 μ 个子代个体组成的种群 $P'(t)$ 合并在一起,组成一个共含有 2μ 个个体的集合 $P(t) \bigcup P'(t)$,记为 I。

(2) 对每个个体 $x_i \in I$,从 I 中随机选择 q 个个体,并将 q 个个体的适应度函数值 F_j($j \in \{1, 2, \cdots, q\}$)与 x_i 的适应度值相比较,计算出这 q 个个体中适应度值比 x_i 的适应度

值差的个体的数目 w_i，并把 w_i 作为 x_i 的得分，其中 $w_i \in (0,1,\cdots,q)$。

（3）在所有的 2μ 个个体都经过上述比较过程后，按每个个体的得分进行排序；选择 μ 个具有最高得分的个体作为下一代种群。

从上面的选择操作过程可知，在进化过程中，每代种群中相对较好的个体在比较适应度值大小时总被赋予了较大的得分，从而这些较好的个体总能够确保生存到下一代种群中。进化规划算法的工作流程如图 3-22 所示。

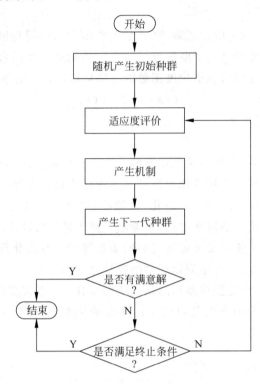

图 3-22　进化规划算法的工作流程

从图 3-22 中可以看出，进化规划的工作流程主要包括以下几个步骤：

（1）确定问题的表示方法；

（2）随机生成初始种群，并计算种群中每个个体的适应度值；

（3）用如下操作产生新群体：①突变，对父代个体添加随机量，产生子代个体；②计算新个体适应度；③选择，挑选优良个体组成新的种群；④重复执行①～③，直到满足终止条件；⑤选择最佳个体作为进化规划的最优解。

3.5.4　进化规划的应用

进化规划进入 20 世纪 90 年代后得到了高度的重视，在无线电通信系统、树型网络设计、电力系统等领域取得了丰硕的成果。

（1）OCST 问题是设计树型网络中提出的基本问题，是解决其他网络设计问题的出发点。一般是通过启发式算法通过不断加减边逼近最优解，但当拓扑结构受限为树时，启发算法不再有效。进化规划作为进化计算的一个分支，在不同的优化问题上有其优越性。遗传算法强调遗传操作,性能的改变主要通过交叉;而进化规划侧重于群体层次的进化,通过突变改变性能,因而可以避免因结构不定而使交叉无效。这个特点使得进化规划在解决结构不固定的优化问题时具有一定的优势。

(2) 直接序列扩频通信中,传统的非线性优化方法应用于信号滤波,对某些干扰达不到较好的效果,稳定性也不理想。因而如何利用全局技术进一步提高滤波性能,更好地抑制窄带干扰的影响是一个急待解决的问题。对于解决该问题,进化规划能够明显提高滤波性能,特别对于极点靠近单位圆的干扰,能够较好地抑制窄带干扰的影响。遗传算法对AIIRF 的滤波性能有所改进,但遗传算法的二进制编码使得解码过程复杂,算法效率低;而进化规划用十进制编码,既避免了解码过程的复杂计算,又解决 AIIRF 系统的稳定性问题,有效地实现了 AIIRF 性能指标函数的全局寻优和快速收敛。

(3) 目前无线通信系统中,盲均衡和盲辨识算法的研究已引起越来越多研究者的注意。基于接收信号的四阶累积量和线性系统的特性,利用进化规划算法识别系统参数,取得了较好的结果。

3.6 进化策略

3.6.1 进化策略的起源与发展

20 世纪 60 年代,德国柏林工业大学的 H. P. Schwefel 和 I. Rechenberg 等在风洞试验确定气流中物体最优外形时,发现当时存在的优化策略不适合解决该问题,于是利用生物突变的思想随机改变参数值,共同开发出了一种适合于实数变量的优化算法。该算法是将进化论中的生物选择、重组、突变应用到参数优化中。虽然这只是进化策略的一个初始形态,但它涵盖了进化策略的基本思想。

Rechenberg 将进化思想应用到算法的设计中,其基本思想如下:首先随机产生一个离散的初始个体,然后把一个满足二项式分布的突变作用在初始个体上,得到一个新的个体;将突变后的个体与父代个体进行比较,根据适应度值选择两者之中较好的一个作为下一代的父代个体;如此循环,直到满足终止条件为止。这种进化策略称为(1+1)进化策略。(1+1)进化策略存在很多弊端,如可能收敛到局部最优解、效率较低等。

Schwefel 将 Rechenberg 的算法付诸于实施并取得了成功,算法克服了局部最优值的缺陷,获得了全局最优解。Bienert 成功地将进化策略的思想应用到传统算法不能解决的具体实际问题上,这一工作将进化策略的理论与实践联系了起来,具有重大的意义。

Rechenberg 进一步改进了进化策略,给出了多个体下的进化策略算法,即 $(\mu+1)$ 进化策略,并引入了种群内个体间的重组操作,对于进化策略的进一步发展起到决定性的作用。种群概念和重组算子的引入从理论上完善了进化策略,并为其在实际应用中取得成功奠定了理论基础。由于这一算法突变算子缺乏自适应机制而显得先天不足,所以并未得到广泛的推广和应用。Schwefel 将 $(\mu+1)$ 进化策略推广到 $(\mu+\lambda)$ 进化策略和 (μ,λ) 进化策略,这两种形式的进化策略成为后来广泛使用的两种形式,同时自适应机制也开始在进化策略中被使用。

进化策略的研究中心在德国,主要以 Schwefel 在多特蒙德领导的研究团队和 Rechenberg 在柏林领导的研究团队为主。随着并行思想的深入,进化策略在 20 世纪 90 年代引入了并行概念,并取得了一定的成功。在进化策略的理论研究方面,Hans Georg Beyer 做出了卓越的贡献。Beyer 首先建立了进化策略的数学模型,并且以微分几何作为工具,研究了非球面适应值空间的性质,以及(μ, λ)等多种进化策略的收敛性质和算法的动力学性质,为进化策略的进一步发展打下了基础。

3.6.2 进化策略的主要特点

与进化规划一样,进化策略也属于表现型进化算法。

(1) GA 要把原问题的解空间映射到位串空间中,然后再进行遗传操作,它强调个体基因结构变化对其适应度值的影响;而进化策略则是直接在解空间上进行操作,它强调进化过程中从父体到后代行为的自适应性和多样性。从搜索空间的角度,进化策略强调进化过程中搜索方向和步长的自适应调节。

(2) 进化策略中各个个体的适应度值直接取自它所对应的目标函数,选择运算是按照确定的方式来进行的,有别于遗传算法和进化规划中的随机选择方式,每次从群体中选取最好的几个个体,将它们保留到下一代的群体中。进化策略中的重组操作不同于遗传算法中的交叉,即它不是将个体的某一部分互换,而是使个体中的每一位发生结合,新个体中的每一位都包含有两个旧个体中的相应信息。个体的突变运算是进行进化策略的主要搜索技术,而个体之间的交叉运算只是作为辅助搜索技术。

3.6.3 进化策略的不同形式及基本思想

1. $(1+1)-ES$

1963 年,Rechenberg 最早提出的这种优化算法只考虑单个个体的进化,并由一个个体衍生同样仅为一个的下一代新个体,故称为$(1+1)-ES$。进化策略中的个体用传统的十进制实型数表示。

在每次迭代中,对旧个体进行突变得到新个体后,计算新个体的适应度值。假如新个体的适应度值优于旧个体,则用新个体代替旧个体;否则不做替换,重新产生下一代新个体。在进化策略中,个体的这种进化方式称作突变。$(1+1)-ES$ 仅仅使用一个个体,进化操作只有突变一种,即用独立的随机变量修正旧个体,以求提高个体素质。显然,这是最简单的进化策略。

2. $(\mu+1)-ES$

早期的$(1+1)-ES$没有体现群体的作用,只是单个个体在进化,具有明显的局限性。随后,Rechenberg 又提出$(\mu+1)-ES$对其进行改进,在这种进化策略中,不是在单个个体上进化,而是在 μ 个个体($\mu>1$),并且引入重组算子,使父代个体组合出新的个体。对重组产生的个体进行突变操作,突变方式和 σ 的调整与$(1+1)-ES$相同。最后将突变后的个体与 μ 个父代个体中最差个体进行比较,如果优于该最差个体,就将其代替;否则重新执行重组和突变产生另一个新个体。

显然,$(\mu+1)-ES$比$(1+1)-ES$有了明显的改进,为进化策略这种新的进化算法奠定了良好的基础。

3. $(\mu+\lambda)-\text{ES}$ 及 $(\mu,\lambda)-\text{ES}$

1975 年,Schwefel 首先提出 $(\mu+\lambda)-\text{ES}$,随后又提出 $(\mu,\lambda)-\text{ES}$。这两种进化策略都在 μ 个父代个体上执行重组和突变,产生 λ 个新个体。它们的差别仅仅在于下一代群体的组成上。$(\mu+\lambda)-\text{ES}$ 是在原有 μ 个个体及新产生的 λ 个新个体的并集中(共 $\mu+\lambda$ 个个体)择优选择 μ 个子代个体;$(\mu,\lambda)-\text{ES}$ 则是只在 λ 个新个体中择优选择 μ 个子代个体,其中要求 $\lambda>\mu$。总之,在选择子代新个体时若需要根据父代个体的优劣进行取舍,则使用 "+" 记号,如 $(1+1)$、$(\mu+1)$ 及 $(\mu+\lambda)$;否则,改用逗号分隔,如 (μ,λ)。

进化策略的基本思想是随机产生一个适用于所给问题环境的初始种群,即搜索空间,实数编码种群中的每个个体,计算每个个体的适应度值;根据达尔文的生物进化原则,选择遗传算子(重组、突变等)对种群不断进行迭代优化,直到在某一代上找到最优解或近似最优解。

3.6.4 进化策略的执行过程

(1) 确定问题的表达方式。在进化策略中,对于每个个体,除了解向量本身以外,还有用于对解向量进行突变的方差向量和旋转角度向量,但旋转角度不是必需的。在进化解的过程中,对应于解的方差和旋转角度也在进化。因此,进化策略中的个体通常表示为二元形式或者三元形式。个体的二元形式表示如下:

$$(X,\sigma) = ((x_1,x_2,\cdots,x_i,\cdots,x_n),(\sigma_1,\sigma_2,\cdots,\sigma_i,\cdots,\sigma_n)) \tag{3-18}$$

(2) 随机生成初始群体,并计算其适应度值。进化策略中初始群体式由 μ 个个体组成,每个个体 (X,σ) 内又可以包含 n 个 x_i,σ_i 分量。采用随机生成的方法产生初始个体。为了和传统的方法比较,可以从某个初始点 $(X(0),\sigma(0))$ 出发,通过多次突变产生 μ 个初始个体,可以在可行域中采用随机方法选取初始点。

(3) 计算初始个体的适应度值,如果条件满足,操作终止;否则继续进行。

(4) 根据进化策略,采用下述操作产生新群体。

产生新群体的一系列操作:

① 重组:交叉两个父代个体目标变量和标准差,以产生新个体。一般目标变量采用离散重组,标准差采用中值重组。

离散重组:在执行重组时,从 μ 个父代个体中用随机的方法任选两个个体,即

$$\begin{cases} (X^1,\sigma^1) = ((x_1^1,x_2^1,\cdots,x_n^1),(\sigma_1^1,\sigma_2^1,\cdots,\sigma_n^1)) \\ (X^2,\sigma^2) = ((x_1^2,x_2^2,\cdots,x_n^2),(\sigma_1^2,\sigma_2^2,\cdots,\sigma_n^2)) \end{cases} \tag{3-19}$$

然后从这两个个体中组合出新个体:

$$(X,\sigma) = ((x_1^{q_1},x_2^{q_2},\cdots,x_n^{q_n}),(\sigma_1^{q_1},\sigma_2^{q_2},\cdots,\sigma_n^{q_n})) \tag{3-20}$$

式中,q_i 各自独立地并且等概率地在 $1\sim2$ 随机取值。也就是说,新个体随机从两个父代个体中获得所需分量。可见,离散重组是按位随机交叉的重组方式。

中值重组:中值重组方式同样在随机选择的两个父代个体上进行,但重组后的新个体各分量取自父代个体各分量的平均值,构成的新个体为

$$
\begin{cases}
(\boldsymbol{X},\sigma) = (x_1^1 + x_1^2)/2, (x_2^1 + x_2^2)/2, \cdots, (x_n^1 + x_n^2)/2, \\
(\sigma_1^1 + \sigma_1^2)/2, (\sigma_2^1 + \sigma_2^2)/2, \cdots, (\sigma_n^1 + \sigma_n^2)/2
\end{cases} \tag{3-21}
$$

混杂重组：混杂重组的特点在于如何选择父代个体。首先随机选择一个固定的父代个体，然后针对子代个体的每个分量从父代个体中随机选择第二个父代个体，即第二个父代个体随分量的位置而改变。在确定两个父代个体之后，对应分量的组合方式，既可以选择离散方式，也可以选择中值方式。

② 突变：进化策略中，突变操作是对重组后的个体添加随机变量，形成新的个体。具体突变算子如下：

简单突变算子
$$
x'_i = x_i + N(0, \sigma_i) \tag{3-22}
$$
式中：x_i, x'_i 分别为旧个体的第 i 个分量和新个体的第 i 个分量；$N(0, \sigma_i)$ 为服从均值为 0，标准差为 σ_i 的正态分布的随机数。

二元突变算子
$$
\begin{cases}
\sigma'_i = \sigma_i \cdot \exp(\tau' \cdot N(0,1) + \tau \cdot N_i(0,1)) \\
x'_i = x_i + \sigma'_i \cdot N_i(0,1)
\end{cases} \tag{3-23}
$$
式中：$N(0,1)$ 为服从标准正态分布的针对全体分量产生的随机数；$N_i(0,1)$ 为服从标准正态分布的针对第 i 分量产生的随机数；τ', τ 分别为全局和局部系数，取值常为 1；σ_i, σ'_i 分别为旧个体对应标准差的第 i 个分量和新个体对应标准差的第 i 个分量。

三元突变算子
$$
\begin{cases}
\sigma'_i = \sigma_i \cdot \exp(\tau' \cdot N(0,1) + \tau \cdot N_i(0,1)) \\
\alpha'_{ij} = \alpha_{ij} + \beta \cdot N_j(0,1) \\
x'_i = x_i + z_i
\end{cases} \tag{3-24}
$$
式中：β 为系数，常取 0.0873；z_i 为服从标准正态分布 $N(0, \sigma_a)$ 的随机变量，其方差取决于突变方差和旋转角度；$\alpha_{ij}, \alpha'_{ij}$ 分别为个体的第 i 个分量与第 j 个分量之间的父代和子代旋转角度。

首先依据旋转角度计算矩阵 $\boldsymbol{R}(r_{ij})$，$i = 1, 2, \cdots, n$，$j = 1, 2, \cdots, n$，矩阵中各元素的计算公式为
$$
r_{ij} = \begin{cases}
\cos\alpha_{ij}, & i = j \\
-\sin\alpha_{ij}, & i \neq j
\end{cases} \tag{3-25}
$$
然后计算 z_i 正态分布的标准差，得
$$
\sigma_a = \left(\prod_{i=1}^{n-1} \prod_{j=i+1}^{n} r_{ij} \right) \cdot \sigma'_i \tag{3-26}
$$

③ 计算新个体适应度值。

④ 选择：进化策略中的选择是确定性的，它严格按照适应度值的大小进行选择，子代个体中仅仅保留适应度值最高的前几个，将劣等个体全部淘汰，这是进化策略的最大特点，有别于遗传算法和进化规划中的随机选择特性。除此之外，不同进化规划形式对应的选择方法略有不同。

⑤ 反复执行步骤④，直到满足终止条件，挑选最佳个体作为进化策略的结果。

习题

1. 遗传算法的基本要素有哪些？简述遗传算法的基本思想。

2. 请解释遗传算法设计中编码的定义，以及设计编码方法时应考虑的问题，并列举出常用的编码方法。

3. 常用选择算子有哪些？请概述其选择原则。

4. 简要说明适应度函数的设计方法及需要注意的问题。

5. 什么是交叉算子，基本的交叉方法有哪些？

6. 求 $f(x)=x+10\sin(5x)+7\cos(4x)$ 的最大值，其中 $0\leqslant x\leqslant 9$。

7. 在 $-5\leqslant x_i\leqslant 5, i=1,2$ 区间内，求解：

$f(x_1,x_2)=-20\times\exp(-0.2\sqrt{0.5(x_1^2+x_2^2)})-\exp(0.5(\cos(2\pi x_1)+\cos(2\pi x_2)))+22.71282$ 的最小值。

8. 收获系统(Harvest)是一个一阶的离散方程，表达式为

$$\begin{cases} x(k+1)=a\cdot x(k)-u(k), \\ \text{s.t.} \quad x(0)=x(N), \end{cases} \quad k=1,2,\cdots,N$$

其中，$x(0)$ 是一个初始的状态条件，a 是一个刻度常量，$x(k)\in\mathbf{R}, u(k)\in\mathbf{R}^+$ 是状态和非常控制，N 是解决问题使用的步骤数。

目标函数为

$$\max f(u)=\sum_{k=1}^{N}\sqrt{u(k)}$$

这个问题的精确优化解答可由下式确定：

$$\max=\sqrt{\frac{x(0)(a^N-1)^2}{a^{N-1}(a-1)}}$$

用 MATLAB 编程，基于遗传算法实现该问题的精确优化解。

9. 装载系统是一个二维的系统，表达式如下：

$$\begin{cases} x_1(k+1)=x_2(k), \\ x_2(k+1)=2x_2(k)-x_1(k)+\dfrac{1}{N^2}u(k), \end{cases} \quad k=1,2,\cdots,N$$

目标函数为

$$f(x,u)=-x_1(N+1)+\frac{1}{2N}\sum_{k=1}^{N}u^2(k)$$

理论最优解为

$$\min=-\frac{1}{3}+\frac{3N-1}{6N^2}+\frac{1}{2N^3}\sum_{k=1}^{N-1}k^2$$

用 MATLAB 编程，基于遗传算法实现该理论最优解。

第4章

模糊计算

4.1 知识表示和推理

4.1.1 知识与推理中的关系

1. 专家系统的知识管理特点

待处理的知识是庞大的、凌乱无序的；可以对知识进行增删、修改等简单操作；其知识数据的表示符合人类思维习惯，如具有模糊性等。

2. 知识的特点

(1) 相对正确性；

(2) 不确定性；

(3) 可表示性与可利用性。

3. 知识的分类

按知识的作用范围来划分，知识可分为常识性知识和领域性知识。常识性知识是指通用性知识，是人们普遍知道的知识，适用于所有领域；领域性知识是面向某个具体领域的知识，是专业性的知识，只有相关专业的人员才能掌握并用来求解领域内的有关问题。

按知识的作用及表示来划分，知识可分为事实性知识、过程性知识和控制性知识。事实性知识用于描述领域内的有关概念、事实、事物的属性及状态等；过程性知识是与领域有关的知识，用于指出如何处理与问题有关的信息以求得问题的解；控制性知识又称为深层知识或者元知识，它是关于如何运用已有的知识进行问题求解的知识。

按知识的确定性来划分，知识可以分为确定性知识和不确定性知识。前者指出其真值为"真"或"假"的知识，它是精确性知识的总称；后者是具有"不确定"特性的知识，它是对不确定、不完全及模糊性知识的总称。

按知识的结构及表现形式来划分，知识可分为逻辑性知识和形象知识。前者反映人类逻辑思维过程的知识,例如人类的经验性知识等;后者是通过事物的形象建立起来的知识。

4. 知识的表示

知识的表示是指一种描述,一种计算机可以接受的用于描述知识的数据结构。对知识进行表示的过程就是把知识编码成某种数据结构的过程。知识表示法可分两大类:符号表示法和连接机制表示法。前者是用各种包含具体含义的符号,以各种不同的方式和次序组合起来表示知识的一类方法,主要用来表示逻辑知识;后者是用神经网络技术表示知识的方法,是一种隐式的表示知识的方法,特别适用于表示形象性的知识。

目前应用较多的知识表示方法包括产生式表示法、框架表示法、语义网络表示法、一阶谓词逻辑表示法、脚本表示法、过程表示法、Petri网表示法、面对对象表示法。在一个具体的智能系统中选择知识的表示方法时应遵循表示领域知识、有利于对知识的利用、便于对知识的组织维护与管理、便于理解和实现的原则。

4.1.2 产生式系统

产生式系统用来描述若干个不同的以一个基本概念为基础的系统。这个基本概念就是产生式规则或产生式条件和操作对的概念。产生式系统可表示的知识种类,适合于表示事实性知识和规则性知识。

产生式通常用于表示具有因果关系的知识,其基本形式是

$$\text{IF } P \text{ THEN } Q \quad \text{或者} \quad P(Q)$$

式中: P 为产生式的前提,用于指出该产生式是否可用的条件; Q 为一组结论或操作,用于指出前提 P 所指示的条件被满足时,应该得出的结论或应该执行的操作。

1. 产生式系统的构造

产生式系统的构造如图 4-1 所示,包括推理机构、作业领域及知识库等部分。推理机构主要解决解决规则与前提的匹配、冲突及操作等问题;作业领域用于存放产生式的前提及结论;知识库存放产生式的规则。

图 4-1 产生式系统的构成

1) 作业领域

作业领域是存放事实数据(前提)以及假设(结论)等的场所。例如,对动物园某个野兽的观察得到:身上有毛(记为 D1),有尖锐的牙齿(D2),有锋利的爪子(D3),身体是黄褐色(D4),身上有黑色斑点(D5)。将这些事实数据存放于作业领域里。

2) 知识库

存放 IF THEN 形式的规则的库,又称为规则库。

$$\text{IF 前提 成立 THEN 结论 / 行动 成立}$$

3) 推理机构

实现作业领域里的事实与知识库中的规则进行匹配,并根据匹配的规则选取一种予以

执行。推理方法分为前向推理、后向推理和双向推理三种。

2. 推理机构的运行

1) 前向推理

前向推理：从一组表示事实的命题出发，使用一组产生式规则，用以证明该命题是否成立。

一般策略：先提供一批事实（数据）到作业领域中。系统利用这些事实与规则的前提相匹配，触发匹配成功的规则，把其结论作为新的事实添加到作业领域中。继续上述过程，用更新过的作业领域的所有事实再与规则库中另一条规则匹配，用其结论再次修改作业领域的内容，直到没有可匹配的新规则，不再有新的事实加到作业领域中。

选择规则到执行操作的步骤如下：

(1) 匹配：把作业领域数据与规则的条件部分相匹配；

(2) 冲突消解：当有一条以上规则的条件部分和作业领域的数据相匹配时，就需要决定首先使用哪一条规则，称为冲突消解；

(3) 操作：执行规则的操作部分。

其中，冲突消解的策略有很多种，经常使用的要素有规则的重要程度、规则条件部分的详细程度、规则的使用时刻、规则的差别大小、数据的生成时刻以新生成的规则优先等。

假设在网球运动中，有以下两条规则：

R1：IF 来球是下旋球 AND 球速不快 THEN 正手回击

R2：IF 来球是下旋球 AND 球速不快 AND 近网高球 THEN 上网扣杀

按条件的详细程度，应选用规则 R2。

下面介绍前向推理的具体过程。设存在下列规则集合：

R1：IF P1 THEN P2

R2：IF P2 THEN P3

R3：IF P3 THEN P4

且作业领域中已存在事实 P1，则前向推理过程如图 4-2 所示。

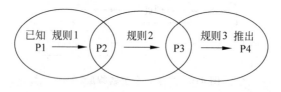

图 4-2　前向推理过程

例 4-1 辨别动物园里的动物类型。已知事实数据如下，D1：身上有毛，D2：有尖锐的牙齿，D3：有锋利的爪子，D4：身体颜色是黄褐色，D5：有黑色斑点。

已知推理规则如下：

R1：IF 身上有毛 THEN 是哺乳动物

R2：IF 喂奶 THEN 是哺乳动物

R3：IF 会飞翔 AND 产卵 THEN 是鸟类

R4：IF 有翅膀 AND 不是企鹅 THEN 会飞翔

R5：IF 是哺乳动物 AND 吃肉 THEN 是食肉动物

R6：IF 是哺乳动物 AND 有尖锐的牙齿 AND 有锋利的爪子 THEN 是食肉动物

R7：IF 是哺乳动物 AND 有蹄子 THEN 是有蹄动物

R8：IF 是食肉动物 AND 身体颜色是黄褐色 AND 有黑色条纹 THEN 是老虎

R9：IF 食肉动物 AND 身体颜色是黄褐色 AND 有黑色斑点 THEN 是猎豹

解：推理过程如下：

（1）规则的匹配：在 9 条规则中，只有 R1 的前件与事实 D1 完全匹配，所以选择 R1 进行推理，得到图 4-3 所示事实 D6。

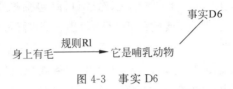

图 4-3 事实 D6

（2）对新产生的事实数据 D6 再进行规则匹配，并结合事实 D2、D3 找到规则 R6，推理后得事实 D7，如图 4-4 所示。

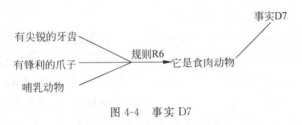

图 4-4 事实 D7

（3）根据新事实数据 D7 及作业领域原有的 D4、D5 数据，找到匹配规则 R9，推理得到最后结论，如图 4-5 所示。

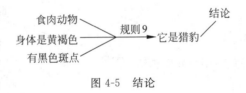

图 4-5 结论

2）后向推理

从表示目标的命题出发，使用一组产生式规则证明事实命题成立，即首先提出一批假设目标，然后逐一验证这些假设。

一般策略：首先假设一个可能的目标，然后由产生式系统试图证明此假设目标是否在作业领域中。若在作业领域中，则该假设目标成立；否则，若该假设为终叶（证据）节点，则询问用户。若不是，则再假定另一个目标，即寻找结论部分包含该假设的那些规则，把它们的前提作为新的假设，并力图证明其成立。这样反复进行推理，直到所有目标均获证明或者所有路径都得到测试为止。

后向推理过程：规则集合与前向推理的相同，首先假设结论 P4 成立，则由规则 3 逆推，需要事实 P3 存在；如果 P3 在作业领域中并不存在，则需将其假设为结论，依此类推，直到知识库中再也找不到匹配的规则为止。如果这时事实 P1 存在于作业领域中，则 P4 得证，否则 P4 不成立。后向推理过程如图 4-6 所示。

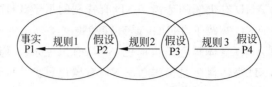

图 4-6 后向推理过程

基于与/或树的后向推理：将目标作为与/或树的根，进行扩展，对于同一个规则，需同时满足的条件被设为 AND 关系，对于同一个结论或目标（包括推理过程中产生的），可用来满足其的规则设为 OR 关系。从与/或树的根（目标）出发，进行搜索，寻找与各结论或目标相匹配的规则，并将其各条件设为与（AND）关系，如果有多条规则，则将它们之间设为或（OR）关系，这便是匹配；接着进行选择，即选择其中一条规则进行扩展，如果一条都没有，说明推理失败；最后验证，也就是被选中的规则的所有条件如果与作业领域里的事实相匹配，则该规则的结论得到验证。以此逆推，直至根节点。

例 4-2 假设在动物园里看到的动物是猎豹，则根据规则库里的现有 9 条规则，可作出它的后向推理 AND/OR 树，如图 4-7 所示。

解：由规则 R9，可知需同时满足的条件是"身上有黑色斑点""食肉动物""身上是黄褐色"，其中"身上有黑色斑点"和"身上是黄褐色"为已知事实 D5 和 D4，只有"食肉动物"为未知，如图 4-7(a)所示。再由"食肉动物"作为与树的根，找到两条规则 R5 和 R6。规则 R5 需同时满足"哺乳动物"和"吃肉"两个条件，由于"吃肉"条件未知，故规则 R5 不适用；由规则 R6 可知，需满足条件"哺乳动物""有尖锐的牙齿"和"有锋利的爪子"，其中后两个条件为已知事实 D2 和 D3，如图 4-7(b)和(c)所示。"哺乳动物"根据规则 R1，需满足条件"身上有毛"，为已知事实 D1。至此，完成后向推理，根据已知事实和推断规则，得出看到的动物为猎豹。

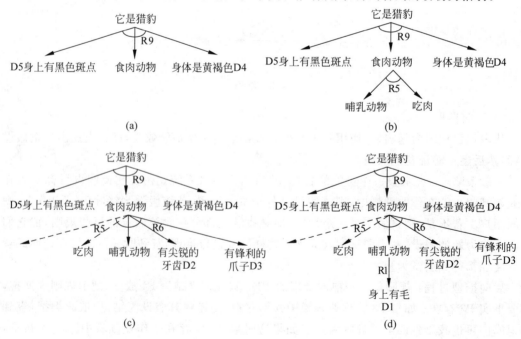

图 4-7 后向推理 AND/OR 树

3）双向推理

双向推理的推理策略是同时从目标向事实推理和从事实向目标推理,并在推理过程中的某个步骤实现事实与目标的匹配,如图4-8所示。

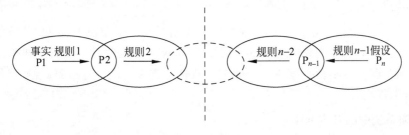

图 4-8 双向推理

产生式表示法的特点如下:

（1）清晰性。产生式表示法格式固定、形式简单,规则间相互较为独立,没有直接关系,使知识库的建立较为容易,处理较为简单。

（2）模块性。规则库与推理机构是分离的,这种结构给知识库的修改带来方便,无须修改程序,对系统的推理路径也容易做出解释。

（3）自然性。产生式表示法用"IF…,THEN…"的形式表示知识,符合人类的思维习惯,是人们常用的一种表达因果关系的知识表示形式,既直观自然,又便于推理。

4.2 模糊理论及三大基本元素

模糊逻辑是指模仿人脑的不确定性概念判断、推理思维方式,对于模型未知或不能确定的描述系统,以及强非线性、大滞后的控制对象,应用模糊集合和模糊规则进行推理,表达过渡性界限或定性知识经验,实行模糊综合判断,推理解决常规方法难以应对的信息问题。

模糊逻辑是一种在数字框架下进行模拟处理的方法。传统的模型需要很明确的边界或者决策,比如二值逻辑,需要说明任何一个元素要么属于某个集合,要么不属于这个集合。因此,当各集合之间的边界不能被明确定义时,或者某个事件部分发生时,模糊逻辑就显得十分有用。

1. 模糊逻辑能提供合适解的条件

模糊逻辑通过建立起一些规则和模糊集,即使对系统本身的数学模型不十分了解,也能对系统进行控制,模糊逻辑还允许在决策理论中嵌入一些表示"模糊"的概念。例如,某人说一个人"矮";我们可以说一个物体离你"近"或"远",或者可以说汽车开得很"快"、已经超速了等。适合应用的情况包括一个或多个控制变量是连续的、建立过程的数学模型尚不成熟、需要考虑高强度的环境噪声、只能使用廉价的传感器或低精度的微处理器等。

例 4-3 模糊逻辑应用于防抱死汽车刹车系统（ABS）

首先需要对各控制变量之间建立规则,这些控制变量包括汽车的速度、刹车阻力、刹车温度、两次刹车之间的时间间隔以及汽车侧向运动相对于前向运动的角度。因为这些变量都是连续量,因此,可以用描述性的语言来反映这些变量所取值的范围（如速度可以描述为快、慢；压力可以述为高、低；温度可以描述为冷、热；时间间隔可以描述为长,短等）。可以对温度进行进一步细化描述,如冷、凉、微温、暖和和热等。在模糊逻辑中,温度从一个状态变成另一个状态并不是精确定义的,那么140℃下温度可以属于暖和也可以属于热,这完全取决于设计者的解释。

模糊逻辑允许使用一些包含不精确度量的控制语句。对于刹车温度,一条条件模糊规则可这样描述："IF 刹车温度是暖和的,AND 汽车速度不是很快,THEN 刹车压力可以轻微放松"。刹车温度的不精确度量——暖和。从这个意义上说,一条模糊规则能够代替许多条传统的数学规则。

2. 模糊系统中的基本元素

在模糊系统中有三大基本元素,即模糊集、隶属函数和产生式规则。每个模糊集都包含了表征系统的输入变量或输出变量的取值。在例 4-3 中,温度这个变量被分成了 5 个模糊集,即冷、凉、微温、暖和和热。每个模糊集都有一个隶属函数。每个变量的特定值在模糊集里都有自己的隶属度,这个隶属度被限制在 0～1。0 代表这个变量的值不在这个模糊集中,而 1 代表这个变量的值完全属于这个模糊集。一个变量的值可以分属于多个不同的模糊集。对于一个给定的温度值,有时可能属于暖和这个模糊集,而有时也可能属于热这个模糊集。

隶属函数在大多数情况下可以用三角形或梯形隶属函数。三角形或梯形隶属函数的底边的宽作为设计的一个参数,需要具体选择来满足系统整体性能的要求。相邻两个模糊集相重叠的面积通常应占总面积的 25%。过多重叠面积会导致模糊集中的变量过于模糊,而过小的重叠面积会导致系统类似于二值控制,具有严重的振荡。

产生式规则,即"IF-THEN"这种逻辑表达式,反映了人的一种知识形式。规则的前件或条件部分从 IF 开始;规则的后件或结论部分从 THEN 开始。分配给后件的激励值等于前件中代表各输入变量隶属函数激励值的逻辑积。这里的模糊输入激励值等于输入变量在此时与其隶属函数的交点的值。如果某条规则的前件是用 AND 连接的复合句,此时逻辑积等于各输入激励值中的最小值;如果某条规则的前件是用 OR 连接的复合句,此时逻辑积等于各输入激励值中的最大值。

3. 模糊集合及其运算规则

1) 模糊集合与隶属度

定义 4-1 给定论域 U,对于任意 $x \in U$ 都指定了隶属函数 $\mu_A(x)$ 的一个值,将序对(偶)集

$$A = (\mu_A(x) \mid x), \quad \forall x \in U \tag{4-1}$$

$$\mu_A(x) \in [0,1] \tag{4-2}$$

定义为论域 U 上的一个模糊子集,简称模糊集。模糊子集 A 完全由其隶属函数所描述。

例 4-4 设 $U=[0,100]$ 表示年龄的某个集合,A 和 B 分别表示"年老"和"年轻",其隶属函数分别是(见图 4-9 和图 4-10)

$$\mu_A(x) = \begin{cases} 0, & 0 \leqslant x \leqslant 50 \\ \left[1 + \left(\dfrac{x-50}{5}\right)^{-2}\right]^{-1}, & 50 < x \leqslant 100 \end{cases}$$

$$\mu_B(x) = \begin{cases} 1, & 0 \leqslant x \leqslant 25 \\ \left[1 + \left(\dfrac{x-25}{5}\right)^2\right]^{-1}, & 25 < x \leqslant 100 \end{cases}$$

如果 $x = 60$，则有 $\mu_A(60) = 0.80$，$\mu_B(60) = 0.02$，即是说 60 岁属于"年老"的程度为 0.80，属于年轻的程度为 0.02，故可以认为 60 岁是比较老的。

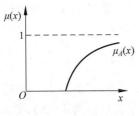

图 4-9 年龄隶属函数

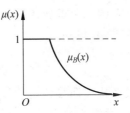

图 4-10 年龄分布隶属函数

2）模糊集合的表示

Zadeh 表示法：在论域 U，$\mu_A(x) > 0$ 的全部元素组成的集合称为模糊集合 A 的"台"或"支集"。也就是说，当某个元素的隶属度为零时，它就不属于该模糊集合。当模糊集合 A 有一个有限的台 $\{x_1, x_2, \cdots, x_n\}$，应用 Zadeh 表示法表示如下：

$$A = \frac{\mu_A(x_1)}{x_1} + \frac{\mu_A(x_2)}{x_2} + \cdots + \frac{\mu_A(x_n)}{x_n} = \sum_{i=1}^{n} \frac{\mu_A(x_i)}{x_i} \tag{4-3}$$

例如，

$$A = \frac{0.85}{x_1} + \frac{0.75}{x_2} + \frac{0.98}{x_3} + \frac{0.30}{x_4} + \frac{0.60}{x_5}$$

式中：$\mu_A(x_i)/x_i$ 不代表"分数"，而是表示论域 U 中元素 x_i 与其隶属度 $\mu_A(x_i)$ 之间的对应关系，称为"单点"；符号"$+$"也不表示"求和"，而是表示模糊集合在论域 U 上的整体。

当模糊集合 A 的台有无限多个元素时，应用 Zadeh 表示法，模糊集合 A 表示为

$$A = \int_A \frac{\mu_A(x)}{x}, \quad x \subset U \tag{4-4}$$

式中的积分符号不表示普通的积分，也不意味着求和，而是表示无限多个元素与相应隶属度对应关系的一个总括。

隶属函数表示法：给出隶属函数的解析表达式，也能表示出相应的模糊集合。例如，"老年人"和"青年人"两个模糊集合的隶属函数 $\mu_o(x)$ 和 $\mu_r(x)$，即

$$\mu_o(x) = \begin{cases} 0, & 0 \leqslant x \leqslant 50 \\ 1 \Big/ \left[1 + \left(\dfrac{x-50}{5}\right)^{-2}\right], & 50 < x \leqslant 100 \end{cases}$$

$$\mu_r(x) = \begin{cases} 1, & 0 \leqslant x \leqslant 25 \\ 1 \Big/ \left[1 + \left(\dfrac{x-25}{5}\right)^2\right], & 25 < x \leqslant 100 \end{cases}$$

来表示模糊集合"老年人"与"青年人"，其中年龄论域 $U = [0, 100]$，x 是在 0～100 取值的年龄变量。

3）隶属函数及其确定

隶属函数这个概念在 1965 年首先由美国自动控制专家 L. A. Zadeh 在他的论文《模糊

集合论》中提出。在普通集合论中，描述集合的特征函数 $C_A(x)$ 只允许 $\{0,1\}$ 两个值，它与二值逻辑相对应；在 Fuzzy 集合论中，为描述客观事物的 Fuzzy 性，将二值逻辑 $\{0,1\}$ 推广到可取 $[0,1]$ 区间任意值的无穷多个值的连续值逻辑，从而必须把特征函数作适当的拓广，这就是隶属函数 $\mu_A(x) \in [0,1]$。

4）几种常见的隶属函数

除使用比较多的三角隶属函数和梯形隶属函数外，常见的隶属函数还有以下几种。

（1）正态型（图 4-11）：

$$\mu(x) = \exp\left[-\left(\frac{x-a}{b}\right)^2\right], \quad b > 0 \tag{4-5}$$

自然界的很多特性都符合这种分布。例如，"人的身高"的分布、"人的重量"的分布都是这种类型。例如，设波长为论域 $U = [4000, 8000]$，波长单位为埃（Å），那么可以建立"红色""绿色""蓝色"的隶属函数，分别是

$$\text{"红色"}(\lambda) = \exp\left[-\left(\frac{\lambda - 7000}{600}\right)^2\right]$$

$$\text{"绿色"}(\lambda) = \exp\left[-\left(\frac{\lambda - 5400}{300}\right)^2\right]$$

$$\text{"蓝色"}(\lambda) = \exp\left[-\left(\frac{\lambda - 4600}{200}\right)^2\right]$$

（2）戒上型（图 4-12）：

$$\mu(x) = \begin{cases} \dfrac{1}{1 + [a(x-c)]^b}, & x > c \\ 1, & x \leqslant c \end{cases} \tag{4-6}$$

$$a, b > 0$$

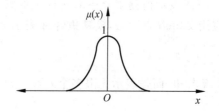

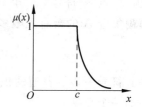

图 4-11 正态型隶属函数 　　　图 4-12 戒上型隶属函数

（3）戒下型（图 4-13）：

$$\mu(x) = \begin{cases} 1, & x \geqslant c \\ \dfrac{1}{1 + [a(x-c)]^b}, & x \leqslant c \end{cases} \tag{4-7}$$

$$a, b > 0$$

（4）厂型（图 4-14）：

$$\mu(x) = \begin{cases} 0, & x \geqslant c \\ \left(\dfrac{x}{\lambda \gamma}\right)^\gamma \exp\left(\gamma - \dfrac{x}{\lambda}\right), & x \leqslant c \end{cases} \tag{4-8}$$

$$\lambda > 0, \quad \gamma > 0$$

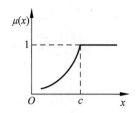 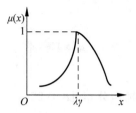

图 4-13　戒下型隶属函数　　　　　图 4-14　厂型隶属函数

此外，当 x 取值很小时，并假定 $U>0$，那么常用的隶属函数有以下形式：

(5) 降半矩形分布（图 4-15）：

$$\mu(x) = \begin{cases} 1, & 0 \leqslant x \leqslant a \\ 0, & x > a \end{cases} \tag{4-9}$$

(6) 降半 Γ 分布（图 4-16）：

$$\mu(x) = e^{-kx}, \quad k > 0 \tag{4-10}$$

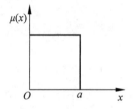 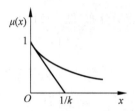

图 4-15　降半矩形分布　　　　　图 4-16　降半 Γ 分布

(7) 降半梯形分布（图 4-17）：

$$\mu(x) = \begin{cases} 1, & 0 \leqslant x \leqslant a_1 \\ \dfrac{a_2 - x}{a_2 - a_1}, & a_1 < x < a_2 \\ 0, & x > a_2 \end{cases} \tag{4-11}$$

(8) 降半正态分布（图 4-18）：

$$\mu(x) = e^{-kx^2}, \quad k > 0 \tag{4-12}$$

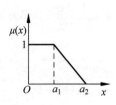 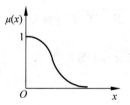

图 4-17　降半梯形分布　　　　　图 4-18　降半正态分布

(9) 降半凹凸分布(图 4-19)：

$$\mu(x) = \begin{cases} 1 - ax^k, & 0 \leqslant x \leqslant \dfrac{1}{\sqrt[k]{a}} \\ 0, & x \geqslant \dfrac{1}{\sqrt[k]{a}} \end{cases} \quad (a > 0) \tag{4-13}$$

(10) 降半柯西分布(图 4-20)：

$$\mu(x) = \frac{1}{1 + kx^2}, \quad k > 1 \tag{4-14}$$

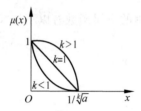
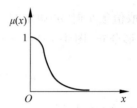

图 4-19 降半凹凸分布   图 4-20 降半柯西分布

(11) 降半岭形分布(图 4-21)：

$$\mu(x) = \begin{cases} 1, & 0 \leqslant x < a \\ \dfrac{1}{2} - \dfrac{1}{2}\sin\dfrac{\pi}{b-a}\left(x - \dfrac{a+b}{2}\right), & a \leqslant x \leqslant b \\ 0, & x \geqslant b \end{cases} \tag{4-15}$$

当 x 取值较大时，并假定 $U > 0$，那么常用的隶属函数有以下形式：

(12) 升半矩形分布(图 4-22)：

$$\mu(x) = \begin{cases} 0, & 0 \leqslant x < a \\ 1, & x \geqslant a \end{cases} \tag{4-16}$$

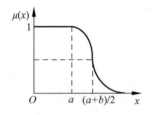
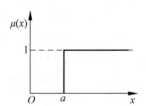

图 4-21 降半岭形分布   图 4-22 升半矩形分布

(13) 升半 Γ 分布(图 4-23)：

$$\mu(x) = \begin{cases} 0, & 0 \leqslant x \leqslant a \\ 1 - e^{-k(x-a)}, & x \geqslant a \end{cases} \quad (k > 0) \tag{4-17}$$

(14) 升半正态分布(图 4-24)：

$$\mu(x) = \begin{cases} 0, & 0 \leqslant x \leqslant a \\ 1 - e^{-k(x-a)^2}, & x \geqslant a \end{cases} \quad (k > 0) \tag{4-18}$$

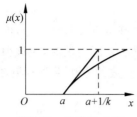
图 4-23 升半 Γ 分布

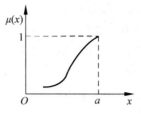
图 4-24 升半正态分布

(15) 升半梯形分布(图 4-25):

$$\mu(x) = \begin{cases} 0, & 0 \leqslant x \leqslant a_1 \\ \dfrac{x - a_1}{a_2 - a_1}, & a_1 \leqslant x \leqslant a_2 \\ 1, & x \geqslant a_2 \end{cases} \tag{4-19}$$

(16) 升半凹凸分布(图 4-26):

$$\mu(x) = \begin{cases} 0, & 0 \leqslant x \leqslant a \\ a(x-a)^k, & a \leqslant x \leqslant a + \dfrac{1}{\sqrt[k]{a}} \quad (k, a > 0) \\ 1, & x \geqslant \dfrac{1}{\sqrt[k]{a}} + a \end{cases} \tag{4-20}$$

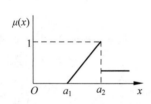
图 4-25 升半梯形分布

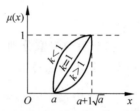
图 4-26 升半凹凸分布

(17) 升半柯西分布(图 4-27):

$$\mu(x) = \begin{cases} 0, & 0 \leqslant x < a \\ \dfrac{k(x-a)^2}{1 + k(x-a)^2}, & 0 < a < x < +\infty \end{cases} \quad (k > 0) \tag{4-21}$$

(18) 升半岭形分布(图 4-28):

$$\mu(x) = \begin{cases} 0, & 0 \leqslant x \leqslant a \\ \dfrac{1}{2} - \dfrac{1}{2}\sin\dfrac{\pi}{b-a}\left(x - \dfrac{a+b}{2}\right), & a \leqslant x < b \\ 1, & x > b \end{cases} \tag{4-22}$$

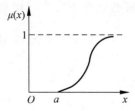
图 4-27 升半柯西分布

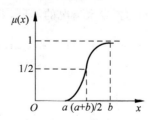
图 4-28 升半岭形分布

5) 建立隶属函数的方法

用模糊集刻画模糊性时,隶属函数的建立是一件基本且关键的工作,但由于模糊性自身的复杂性以及多样性,很难用一种统一的模式来建立。实际应用时,应该根据实际问题的具体情况,给出符合实际的隶属函数。目前,建立隶属函数的方法主要有模糊统计法、专家评判法、对比排序法、基本概念扩充法等。

(1) 模糊统计法。

设 U 为论域,A 为 U 上的一个模糊概念,现在要为 A 建立相应的隶属函数,过程如下:模糊统计法的基本思想是对论域 U 上的一个确定元素 u 是否属于论域上的一个可变动的清晰集合 A_1 作出清晰的判断。对于不同的试验者,清晰集合 A_1 可以有不同的边界,但它们都对应于同一个模糊集 A。在每次统计中,u 是固定的,A_1 的值是可变的。

作 n 次试验,其模糊统计可按下式进行计算:

$$u \text{ 对 } A \text{ 的隶属度} = u \in A \text{ 的次数} / \text{ 试验总次数} \, n$$

随着 n 的增大,隶属频率也会趋向稳定,这个稳定值就是 u 对 A 的隶属度值。这种方法较直观地反映了模糊概念中的隶属程度,但其计算量相当大。

(2) 专家评判法。

专家评判法是目前应用较多的一种建立隶属函数的方法,其要点是让专家直接给出论域中每个元素的隶属度,然后再做一些相应的处理。

设论域 $U = \{u_1, u_2, u_3, \cdots, u_n\}$,且设 A 是 U 上待确定其隶属函数的模糊集,专家评判法的建立过程如下:

① 请 m 位专家,让每位专家分别对每一个 $u_i (i = 1, 2, \cdots, n)$ 给出一个隶属度 $\mu_A(u_i)$ 的估计值,设第 j 位专家给出的估计值 $S_{ij} (i = 1, 2, \cdots, n; j = 1, 2, \cdots, m)$。求出平均值 $\bar{S}_i$ 及离差 d_i:

$$\bar{S}_i = \frac{1}{m} \sum_{j=1}^{m} S_{ij}, \quad d_i = \frac{1}{m} \sum_{j=1}^{m} (\bar{S}_i - S_{ij})^2, \quad i = 1, 2, \cdots, n \tag{4-23}$$

② 检查离差 d_i 是否小于或等于某个事先指定的阈值 ε,如果大于 ε,则请专家重新给出估计值,然后再计算 $\bar{S}_i$ 及 d_i;重复上述过程,直到离差小于或等于 ε 时为止。设在第 k 轮达到了要求。

③ 再请各位专家给出自己所作估计值的"确信度",设为 $c_1, c_2, \cdots, c_m$,其中,$0 \leqslant c_j \leqslant 1$,$(j = 1, 2, \cdots, m)$。$c_j$ 表示第 j 位专家对自己给出的估计有把握的程度。求出它们的平均值:

$$\bar{c} = \frac{1}{m} \sum_{j=1}^{m} c_j \tag{4-24}$$

若 $\bar{c}$ 的值达到了一定的标准,则就以 $\bar{S}_i$ 作为 u_i 的隶属度 $\mu_A(u_i)$,$i = 1, 2, \cdots, n$。

④ 如果考虑到各专家情况的不同,希望某些专家的意见占较大的比重,则可以为每位专家分别分配一个权值 w_j,满足 $w_j \geqslant 0$,且有 $\sum_{j=1}^{m} w_j = 1$,此时计算 $\bar{S}_i$ 及 $\bar{c}$ 的公式分别改为

$$\bar{S}_i = \sum_{j=1}^{m} w_j \times S_{ij}, \quad i = 1, 2, \cdots, n, \quad \bar{c} = \sum_{j=1}^{m} w_j \times c_j \tag{4-25}$$

4.3 模糊集合的基本运算

定义设 A、B 是论域 U 上的两个模糊子集,规定 A 与 B"并"运算、"交"运算及"补"运算的隶属度函数分别为

$$\mu_{A \cup B}(x) = \max[\mu_A(x), \mu B(x)]$$

$$= \mu_A(x) \bigvee \mu_B(x), \quad \forall x \in U \tag{4-26}$$

$$\mu_{A \cap B}(x) = \min[\mu_A(x), \mu_B(x)]$$

$$= \mu_A(x) \bigwedge \mu_B(x), \quad \forall x \in U \tag{4-27}$$

$$\mu_{\overline{A}}(x) = 1 - \mu_A(x), \quad \forall x \in U \tag{4-28}$$

$$\mu_{\overline{B}}(x) = 1 - \mu_B(x), \quad \forall x \in U \tag{4-29}$$

例 4-5 设论域 $U = \{x_1, x_2, x_3, x_4, x_5\}$ 以及模糊子集

$$A = \frac{1}{x_1} + \frac{0.9}{x_2} + \frac{0.4}{x_3} + \frac{0.2}{x_4} + \frac{0}{x_5}$$

$$B = \frac{0.9}{x_1} + \frac{0.8}{x_2} + \frac{1}{x_3} + \frac{0}{x_4} + \frac{0.1}{x_5}$$

试求 $A \cup B, A \cap B, \overline{A}$ 及 $\overline{B}$。

解:

$$A \bigcup B = \frac{1 \bigvee 0.9}{x_1} + \frac{0.9 \bigvee 0.8}{x_2} + \frac{0.4 \bigvee 1}{x_3} + \frac{0.2 \bigvee 0}{x_4} + \frac{0 \bigvee 0.1}{x_5}$$

$$= \frac{1}{x_1} + \frac{0.9}{x_2} + \frac{1}{x_3} + \frac{0.2}{x_4} + \frac{0.1}{x_5}$$

$$A \bigcap B = \frac{1 \bigwedge 0.9}{x_1} + \frac{0.9 \bigwedge 0.8}{x_2} + \frac{0.4 \bigwedge 1}{x_3} + \frac{0.2 \bigwedge 0}{x_4} + \frac{0 \bigwedge 0.1}{x_5}$$

$$= \frac{0.9}{x_1} + \frac{0.8}{x_2} + \frac{0.4}{x_3}$$

$$\overline{A} = \frac{1-1}{x_1} + \frac{1-0.9}{x_2} + \frac{1-0.4}{x_3} + \frac{1-0.2}{x_4} + \frac{1-0}{x_5}$$

$$= \frac{0.1}{x_2} + \frac{0.6}{x_3} + \frac{0.8}{x_4} + \frac{1}{x_5}$$

$$\overline{B} = \frac{1-0.9}{x_1} + \frac{1-0.8}{x_2} + \frac{1-1}{x_3} + \frac{1-0}{x_4} + \frac{1-0.1}{x_5}$$

$$= \frac{0.1}{x_1} + \frac{0.2}{x_2} + \frac{1}{x_4} + \frac{0.9}{x_5}$$

对于 U 的 n 个模糊子集 $A_1, A_2, \cdots, A_n$,其"并","交"运算分别为

$$A_1 \bigcup A_2 \bigcup \cdots \bigcup A_n = \sum_{i=1}^{n} A_i = C \tag{4-30}$$

$$\mu_C(x) = \max[\mu_{A_1}(x), \mu_{A_2}(x), \cdots, \mu_{A_n}(x)]$$

$$= \mu_{A_1}(x) \bigvee \mu_{A_2}(x) \bigvee \cdots \bigvee \mu_{A_n}(x) = \bigvee_{i=1}^{n} \mu_{A_i}(x) \tag{4-31}$$

$$A_1 \bigcap A_2 \bigcap \cdots \bigcap A_n = \sum_{i=1}^{n} A_i = D \tag{4-32}$$

$$\mu_D(x) = \min[\mu_{A_1}(x), \mu_{A_2}(x), \cdots, \mu_{A_n}(x)]$$

$$= \mu_{A_1}(x) \wedge \mu_{A_2}(x) \wedge \cdots \wedge \mu_{A_n}(x) = \bigwedge_{i=1}^{n} \mu_{A_i}(x) \tag{4-33}$$

4.4 模糊集合运算的基本规则

(1) 分配律:

$$A \bigcap (B \bigcup C) = (A \bigcap B) \bigcup (A \bigcap C) \tag{4-34}$$

$$A \bigcup (B \bigcap C) = (A \bigcup B) \bigcap (A \bigcup C) \tag{4-35}$$

(2) 结合律:

$$(A \bigcap B) \bigcap C = A \bigcap (B \bigcap C) \tag{4-36}$$

$$(A \bigcup B) \bigcup C = A \bigcup (B \bigcup C) \tag{4-37}$$

(3) 交换律:

$$A \bigcup B = B \bigcup A \tag{4-38}$$

$$A \bigcap B = B \bigcap A \tag{4-39}$$

(4) 吸收律:

$$(A \bigcap B) \bigcup A = A \tag{4-40}$$

$$(A \bigcup B) \bigcap A = A \tag{4-41}$$

(5) 幂等律:

$$A \bigcup A = A \tag{4-42}$$

$$A \bigcap A = A \tag{4-43}$$

(6) 同一律:

$$A \bigcup X = X, \quad A \bigcap X = A, \quad A \bigcup \varnothing = A, \quad A \bigcap \varnothing = \varnothing \tag{4-44}$$

其中,X 表示论域全集,$\varnothing$ 表示空集。

(7) 达·摩根律:

$$\overline{(A \bigcup B)} = \overline{A} \bigcap \overline{B}, \quad \overline{(A \bigcap B)} = \overline{A} \bigcup \overline{B} \tag{4-45}$$

(8) 双重否定律:

$$\overline{\overline{A}} = A \tag{4-46}$$

(9) α 截集到模糊集合的转换:

$$A = \bigcup_{\alpha \in [0,1)} \alpha \cdot A_\alpha = \bigcup_{\alpha \in (0,1]} \alpha A_{\overline{\alpha}} \tag{4-47}$$

即

$$\mu_A(x) = \sup_{\alpha \in [0,1)} [\alpha \wedge \mu_{A_\alpha}(x)] = \sup_{\alpha \in (0,1]} [\alpha \wedge \mu_{A_{\overline{\alpha}}}(x)] \tag{4-48}$$

(10) 代数和:

若有三个模糊集合 A, B 和 C,对所有的 $x \in X$ 均有

$$\mu_C(x) = \mu_A(x) + \mu_B(x) - \mu_A(x) \cdot \mu_B(x) \tag{4-49}$$

则称 C 为 A 与 B 的代数和。

(11) 代数积：

$$A \cdot B \leftrightarrow \mu_{A \cdot B}(x) = \mu_A(x) \cdot \mu_B(x) \qquad (4\text{-}50)$$

(12) 有界和：

$$A \oplus B \leftrightarrow \mu_{A \oplus B}(x) = \min[1, \mu_A(x) + \mu_B(x)] \qquad (4\text{-}51)$$

(13) 有界差：

$$A \otimes B \leftrightarrow \mu_{A \otimes B}(x) = \max[0, \mu_A(x) - \mu_B(x)] \qquad (4\text{-}52)$$

(14) 有界积：

$$A \odot B \leftrightarrow \mu_{A \odot B}(x) = \max[0, \mu_A(x) + \mu_B(x) - 1] \qquad (4\text{-}53)$$

4.5 模糊关系

4.5.1 模糊关系与模糊关系矩阵

定义 4-2 设模糊集合 A、B 的论域分别为 X、Y，则直积 $X \times Y = \{(x,y) \mid x \in X, y \in Y\}$，其中的模糊关系是指以 $X \times Y$ 为论域的一个模糊子集 R，其序偶 (x,y) 的隶属函数为 $\mu_R(x,y)$。

例 4-6 设有一组学生的集合 $X = \{$张三,李四,王小二$\}$，他们可以选学英、法、日、德四种外语中的任意几门，令 Y 为其集合，即：$Y = \{$英语,法语,德语,日语$\}$，设他们的考试成绩为：张三，英语 86 分，法语 84 分；李四，德语 96 分；王小二，英语 78 分，日语 66 分。

如果把他们的乘积都除以 100 表示成隶属度，则可以构成 $X \times Y$ 上的一个模糊关系 R，如表 4-1 所示。

表 4-1 模糊关系

R	英语	法语	德语	日语
张三	0.86	0.84	0	0
李四	0	0	0.96	0
王小二	0.78	0	0	0.66

可以用矩阵来表示，并把这个矩阵称为模糊关系矩阵，用 $\boldsymbol{M}$ 表示，记作

$$\boldsymbol{M}_R = (r_{ij}) = [\mu_R(x_i, y_i)] \qquad (4\text{-}54)$$

其中，

$$0 \leqslant r_{ij} \leqslant 1, \quad i = 1, 2, \cdots, m$$
$$j = 1, 2, \cdots, p$$
$$0 \leqslant \mu_R(x_i, y_i) \leqslant 1$$

表 4-1 写成矩阵形式为

$$\boldsymbol{M}_R = \begin{bmatrix} 0.86 & 0.84 & 0 & 0 \\ 0 & 0 & 0.96 & 0 \\ 0.78 & 0 & 0 & 0.66 \end{bmatrix}$$

矩阵还可以用相应的图来表示,称为关系图,上面的矩阵化成关系图如图 4-29 所示。

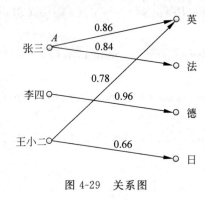

图 4-29　关系图

4.5.2　模糊关系矩阵的运算

模糊关系矩阵的运算和普通关系矩阵的运算完全类似,有如下运算法则。

(1) $R=S$ 则 $\boldsymbol{M}_R=\boldsymbol{M}_S$,即 $r_{ij}=s_{ij}$。

(2) $R\subseteq S$ 则 $\boldsymbol{M}_R\subseteq\boldsymbol{M}_S$,即 $r_{ij}\leqslant s_{ij}$。

(3) $R\cup S$ 则 $\boldsymbol{M}_{R\cup S}=[c_{ij}]=\boldsymbol{M}_R\cup\boldsymbol{M}_S$,即 $c_{ij}=r_{ij}\vee s_{ij}$。

(4) $R\cap S$ 则 $\boldsymbol{M}_{R\cap S}=[c_{ij}]=\boldsymbol{M}_R\cap\boldsymbol{M}_S$,即 $c_{ij}=r_{ij}\wedge s_{ij}$。

(5) $\bar{R}$ 则 $\boldsymbol{M}_{\bar{R}}=[c_{ij}]=\overline{\boldsymbol{M}}_R$,即 $c_{ij}=\bar{r}_{ij}$。

例 4-7　设

$$\boldsymbol{M}_R=\begin{bmatrix}0.5 & 0.3\\0.4 & 0.8\end{bmatrix},\quad \boldsymbol{M}_S=\begin{bmatrix}0.8 & 0.5\\0.3 & 0.7\end{bmatrix}$$

则

$$\boldsymbol{M}_{R\cup S}=\begin{bmatrix}0.5\vee 0.8 & 0.3\vee 0.5\\0.4\vee 0.3 & 0.8\vee 0.7\end{bmatrix}=\begin{bmatrix}0.8 & 0.5\\0.4 & 0.8\end{bmatrix}$$

类似地,

$$\boldsymbol{M}_{R\cap S}=\begin{bmatrix}0.5 & 0.3\\0.3 & 0.7\end{bmatrix}$$

$$\boldsymbol{M}_R=\begin{bmatrix}0.5 & 0.7\\0.6 & 0.2\end{bmatrix}$$

将 $\boldsymbol{M}_R^*$ 称为 $\boldsymbol{M}_R$ 的转置矩阵,即交换 r_{ij} 和 r_{ji} 的位置,例中

$$\boldsymbol{M}_R^*=\begin{bmatrix}0.5 & 0.4\\0.3 & 0.8\end{bmatrix}$$

$\boldsymbol{M}_R^*$ 也有写成 $\boldsymbol{M}_R'$ 和 $\boldsymbol{M}_R^{\mathrm{T}}$ 的。

4.5.3　λ 截矩阵-λ 水平截集

设 $A\in R(U)$,$\lambda\in[0,1]$,则称普通集合 $A_\lambda=\{u\,|\,u\in U,\mu_A(u)\geqslant\lambda\}$ 为 A 的一个 λ 水平截集,λ 称为阈值或者置信水平。有如下性质:

(1) 设 $A,B\in R(U)$ 则 $(A\cup B)_\lambda=A_\lambda\cup B_\lambda$,$(A\cap B)_\lambda=A_\lambda\cap B_\lambda$;

（2）若 $\lambda_1,\lambda_2\in[0,1]$，且 $\lambda_1<\lambda_2$，则 $A_{\lambda_1}\supseteq A_{\lambda_2}$。

λ 水平截集是把模糊集向普通集合转化的一个重要概念。设给定模糊矩阵 $M_R=(r_{ij})$，对任意 $\lambda\in[0,1]$，定义 $M_{R\lambda}=(\lambda r_{ij})$ 为 M_R 的 λ 截矩阵。

$$\lambda r_{ij}=\begin{cases}1, & r_{ij}\geqslant\lambda\\0, & r_{ij}<\lambda\end{cases} \tag{4-55}$$

例 4-8 设

$$M_R=\begin{bmatrix}0.5 & 0.3\\0.4 & 0.8\end{bmatrix}$$

则

$$M_{R(\lambda=0.4)}=\begin{bmatrix}1 & 0\\1 & 1\end{bmatrix}$$

$$M_{R(\lambda=0.5)}=\begin{bmatrix}1 & 0\\0 & 1\end{bmatrix}$$

4.5.4 模糊关系的运算和性质

设 R,S 是直积 $X\times Y$ 上的模糊关系，对于任意 $(x,y)\in X\times Y$，模糊关系之间运算如下：

（1）$R\cup S$ 则 $\mu_{R\cup S}(x,y)=\vee[\mu_R(x,y),\mu_S(x,y)]=\max[\mu_R(x,y),\mu_S(x,y)]$；

（2）$R\cap S$ 则 $\mu_{R\cap S}(x,y)=\wedge[\mu_R(x,y),\mu_S(x,y)]=\min[\mu_R(x,y),\mu_S(x,y)]$；

（3）$\bar{R}$ 则 $\mu_{\bar{R}}(x,y)=1-\mu_R(x,y)$。

如果 $X\times Y$ 为有限集时，则上述运算可以利用模糊关系矩阵进行运算。

（4）合成运算 $R\circ S$。模糊关系的合成运算用隶属函数可以按下面的公式进行：

$$\mu_{R\circ S}(x,y)=\vee[\mu_R(x,y)\wedge\mu_S(x,y)] \tag{4-56}$$

如果 $X\times Y$ 为有限集时，模糊关系合成运算和普通关系合成运算一样，可以利用模糊关系矩阵进行，即

令

$$Q=R\circ S \tag{4-57}$$

则

$$M_Q=M_{R\circ S}=[q_{ij}]_{m\times p}=M_R\circ M_S \tag{4-58}$$

$$M_R=[r_{ik}]_{m\times n} \tag{4-59}$$

$$M_S=[s_{ik}]_{n\times p} \tag{4-60}$$

式中：$q_{ij}=\bigvee_{k=1}^{n}(r_{ik}\wedge s_{kj}),i=1,2,\cdots,m,k=1,2,\cdots,n,j=1,2,\cdots,p$。

合成关系矩阵的运算过程和普通矩阵的乘法运算类似，只是将"乘"改成了"$\wedge$"，将"加"改成了"$\vee$"。

例 4-9 设有普通矩阵

$$M_R=\begin{bmatrix}0.3 & 0.7 & 0.2\\1 & 0 & 0.4\end{bmatrix}_{2\times3},\quad M_S=\begin{bmatrix}0.1 & 0.9\\0.9 & 0.1\\0.6 & 0.4\end{bmatrix}_{3\times2}$$

则

$$M_Q = M_R \cdot M_S$$

$$= \begin{bmatrix} (0.3 \times 0.1) + (0.7 \times 0.9) + (0.2 \times 0.6) & (0.3 \times 0.9) + (0.7 \times 0.1) + (0.2 \times 0.4) \\ (1 \times 0.1) + (0 \times 0.9) + (0.4 \times 0.6) & (1 \times 0.9) + (0 \times 0.1) + (0.4 \times 0.4) \end{bmatrix}$$

$$= \begin{bmatrix} 0.1 + 0.7 + 0.2 & 0.3 + 0.1 + 0.2 \\ 0.1 + 0 + 0.4 & 0.9 + 0 + 0.4 \end{bmatrix} = \begin{bmatrix} 0.78 & 0.42 \\ 0.34 & 1.06 \end{bmatrix}_{2 \times 2}$$

若将这两个矩阵表示成模糊关系矩阵，各元素的值不变，即

$$M_R = \begin{bmatrix} 0.3 & 0.7 & 0.2 \\ 1 & 0 & 0.4 \end{bmatrix}, \quad M_S = \begin{bmatrix} 0.1 & 0.9 \\ 0.9 & 0.1 \\ 0.6 & 0.4 \end{bmatrix}$$

则

$$M_Q = M_{R \cdot S}$$

$$= \begin{bmatrix} (0.3 \wedge 0.1) \vee (0.7 \wedge 0.9) \vee (0.2 \wedge 0.6) & (0.3 \wedge 0.9) \vee (0.7 \wedge 0.1) \vee (0.2 \wedge 0.4) \\ (1 \wedge 0.1) \vee (0 \wedge 0.9) \vee (0.4 \wedge 0.6) & (1 \wedge 0.9) \vee (0 \wedge 0.1) \vee (0.4 \wedge 0.4) \end{bmatrix}$$

$$= \begin{bmatrix} 0.1 \vee 0.7 \vee 0.2 & 0.3 \vee 0.1 \vee 0.2 \\ 0.1 \vee 0 \vee 0.4 & 0.9 \vee 0 \vee 0.4 \end{bmatrix} = \begin{bmatrix} 0.7 & 0.3 \\ 0.4 & 0.9 \end{bmatrix}_{2 \times 2}$$

4.5.5 模糊逻辑推理及应用

1. 模糊推理

模糊推理是利用模糊性知识进行的一种不确定性推理。模糊推理和不确定性推理有着实质性的区别：

不确定性推理的理论基础是概率论，它所研究的事件本身有明确而确定的含义，只是由于发生的条件不充分，使得在条件和事件之间不能出现确定的因果关系。

模糊推理的理论基础是模糊集理论以及在此基础上发展起来的模糊逻辑，它所处理的事物自身是模糊的，模糊推理是对不确定性，即模糊性的表示和处理。

2. 模糊命题

通常，含有模糊概念、模糊数据或带有确信程度的语句称为模糊命题。它的一般表示形式为：x is A 或者：x is $A(\mathrm{CF})$。其中，x 是论域上的变量，用以代表所论对象的属性；A 是模糊概念或模糊数，用相应的模糊集及隶属函数刻画；CF 是该模糊命题的确信度或相应事件发生的可能性程度，它可以是一个确定的数，或是一个模糊数或者模糊语言值。模糊语言值是指表示大小、长短、高矮、轻重、多少等程度的一些词汇，应用时可根据实际情况来约定自己所需的语言值集合。

Zadeh 等人主张对这些模糊语言值用定义在 $[0,1]$ 上的表示大小的一些模糊集来表示，并建议：若用 $\mu_{\text{大}}(u)$ 表示"大"的隶属函数，则"很大""相当大"等的隶属函数可通过对 $\mu_{\text{大}}(u)$ 的计算得到。具体为

$$\mu_{\text{很大}}(u) = \mu_{\text{大}}^2(u), \quad \mu_{\text{相当大}}(u) = \mu_{\text{大}}^{1.5}(u)$$

$$\mu_{\text{比较大}}(u) = \mu_{\text{大}}^{0.75}(u), \quad \mu_{\text{有点大}}(u) = \mu_{\text{大}}^{0.5}(u)$$

虽然，这种表示法具有浓厚的主观意识色彩，但由于用模糊语言值来表示不确定性时，比较

直观且容易理解,所以也不失为一种较好的表示方法。

这里,只在产生式的基础上讨论模糊知识的表示问题,并且把表示模糊知识的产生式规则简称为模糊产生式规则。模糊产生式规则的一般形式是 IF E THEN H(CF, λ)。其中,E 是用模糊命题表示的模糊条件,它可以是由单个模糊命题表示的简单条件,也可以是用多个模糊命题构成的复合条件;H 是用模糊命题表示的模糊结论;CF 是该产生式规则所表示的知识的可信度因子,它可以是一个确定的实数,也可以是一个模糊数或模糊语言值,CF 的值由领域专家在给出知识的同时给出;λ 是阈值,用于指出相应知识在什么情况下可被应用。

3. 模糊三段论推理

模糊三段论推理可以用下式直观地表示出来:

$$\text{IF } x \text{ is } A \text{ THEN } y \text{ is } B$$
$$\text{IF } y \text{ is } B \text{ THEN } z \text{ is } C$$
$$\text{IF } x \text{ is } A \text{ THEN } z \text{ is } C$$

简单模糊推理指的是知识中只含简单条件且不带有可信度因子的情况。按照 Zadeh 等人提出的合成推理规则,对于知识:IF x is A THEN y is B,如果已知证据是 x is A' 且 A 与 A' 可以模糊匹配,则通过合成算法求出 B',即 $B' = A' \circ R$。如果已知证据是 y is B' 且 B 与 B' 可以模糊匹配,则通过合成算法求出 A',即 $A' = R \circ B'$。

可以用图 4-30 的框图来表示。

不难看出,首先要构造出 A 与 B 之间的模糊关系 R,然后通过 R 与证据的合成求出结论。显然,在这种推理方法中,关键的工作是如何构造模糊关系 R。对此,Zadeh 等人分别提出了多种构造 R 的方法,下面介绍 Zadeh 构造方式。

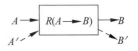

图 4-30　简单模糊推理

为了构造模糊关系 R,Zadeh 提出了两种方法:条件命题的极大极小规则,模糊关系记为 R_m;条件命题的算术规则,模糊关系记为 R_a。

设 $A \in R(U)$,$B \in R(V)$,E 表示全域,其分别表示为

$$A = \int_U \mu_A(u)/u, \quad B = \int_V \mu_B(v)/v \tag{4-61}$$

则它们的定义分别为

$$R_m = (A \times B) \bigcup (\overline{A} \times E); \quad \mu_{A \to B}(x, y) = (\mu_A(u) \wedge \mu_B(v)) \bigvee (1 - \mu_A(u)) \tag{4-62}$$

$$R_a = (\overline{A} \times E) \oplus (E \times B); \quad \mu_{A \to B}(x, y) = 1 \wedge (1 - \mu_A(u) + \mu_B(v)) \tag{4-63}$$

例 4-10　设 $U = V = \{1, 2, 3, 4, 5\}$,$A = 1/1 + 0.5/2$,$B = 0.4/3 + 0.6/4 + 1/5$。并设模糊知识和模糊证据分别为 IF x is A THEN y is B 和 x is A'。其中,A' 的模糊集为 $A' = 1/1 + 0.4/2 + 0.2/3$,则由模糊知识可分别得到 $\boldsymbol{R}_m$ 和 $\boldsymbol{R}_a$。

$$\boldsymbol{R}_m = \begin{bmatrix} 0 & 0 & 0.4 & 0.6 & 1 \\ 0.5 & 0.5 & 0.5 & 0.5 & 0.5 \\ 1 & 1 & 1 & 1 & 1 \\ 1 & 1 & 1 & 1 & 1 \\ 1 & 1 & 1 & 1 & 1 \end{bmatrix}$$

$$\boldsymbol{R}_a = \begin{bmatrix} 0 & 0 & 0.4 & 0.6 & 1 \\ 0.5 & 0.5 & 0.9 & 1 & 1 \\ 1 & 1 & 1 & 1 & 1 \\ 1 & 1 & 1 & 1 & 1 \\ 1 & 1 & 1 & 1 & 1 \end{bmatrix}$$

为了说明 $\boldsymbol{R}_m$ 和 $\boldsymbol{R}_a$ 是如何得到的,来看下面两个例子。

$$\begin{aligned} \boldsymbol{R}_m(1,3) &= (\mu_A(u_1) \wedge \mu_B(v_3)) \vee (1-\mu_A(u_1)) \\ &= (1 \wedge 0.4) \vee (1-1) \\ &= 0.4 \\ \boldsymbol{R}_a(2,3) &= 1 \wedge (1-\mu_A(u_2)+\mu_B(v_3)) \\ &= 1 \wedge (1-0.5+0.4) \\ &= 0.9 \end{aligned}$$

由 $\boldsymbol{R}_m, \boldsymbol{R}_a$ 及证据 $x \text{ is } A'$ 可分别得到 B'_m 及 B'_a:

$$B'_m = A' \circ \boldsymbol{R}_m$$

$$= \{1,0.4,0.2,0,0\} \circ \begin{bmatrix} 0 & 0 & 0.4 & 0.6 & 1 \\ 0.5 & 0.5 & 0.5 & 0.5 & 0.5 \\ 1 & 1 & 1 & 1 & 1 \\ 1 & 1 & 1 & 1 & 1 \\ 1 & 1 & 1 & 1 & 1 \end{bmatrix}$$

$$= \{0.4,0.4,0.4,0.6,1\}$$

$$B'_a = A' \circ \boldsymbol{R}_a$$

$$= \{1,0.4,0.2,0,0\} \circ \begin{bmatrix} 0 & 0 & 0.4 & 0.6 & 1 \\ 0.5 & 0.5 & 0.9 & 1 & 1 \\ 1 & 1 & 1 & 1 & 1 \\ 1 & 1 & 1 & 1 & 1 \\ 1 & 1 & 1 & 1 & 1 \end{bmatrix}$$

$$= \{0.4,0.4,0.4,0.6,1\}$$

即 $B'_m = B'_a = 0.4/1 + 0.4/2 + 0.4/3 + 0.6/4 + 1/5$,这里 B'_m 与 B'_a 相同只是一个巧合,一般来说它们不一定相同。如果已知的证据是 $y \text{ is } B'$,其中 B' 的模糊集为 $B' = 0.2/1 + 0.4/2 + 0.6/3 + 0.5/4 + 0.3/5$,则由 $\boldsymbol{R}_m, \boldsymbol{R}_a$ 及 B' 可分别得到 A'_m 和 A'_a。

$$A'_m = \boldsymbol{R}_m \circ B'$$

$$= \begin{bmatrix} 0 & 0 & 0.4 & 0.6 & 1 \\ 0.5 & 0.5 & 0.5 & 0.5 & 0.5 \\ 1 & 1 & 1 & 1 & 1 \\ 1 & 1 & 1 & 1 & 1 \\ 1 & 1 & 1 & 1 & 1 \end{bmatrix} \circ \begin{bmatrix} 0.2 \\ 0.4 \\ 0.6 \\ 0.5 \\ 0.3 \end{bmatrix}$$

$$= \{0.5,0.5,0.6,0.6,0.6\}$$

$$A'_a = \boldsymbol{R}_a \circ B'$$

$$
= \begin{bmatrix} 0 & 0 & 0.4 & 0.6 & 1 \\ 0.5 & 0.5 & 0.9 & 1 & 1 \\ 1 & 1 & 1 & 1 & 1 \\ 1 & 1 & 1 & 1 & 1 \\ 1 & 1 & 1 & 1 & 1 \end{bmatrix} \circ \begin{bmatrix} 0.2 \\ 0.4 \\ 0.6 \\ 0.5 \\ 0.3 \end{bmatrix}
$$

$$
= \{0.5, 0.6, 0.6, 0.6, 0.6\}
$$

4. 几种常见的模糊推理图形解释

1）第一种模糊推理——模糊蕴含运算采用 Mamdani 的最小运算规则（最小相关推理）

这种模糊推理方法就是上面讨论较多的方法，即模糊蕴含运算采用 R_c，从而有

$$
\mu'_{c_i}(z) = \alpha_i \wedge \mu_{c_i}(z) \tag{4-64}
$$

$$
\mu'_c(z) = \mu'_{c_1}(z) \vee \mu'_{c_2}(z) = [\alpha_1 \wedge \mu_{c_1}(z)] \vee [\alpha_2 \wedge \mu_{c_2}(z)] \tag{4-65}
$$

α_1 和 α_2 可根据相应推论进行计算。图 4-31 利用图形对这种模糊推理方法进行了解释。

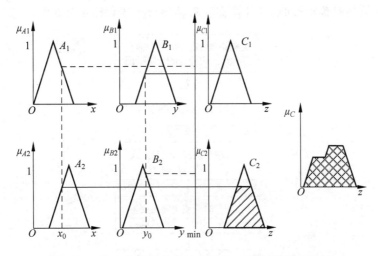

图 4-31　输入为模糊单点且采用 R_c 时的模糊推理计算

2）第二种模糊推理——模糊蕴含运算采用 Larsen 的积运算规则（相关积推理）

$$
\mu'_{c_i}(z) = \alpha_i \mu_{c_i}(z) \tag{4-66}
$$

$$
\mu'_c(z) = \mu'_{c_1}(z) \vee \mu'_{c_2}(z) = [\alpha_1 \mu_{c_1}(z)] \vee [\alpha_2 \mu_{c_2}(z)] \tag{4-67}
$$

图 4-32 利用图形解释了该推理过程。

5. 模糊控制的基本结构和组成

（1）模糊化：将输入的精确量转换成模糊化量。

（2）知识库：包含了具体应用领域中的知识和要求的控制目标，即存放控制规则。

（3）模糊推理：它具有模拟人的基于模糊概念的推理能力。

（4）清晰化（解模糊）：主要是将模糊推理得到的控制量转化为一个确定的输出。

模糊逻辑的计算过程框图如图 4-33 所示。解模糊是把模糊值转化为一个确定的离散输出，用于系统的控制，而这个模糊值是用相关的逻辑积和规则后件的隶属函数表示的。解模糊可以有多种方法，典型的一种方法是计算后件模糊集的质量中心即模糊质心。对于模

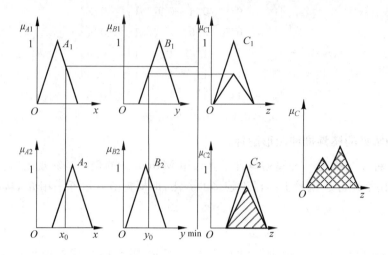

图 4-32　输入为模糊单点且采用 R_p 时的模糊推理计算

糊集的隶属函数是对称单峰时,计算模糊质心就等价于寻找输出分布的形态。

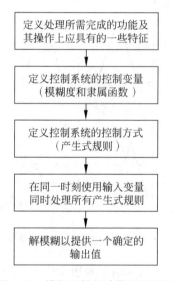

图 4-33　模糊逻辑的计算过程框图

6. 模糊质心的计算

根据 Kosko 的方法,模糊质心 C_k 为

$$C_k = \frac{\int y m_0(y) \mathrm{d}y}{\int m_0(y) \mathrm{d}y} \tag{4-68}$$

式中:积分上下限是相对于输出变量的整个区间范围;y 为输出变量;$m_0(y)$ 为在 t 时刻由所有产生式规则的联合估计所形成的输出模糊集合组合。

$$m_0(y) = \sum_{i=1}^{N} m_{O_i}(y) \tag{4-69}$$

式中:N 为产生式规则的数目;O_i 为第 i 条产生式规则输出模糊集。

当输出变量值空间被离散成 P 个值时，C_k 变为

$$C_k = \frac{\sum_{j=1}^{P} y_j m_0(y_j)}{\sum_{j=1}^{P} m_0(y_j)} \qquad (4-70)$$

当输出变量模糊集是由相关积推理得到的，则总体输出模糊集质心 C_k 可以通过各条产生式规则输出变量模糊集的质心计算，具体见如下公式：

$$C_k = \frac{\sum_{i=1}^{N} w_i c_i A_i}{\sum_{i=1}^{N} w_i A_i} \qquad (4-71)$$

式中：w_i 为第 i 条产生式规则后件模糊集的激励值；c_i 为第 i 条产生式规则后件模糊集的质心。

7. 用模糊逻辑控制倒立摆的平衡

经常用来演示模糊逻辑的一个应用实例是倒立摆的平衡控制问题，这个例子的模型如图 4-34 所示。

常规数值解：可以认为倒立摆是一放置在一个可以随时间水平移动的底座上的杆，并为其建立一数学模型，然后用常规的控制方法来解决这个摆的平衡问题。

模糊逻辑解：模糊逻辑可以产生一个描述倒立摆的近似解，这个近似解不需要描述倒立摆摆动的数学方程方面的知识，更不需要获得这个数学方程的解。相反，只需知道表 4-2 中列出的 7 条产生式规则即可。

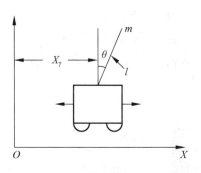

图 4-34 倒立摆的平衡控制模型

表 4-2 平衡倒立摆所需的产生式规则

规则	前 件	后 件
1	IF 摆中等程度向左偏 AND 几乎处于静止状态	THEN 快速向左移动中等距离
2	IF 摆稍微向左偏 AND 慢慢倒下	THEN 稍微快速向左移动中等距离
3	IF 摆稍微向左偏 AND 慢慢抬起	THEN 不要移动很多
4	IF 摆中等程度向右偏 AND 几乎处于静止状态	THEN 快速向右移动中等距离
5	IF 摆稍微向右偏 AND 慢慢倒下	THEN 稍微快速向右移动中等距离
6	IF 摆稍微向右偏 AND 慢慢抬起	THEN 不要移动很多
7	IF 摆几乎没有偏移 AND 几乎处于静止状态	THEN 不要移动很多

这些产生式规则描述了输入变量是如何结合起来的。在这个例子中，输入变量是指倒立摆与垂直方向所夹的角 θ 以及与此同时这个角的变化率，这里用 $\Delta\theta$ 表示，值得注意的是，这两个变量都可以取正值或负值。产生式规则前件隶属函数对应着规则前件的一些模糊词语，如"中等""稍微"和"慢慢"等，这些词语用标在隶属函数上的两个字母作为标志，如图 4-35 所示。

产生式规则后件的隶属函数指出了倒立摆底座是如何随着前件变量 θ 和 $\Delta\theta$ 的变化而变化的。当前件的各条件是由 AND 连接在一起时，选择前件隶属函数最小的激励值作为

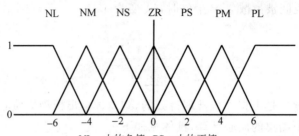

NL：大的负值 PS：小的正值

NM：中等负值 PM：中等正值

NS：小的负值 PL：大的正值

ZR：接近0

图 4-35　倒立摆例子中的三角形隶属函数

输出，作用到后件模糊集上。最后，同时对所有产生式规则所形成的输出模糊集进行解模糊。

模糊控制器的一个输入是由电位计测量的角度 θ，另一个输入 $\Delta\theta$ 是由当前角度量测减去上次角度量测而得到的。控制系统的输出输入到伺服电机中，从而控制倒立摆底座以 ΔV 的速度移动。如果倒立摆向左倾斜，它的底座也必须向左移动，反之亦然，如图 4-36 所示。

如采用最小相关推理，则

$$C_k = \frac{\sum\limits_{j=1}^{P} y_j m_0(y_j)}{\sum\limits_{j=1}^{P} m_0(y_j)} = \frac{4 \times 0.5 \times (1.2+4) \times 0.7 + 2 \times 0.5 \times (3.2+4) \times 0.2}{0.5 \times (1.2+4) \times 0.7 + 0.5 \times (3.2+4) \times 0.2} = 3.4$$

如采用相关积推理，则

$$C_k = \frac{\sum\limits_{i=1}^{N} w_i c_i A_i}{\sum\limits_{i=1}^{N} w_i A_i} = 3.2/0.9 = 3.6$$

各种模糊规则输出如表 4-3 所示。

表 4-3　各种模糊规则输出

j	后件	w_j	c_j	$w_j c_j$
1	PM	0.7	4	2.8
2	PS	0.2	2	0.4
3	ZR	0	0	0
4	NM	0	-4	0
5	NS	0	-2	0
6	ZR	0	0	0
7	ZR	0	0	0
$\sum$		0.9		3.2

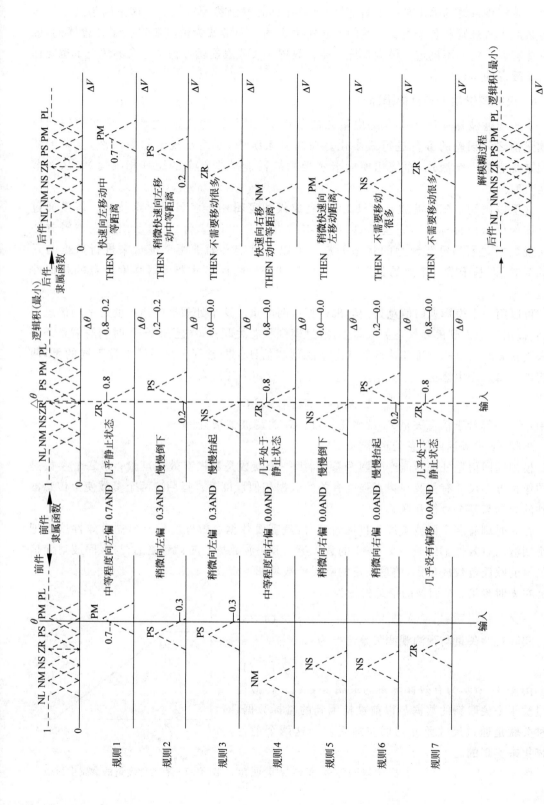

图 4-36 后件模糊集计算及解模糊

尽管模糊系统的输出是一个确定值,但系统总的解仍然是近似的。这是因为这个解是由各条产生式规则和各个隶属函数的形状所决定的。通常认为模糊逻辑控制是鲁棒的,因为它能容许一定的不确定。模糊系统即使在数据丢失或隶属函数松散定义的情况下也能保持一个较好的运行性能。

8. 模糊逻辑用于多目标跟踪

卡尔曼滤波器在已知所有历史量测的条件下,对目标的位置、速度等状态的估计值与测量值之间误差的方差进行最小化。在高阶系统中,使用常规卡尔曼滤波,复杂的矩阵相乘是它的一个瓶颈,而使用模糊卡尔曼滤波器能减少复杂的矩阵相乘运算,从而节约运行时间。

这里以模糊卡尔曼滤波器设计为例,完成模糊逻辑用于多目标跟踪技术。假设通过红外图像仪获取目标的不完全信息,即只有位置信息可以量测到,然后用模糊逻辑方法来实现数据关联和更新预测的状态矢量。可以通过定义如下两个度量来进行数据与目标的互联,即基于欧氏距离的数据有效性度量和基于物体尺寸及反射强度信息的相似性度量。

可以用一个模糊返回信息处理器来计算这两个量。这个处理器的输出就是平均信息矢量,它被用于输入到模糊状态关联器中,通过模糊状态关联器,在已知 $k-1$ 时刻的信息条件下来更新 k 时刻目标位置和速度等状态量的预测估计。同常规卡尔曼滤波器不同的是,使用模糊逻辑来产生修正矢量 $\boldsymbol{C}_k$,运用这一矢量通过如下公式来更新状态预测值:

$$\hat{\boldsymbol{X}}_{k/k} = \hat{\boldsymbol{X}}_{k/k-1} + G_k\boldsymbol{C}_k \tag{4-72}$$

式中:$\boldsymbol{C}_k$ 为等价于信息矢量 $\boldsymbol{Z}_k$ 的修正矢量;G_k 为滤波器增益。

步骤1:模糊返回信息处理器。

模糊返回信息处理器能产生两个参数,第一个参数是数据有效性度量;第二个参数是与图像长方形尺寸有关及与像素强度有关的数据相似性度量。运用这两个参数使由传感器得到的数据与某个目标互联。

在 k 时刻有多个回波来源于目标附近时,就需要数据有效性度量。模糊有效性度量把每个回波的有效性都给予一个 $0\sim1$ 的数。第 i 个回波数据的有效性 $\beta_{\text{valid},i}$ 与该回波对应信息矢量的欧氏范数成反比,信息矢量的欧氏范数见如下定义:

在 k 时刻第 i 个回波的信息矢量为

$$\| \widetilde{\boldsymbol{Z}}_{k,i} \| = \left[(x_{k,i} - \hat{x}_k)^2 + (y_{k,i} - \hat{y}_k)^2 \right]^{\frac{1}{2}} \tag{4-73}$$

实际观测矢量与预测观测矢量之差为

$$\widetilde{\boldsymbol{Z}}_{k,i} = \boldsymbol{Z}_{k,i} - \hat{\boldsymbol{Z}}_{k/k-1} \tag{4-74}$$

图4-37所示为有效性度量的隶属度函数。相似性度量被用来关联新的数据与以前被检测到的目标数据,这种关联是通过尺寸差异与回波强度差异这两个前件模糊集来实现的。

图4-38表示的是尺寸差异与回波强度差异隶属度函数。

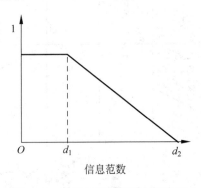

图 4-37 有效性度量的隶属度函数

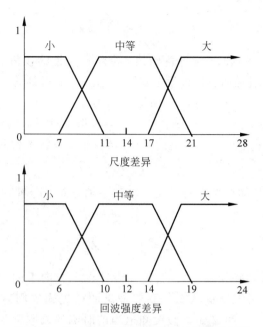

图 4-38 尺寸差异与回波强度差异隶属度函数

关联新数据与目标相一致的所有可能的产生式规则如表 4-4 所示。

表 4-4 相似性度量的所有产生式规则

回波强度差异	尺寸差异		
	小	中等	大
小	高	高	中等
中等	高	中等	低
大	中等	低	低

图 4-39 所示为相似性度量。可以用尺寸差异与回波强度差异的输入激励值来找到产生式规则后件的激励值,然后再用后件模糊集解模糊的推理方法,通过计算质心来找到权 $\beta_{\text{similar}, i}$。最后使用所有回波 $i, i = 1, 2, \cdots, n$,共 n 个回波的权 $\beta_{\text{valid}, i}$ 和 $\beta_{\text{similar}, i}$ 来计算加权平均新息矢量。

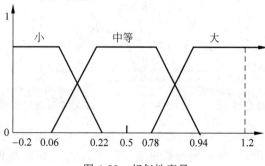

图 4-39 相似性度量

$$\widetilde{\boldsymbol{Z}}'_k = \begin{bmatrix} \widetilde{\boldsymbol{x}}'_k \\ \widetilde{\boldsymbol{y}}'_k \end{bmatrix} = \sum_{i=1}^{n} \beta_i \widetilde{\boldsymbol{Z}}_{k,i} \tag{4-75}$$

这里 β_i 是一个 $0\sim1$ 的数,它是分配给第 i 个新息矢量的权值,代表了第 i 个回波是某个目标的信任度。β_i 的值是通过线性组合 $\beta_{valid, i}$ 和 $\beta_{similar, i}$ 而得到的。常数 b_1 和 b_2 的和为 1。

$$\beta_i = b_1 \beta_{valid, i} + b_2 \beta_{simular, i} \tag{4-76}$$

步骤 2:模糊状态关联器——模糊状态关联器根据模糊返回信息处理器的输出,计算修正矢量 $\boldsymbol{C}_k$,然后根据下式来更新 k 时刻的目标位置、速度等状态预测值:

$$\hat{\boldsymbol{X}}_{k/k} = \hat{\boldsymbol{X}}_{k/k-1} + G_k \boldsymbol{C}_k \tag{4-77}$$

为了找到 $\boldsymbol{C}_k$,把平均加权新息矢量在 x 轴和 y 轴方向上分解,分别记为 e_x 和 e_y。这样可以定义 e_k 为

$$e_k = \begin{bmatrix} e_x \\ e_y \end{bmatrix} = \hat{\boldsymbol{Z}}'_k \tag{4-78}$$

因为 x 方向和 y 方向是相互独立的,首先设计在 x 方向上的模糊状态关联器,然后再把结果推广到 y 方向。决定模糊状态关联器输出的产生式规则有两个条件,即平均加权新息矢量中 x 方向上的 e_x 和 d_e_x。假设知道当前时刻的误差值 e_x 及前一时刻的误差值 $past\_e_x$,那么 d_e_x 可以这样计算得到:

$$d\_e_x = (e_x - past\_e_x) / \text{时间步长} \tag{4-79}$$

定义前件模糊集 e_x 和 d_e_x 的隶属函数图形如图 4-40 所示。使用 e_x 和 d_e_x 这两个值,在模糊状态关联器中可以使用产生式规则,共有 49 条规则,如表 4-5 所示,如这条规则 IF(e_x 是大的负值[LN])AND(d_e_x 是大的正值[LP])THEN(C_{kx} 是零[ZE])。

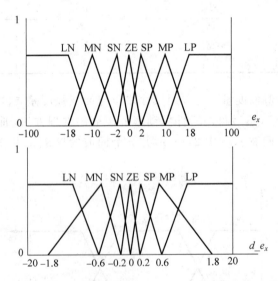

图 4-40 定义前件模糊集 e_x 和 d_e_x 的隶属函数图形

经过比较输出的平均最小均方根误差,找到这些产生式规则后件输出模糊集所对应的隶属函数。在这个例子中,三角形和梯形隶属函数的底部坐标已被调整好使系统获得预先希望的响应。

表 4-5 产生式规则

d_e_x	e_x						
	LN	MN	SN	ZE	SP	MP	LP
大的负值(LN)	LN	LN	MN	MN	MN	SN	ZE
中等负值(MN)	LN	MN	MN	MN	SN	ZE	SP
小的负值(SN)	MN	MN	MN	SN	SP	SP	MP
零(ZR)	MN	MN	SN	ZE	SP	MP	MP
小的正值(SP)	MN	SN	ZE	SP	MP	MP	MP
中等正值(MP)	SN	ZE	SP	MP	MP	MP	LP
大的正值(LP)	ZE	SP	MP	MP	MP	LP	LP

修正矢量的隶属函数如图 4-41 所示。经过解模糊计算得到修正向量 $\boldsymbol{C}_{kx}$。可以通过在 x 方向解模糊环节的输入中乘以增益变量 Γ 来改善模糊跟踪器的性能,如图 4-42 所示。

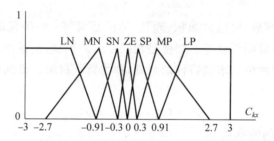

图 4-41 修正矢量的隶属函数

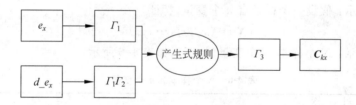

图 4-42 通过在输入输出处增加增益变量来改善模糊跟踪器的性能

回顾设计流程,可以看到,在这个应用中用模糊逻辑方法来实现数据关联和更新预测的状态矢量。可以通过定义有效性度量和相似性度量这两个度量来进行数据与目标的互联,利用一个模糊返回信息处理器来计算这两个量。这个处理器的输出就是平均信息矢量,输入到模糊状态关联器中,通过模糊状态关联器求得修正向量 $\boldsymbol{C}_k$,通过 $\boldsymbol{C}_k$ 更新目标位置和速度等状态量的预测估计。

模糊逻辑是一些事先定义好的精确规则,这些规则在两个集合之间的边界不能明确定义、事情只有部分发生,或者指导某一过程的函数方程不是很清楚等许多场合下,可以得到方便的应用。为了减少计算时间,模糊逻辑也常常用于控制复杂或高维的过程。应用模糊逻辑最困难的地方可能就是如何定义隶属函数,这个隶属函数直接反映了输入变量是如何影响模糊系统的输出。

4.6 模糊信息处理

4.6.1 模糊模式识别

1. 模式识别的基本定义

模式(pattern)是指存在于时间、空间中可观察的事物,具有时间或空间分布的信息。模式识别(pattern recognition)是用计算机实现人对各种事物或现象的分析、描述、判断和识别,或者说对于被输入模式,确定其所属类别的问题。从某种程度上讲,模式识别是模拟人的某些功能。例如,模拟人的视觉,即计算机+光学系统;模拟人的听觉,即计算机+声音传感器;模拟人的嗅觉和触觉,即计算机+传感器。

2. 模式的特征

作为特征,如果是图形,可以取面积、颜色、边的数目等;如果是声音,可以取声音的大小、音调的高低、频率分量的强度等。即使是相同模式的识别,根据模式识别的目的,也可使用不同的特征。由给定的模式求其特征的处理,称为特征提取。得到的特征,一般用特征模式(特征向量)来表示:

$$x = (x_1, x_2, \cdots, x_n)^T \tag{4-80}$$

式中:n 为特征模式空间的维数。

3. 模式的表示方法

(1) 向量表示:假设一个样本有 n 个变量(特征)

$$X = (x_1, x_2, \cdots, x_n)^T$$

(2) 矩阵表示:N 个样本,n 个变量(特征),如表 4-6 所示。

表 4-6 N 个样本和 n 个变量

变量 / 样本	x_1	x_2	$\cdots$	x_n
X_1	X_{11}	X_{12}	$\cdots$	X_{1n}
X_2	X_{21}	X_{22}	$\cdots$	X_{2n}
$\vdots$	$\vdots$	$\vdots$	$\vdots$	$\vdots$
X_N	X_{N1}	X_{N2}	$\cdots$	X_{Nn}

(3) 几何表示。如图 4-43 所示,一维表示 $X_1 = 1.5, X_2 = 3$;二维表示 $X_1 = (x_1, x_2)^T = (1,2)^T$,$X_2 = (x_1, x_2)^T = (2,1)^T$;三维表示 $X_1 = (x_1, x_2, x_3)^T = (1,1,0)^T$,$X_2 = (x_1, x_2, x_3)^T = (1,0,1)^T$。

4. 模式类的紧致性

(1) 紧致集:同一类模式类样本的分布比较集中,没有或临界样本很少,这样的模式类称紧致集。

(2) 模式识别的要求:满足紧致集,才能很好地分类;如果不满足紧致集,就要采取变换的方法,满足紧致集。

由于现有的广为运用的统计模式识别方法与人脑进行模式识别的方法相比,其差别还很大,有待识别的客观事物又往往具有不同程度的模糊性,因而许多学者运用模糊子集理论来解决模式识别的问题。模式识别所有讨论的核心问题便是如何使机器能模拟人脑的思维方法来对客观事物进行更为有效的识别和分类,如图 4-44 所示。

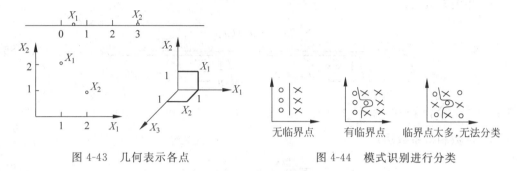

图 4-43 几何表示各点   图 4-44 模式识别进行分类

4.6.2 模糊聚类分析

聚类分析是数理统计中研究"物以类聚"的一种多元分析方法。在数学上,把按一定要求对事物进行分类的方法称为聚类分析,所要进行分类的对象称为样本。进行模糊聚类分析的方法大致分为以下三步:

第一步,首先要把各代表点的统计指标的数据标准化,以便与分析和比较,这一步也称为正规化。标准化(或称正规化)可以这样进行:

$$x = \frac{x' - \bar{x'}}{C} \tag{4-81}$$

式中:x' 为原始数据;$\bar{x'}$ 为原始数据的平均值;C 为原始数据的标准差。若把标准化数据压缩到[0,1]闭区间,可用极值标准化公式:

$$x = \frac{x' - x'_{\min}}{x'_{\max} - x'_{\min}} \tag{4-82}$$

当 $x' = x_{\max}$ 时,则 $x=1$;当 $x' = x_{\min}$ 时,则 $x=0$。

第二步称为标定,即计算出衡量被分类对象间相似程序的统计量 $r_{ij}(i,j=1,2,\cdots,n;$ n 为被分类对象的个数),从而确定论域 U 上的相似关系 $\boldsymbol{R}$:

$$\boldsymbol{R} = \begin{bmatrix} r_{11} & r_{12} & \cdots & r_{1n} \\ r_{21} & r_{22} & \cdots & r_{2n} \\ \vdots & \vdots & \ddots & \vdots \\ r_{n1} & r_{n2} & \cdots & r_{nn} \end{bmatrix} \tag{4-83}$$

第三步称为聚类,在第二步中,计算统计量 r_{ij} 的方法很多,常用的方法如下:

(1) 欧氏距离法:

$$r_{ij} = \sqrt{\frac{1}{n} \sum_{k=1}^{n} (x_{ik} - x_{jk})^2} \tag{4-84}$$

式中:x_{ik} 为第 i 个点、第 k 个因子的值;x_{jk} 为第 j 个点、第 k 个因子的值。

（2）数量积法：

$$r_{ij} = \begin{cases} 1, & i = j \\ \dfrac{1}{M} \cdot \displaystyle\sum_{k=1}^{n} x_{ik} \cdot x_{jk}, & i \neq j \end{cases} \tag{4-85}$$

式中：M 为一个适当选择的正数。

（3）相关系数法：

$$r_{ij} = \frac{\displaystyle\sum_{k=1}^{m} (x_{ik} - \bar{x_i})(x_{jk} - \bar{x_j})}{\sqrt{\dfrac{1}{n}\displaystyle\sum_{k=1}^{m}(x_{ik} - \bar{x_i})^2} \cdot \sqrt{\dfrac{1}{n}\displaystyle\sum_{k=1}^{m}(x_{jk} - \bar{x_j})^2}} \tag{4-86}$$

式中：$\bar{x_i} = \dfrac{1}{m}\displaystyle\sum_{k=1}^{m} x_{ik}$；$\bar{x_j} = \dfrac{1}{m}\displaystyle\sum_{k=1}^{m} x_{jk}$。

（4）指数相似系数法：

$$r_{ij} = \frac{1}{m}\sum_{k=1}^{m} e^{-\frac{3}{4} \cdot \frac{(x_{ik} - x_{jk})^2}{s_k^2}} \tag{4-87}$$

式中：s_k 为适当选择的整数。

（5）非参数方法：设 $x'_{ik} = x_{ik} - \bar{x_i}$，$n^+ = \{x'_{i1}, x'_{j1}, x'_{i2}, x'_{j2}, \cdots, x'_{im}, x'_{jm}\}$ 之中大于 0 的个数，$n^- = \{x'_{i1}, x'_{j1}, x'_{i2}, x'_{j2}, \cdots, x'_{im}, x'_{jm}\}$ 之中小于 0 的个数。

$$r_{ij} = \frac{1}{2}\left(1 + \frac{n^+ - n^-}{n^+ + n^-}\right) \quad 或 \quad r_{ij} = \frac{n^+ - n^-}{n^+ + n^-} \tag{4-88}$$

（6）最大最小方法：

$$r_{ij} = \frac{\displaystyle\sum_{k=1}^{m} \min(x_{ik}, x_{jk})}{\displaystyle\sum_{k=1}^{m} \max(x_{ik}, x_{jk})} \tag{4-89}$$

（7）算术平均最小方法：

$$r_{ij} = \frac{\displaystyle\sum_{k=1}^{m} \min(x_{ik}, x_{jk})}{\dfrac{1}{2}\displaystyle\sum_{k=1}^{m}(x_{ik} + x_{jk})} \tag{4-90}$$

（8）几何平均最小方法：

$$r_{ij} = \frac{\displaystyle\sum_{k=1}^{m} \min(x_{ik}, x_{jk})}{\displaystyle\sum_{k=1}^{m} \sqrt{x_{ik} \cdot x_{jk}}} \tag{4-91}$$

（9）绝对值指数方法：

$$r_{ij} = e^{-\sum_{k=1}^{m} |x_{ik} - x_{jk}|} \tag{4-92}$$

（10）绝对值倒数方法：

$$r_{ij} = \begin{cases} 1, & i = j \\ \dfrac{M}{\displaystyle\sum_{k=1}^{m} |x_{ik} - x_{jk}|}, & i \neq j \end{cases} \tag{4-93}$$

式中：M 应适当选取，使得 $0 \leqslant r_{ij} < 1$。

（11）绝对值减数方法：

$$r_{ij} = \begin{cases} 1, & i = j \\ 1 - C \sum_{k=1}^{m} |x_{ik} - x_{jk}|, & i \neq j \end{cases} \tag{4-94}$$

式中：C 应当适当选取，使得 $0 \leqslant r_{ij} < 1$。

（12）夹角余弦法：

$$r_{ij} = \frac{\sum_{k=1}^{n} X_{ik} X_{jk}}{\sqrt{\left(\sum_{k=1}^{n} X_{ik}^2 \right) \left(\sum_{k=1}^{n} X_{jk}^2 \right)}} \tag{4-95}$$

基本思想：样本间夹角小的为一类，具有相似性。

图 4-45 所示为通过夹角判断相似性。因为 X_1, X_2 的夹角小，所以 X_1, X_2 最相似。

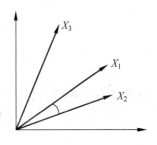

图 4-45　X_1, X_2, X_3 的夹角

4.6.3　基于模糊等价关系的模式分类

模糊关系 $\boldsymbol{R}$ 必须是模糊等价关系才能聚类，具有自反、对称和传递性的关系称为等价关系。而等价关系又决定集合的一个分类。

定义 4-3　设给定论域 U 上的一个模糊关系 $\boldsymbol{R} = (r_{ij})_{n \times n}$，如果它满足：

（1）自反性 $r_{ii} = 1 (i = 1, 2, \cdots, n)$；

（2）对称性 $r_{ij} = r_{ji} (i, j = 1, 2, \cdots, n)$；

（3）传递性 $\boldsymbol{R} \circ \boldsymbol{R} \subseteq \boldsymbol{R}$。

则称 $\boldsymbol{R} = (r_{ij})_{n \times n}$ 是一个模糊等价关系。

在这个定义中直观地看，自反性是指矩阵对角线上的元素全是 1。对称性是指 $\boldsymbol{R}$ 为对称矩阵，即 $r_{ij} = r_{ji}$。而传递性却不能直观看出，需要计算 $\boldsymbol{R} \circ \boldsymbol{R}$，然后看其是否满足

$$\boldsymbol{R} \circ \boldsymbol{R} \subseteq \boldsymbol{R} \tag{4-96}$$

若 $0 \leqslant \lambda_1 \leqslant \lambda_2 \leqslant 1$，则 R_{λ_2} 所分出的每一类必是 R_{λ_1} 的某一类的子类，并称之为 R_{λ_2} 的分类法是 R_{λ_1} 的分类法的"加细"。

分类步骤为：

（1）构造论域上的相似关系及其相似矩阵。

（2）检查是否满足传递性。

（3）进行分类。

设有论域 $U = \{x_1, x_2, x_3, x_4, x_5\}$，并给定模糊关系矩阵：

$$\boldsymbol{R} = \begin{bmatrix} 1 & 0.48 & 0.62 & 0.41 & 0.47 \\ 0.48 & 1 & 0.48 & 0.41 & 0.47 \\ 0.62 & 0.48 & 1 & 0.41 & 0.47 \\ 0.41 & 0.41 & 0.41 & 1 & 0.41 \\ 0.47 & 0.47 & 0.47 & 0.41 & 1 \end{bmatrix}$$

R 的自反性与对称性是显然的,且经验证可知 $R \circ R \subseteq R$,故 R 为一模糊等价关系。

现根据不同的 λ 水平进行分类:

(1) 当 $0.62 < \lambda \leqslant 1$ 时,

$$R_\lambda = \begin{bmatrix} 1 & 0 & 0 & 0 & 0 \\ 0 & 1 & 0 & 0 & 0 \\ 0 & 0 & 1 & 0 & 0 \\ 0 & 0 & 0 & 1 & 0 \\ 0 & 0 & 0 & 0 & 1 \end{bmatrix}$$

此时共分为 5 类: $\{x_1\},\{x_2\},\{x_3\},\{x_4\},\{x_5\}$,即每个元素为一类,这是"最细"的分类。

(2) 当 $0.48 < \lambda \leqslant 0.62$ 时,

$$R_\lambda = \begin{bmatrix} 1 & 0 & 1 & 0 & 0 \\ 0 & 1 & 0 & 0 & 0 \\ 1 & 0 & 1 & 0 & 0 \\ 0 & 0 & 0 & 1 & 0 \\ 0 & 0 & 0 & 0 & 1 \end{bmatrix}$$

此时共分为 4 类: $\{x_1,x_3\},\{x_2\},\{x_4\},\{x_5\}$。

(3) 当 $0.47 < \lambda \leqslant 0.48$ 时,

$$R_\lambda = \begin{bmatrix} 1 & 1 & 1 & 0 & 0 \\ 1 & 1 & 1 & 0 & 0 \\ 1 & 1 & 1 & 0 & 0 \\ 0 & 0 & 0 & 1 & 0 \\ 0 & 0 & 0 & 0 & 1 \end{bmatrix}$$

此时共分为 3 类: $\{x_1,x_2,x_3\},\{x_4\},\{x_5\}$。

(4) 当 $0.41 < \lambda \leqslant 0.47$ 时,

$$R_\lambda = \begin{bmatrix} 1 & 1 & 1 & 0 & 1 \\ 1 & 1 & 1 & 0 & 1 \\ 1 & 1 & 1 & 0 & 1 \\ 0 & 0 & 0 & 1 & 0 \\ 1 & 1 & 1 & 0 & 1 \end{bmatrix}$$

此时共分为 2 类: $\{x_1,x_2,x_3,x_5\},\{x_4\}$。

(5) 当 $0 < \lambda \leqslant 0.41$ 时,

$$R_\lambda = \begin{bmatrix} 1 & 1 & 1 & 1 & 1 \\ 1 & 1 & 1 & 1 & 1 \\ 1 & 1 & 1 & 1 & 1 \\ 1 & 1 & 1 & 1 & 1 \\ 1 & 1 & 1 & 1 & 1 \end{bmatrix}$$

此时仅分为 1 类: $\{x_1,x_2,x_3,x_4,x_5\}$,这是"最粗"的分类。

综合上述结果,可画出动态分类图,如图 4-46 所示。

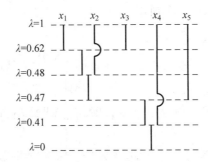

图 4-46　按不同 λ 水平进行分类的动态分类图

4.6.4　基于模糊相似关系的模式分类

1. 最大树法

根据被分类元素间的相似性构造相似矩阵 A。画出被分类的元素，按 A 中元素 a_{ij} 从大到小的顺序依次对上一步画出的元素连边，并标上相应 a_{ij} 的值作为权重。连边时应该保证不出现回路，直到所有的元素都连通为止，这样就得到了一棵"最大树"。取 $\lambda \in [0,1]$，并在最大树中砍去权重小于 λ 的边，得到互不连通的几棵子树，每一棵子树中的节点作为一类。调整 λ 的值，以找到符合要求的分类。

例 4-11　设有三个家庭，每家 4~7 人，现取每人一张照片放在一起，共有 16 张照片，请中学生对照片进行两两比较，并按相似程度评分，最相像者评 1 分，毫无相像之处者评 0 分，余者为 0~1 分，相似矩阵如表 4-7 所示。现要求按相似程度进行聚类，希望能把三家区分出来。

表 4-7　16 张照片的相似矩阵

	1	2	3	4	5	6	7	8	9	10	11	12	13	14	15	16
1	1															
2	0	1														
3	0	0	1													
4	0	0	0.4	1												
5	0	0.8	0	0	1											
6	0.5	0	0.2	0.2	0	1										
7	0	0.8	0	0	0.4	0	1									
8	0.4	0.2	0.2	0.5	0	0.8	0	1								
9	0	0.4	0	0.8	0.4	0.2	0.4	0	1							
10	0	0	0.2	0.2	0	0	0.2	0	0.2	1						
11	0	0.5	0.2	0.2	0	0.8	0	0.4	0.2	1						
12	0	0	0.2	0.8	0	0	0	0.4	0.8	0	1					
13	0.8	0	0.2	0.4	0	0.4	0	0.4	0	0	0	0	1			
14	0	0.8	0	0.2	0.4	0	0.8	0	0.2	0	0.6	0	0	1		
15	0	0	0.4	0.8	0	0.2	0	0.2	0	0	0.2	0.2	0	1		
16	0.6	0	0	0.2	0.2	0.8	0	0.4	0	0	0	0	0.4	0.2	0.4	1

根据规则画出最大树,如图 4-47 所示。

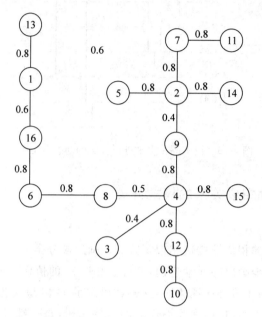

图 4-47　最大树

选取 $\lambda=0.8$,得到子树如图 4-48 所示。

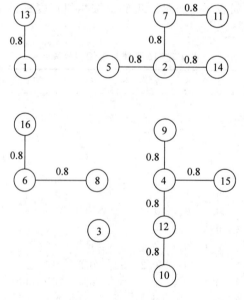

图 4-48　$\lambda=0.8$ 时的子树

选取 $\lambda=0.5$,得到子树如图 4-49 所示。

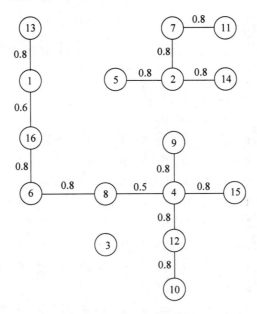

图 4-49 $\lambda=0.5$ 时的子树

选取 $\lambda=0.6$,得到子树如图 4-50 所示。

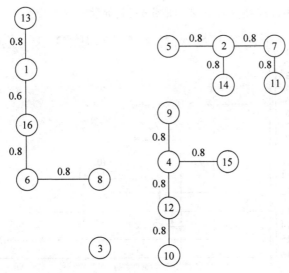

图 4-50 $\lambda=0.6$ 时的子树

2. 编网法

根据被分类元素之间的相似性构造相似矩阵 $\boldsymbol{A}$。取 $\lambda\in[0,1]$,用 λ 水平截取 $\boldsymbol{A}$ 得到 $\boldsymbol{A}_\lambda$。在 $\boldsymbol{A}_\lambda$ 的对角线上填上代表分类元素的符号,而在对角线下方,以 ＊ 代替 1,0 略去不写。由 ＊ 分别向对角线画竖线和横线,称为编网。在编网中,经过同一点的横竖线称为打上了结,通过打结而能互相连接起来的点属于同一类。调整 λ 的值,以找到符合要求的分类。仍以相片分类问题为例,说明编网法的实际操作步骤。由模糊相似矩阵出发(见表),取 $\lambda=0.60$,有

$$\boldsymbol{R}_{0.6} = \begin{array}{c} \\ 1 \\ 2 \\ 3 \\ 4 \\ 5 \\ 6 \\ 7 \\ 8 \\ 9 \\ 10 \\ 11 \\ 12 \\ 13 \\ 14 \\ 15 \\ 16 \end{array} \begin{bmatrix} 1 & & & & & & & & & & & & & & & \\ 0 & 1 & & & & & & & & & & & & & & \\ 0 & 0 & 1 & & & & & & & & & & & & & \\ 0 & 0 & 0 & 1 & & & & & & & & & & & & \\ 0 & 1 & 0 & 0 & 1 & & & & & & & & & & & \\ 0 & 0 & 0 & 0 & 0 & 1 & & & & & & & & & & \\ 0 & 1 & 0 & 0 & 0 & 0 & 1 & & & & & & & & & \\ 0 & 0 & 0 & 0 & 0 & 1 & 0 & 1 & & & & & & & & \\ 0 & 0 & 0 & 1 & 0 & 0 & 0 & 0 & 1 & & & & & & & \\ 0 & 0 & 0 & 0 & 0 & 0 & 0 & 0 & 0 & 1 & & & & & & \\ 0 & 0 & 0 & 0 & 0 & 0 & 1 & 0 & 0 & 0 & 1 & & & & & \\ 0 & 0 & 0 & 1 & 0 & 0 & 0 & 0 & 0 & 1 & 0 & 1 & & & & \\ 1 & 0 & 0 & 0 & 0 & 0 & 0 & 0 & 0 & 0 & 0 & 0 & 1 & & & \\ 0 & 1 & 0 & 0 & 0 & 0 & 1 & 0 & 0 & 0 & 1 & 0 & 0 & 1 & & \\ 0 & 0 & 0 & 1 & 0 & 0 & 0 & 0 & 0 & 0 & 0 & 0 & 0 & 0 & 1 & \\ 1 & 0 & 0 & 0 & 0 & 1 & 0 & 0 & 0 & 0 & 0 & 0 & 0 & 0 & 0 & 1 \end{bmatrix}$$

$$\begin{array}{ccccccccccccccccc} & 1 & 2 & 3 & 4 & 5 & 6 & 7 & 8 & 9 & 10 & 11 & 12 & 13 & 14 & 15 & 16 \end{array}$$

按照编网方法进行编网,对角线上换以被分类对象的序号,其余"1"换以"＊"号,"0"略去不写,把节点"＊"用经纬线连接起来,如图 4-51 所示。

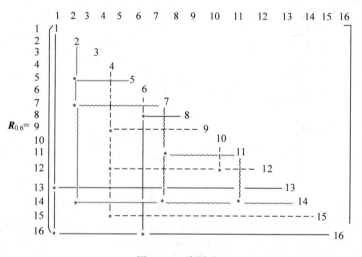

图 4-51　编网法

由此得到分类为:{1,6,13,16,8},用直线连接;{2,5,7,11,14},用曲线连接;{4,9, 10,12,15},用虚线连接;{3},自成一类。这个结果和上面用最大树方法分类所得到的结果是一致的。

4.6.5　基于最大隶属原则的模式分类

基于最大隶属原则的模式分类:设 $\boldsymbol{X}$ 为所要识别的全体对象,$\widetilde{A}_i \in F(U)$,$(i=1,2,\cdots,n)$

表示 n 个模糊模式,对于 X 中任一元素 x,要识别它属于哪个模式,可按下列原则做判断,即若

$$\mu_{A_k}(x) = \max\{\mu_{A_1}(x), \mu_{A_2}(x), \cdots, \mu_{A_n}(x)\} \tag{4-97}$$

则认为 x 相对归属于 A_k 所代表的哪一类。这一原则称为最大隶属原则。也可以把这个方法再改变一下,即在按最大隶属原则进行判断之前,先规定一个阈值,$\lambda \in [0,1]$,记

$$\alpha = \max\{\mu_{A_1}(x), \mu_{A_2}(x), \cdots, \mu_{A_n}(x)\} \tag{4-98}$$

若 $\alpha < \lambda$,则认为不能识别,另作分析;若 $\alpha \geq \lambda$,则认为可以识别,并且按最大隶属原则做判断。

例 4-12 三角形的模糊分类。

在机器自动识别染色体或进行白细胞分类的课题中,常常把问题简化为一些简单的几何图形的识别,可以用最大隶属原则进行处理。以三角形为例,如果已知一个三角形的三个内角,如何判定它是直角三角形、等腰三角形还是一般三角形?当然这里不是按集合的严格定义,而是近似的。为了定量地表示这些模糊概念,需要把它们表示为某个论域上的模糊子集,并确定它们的隶属函数。

依照模糊数学的方法,近似的三角形可定量地表示成论域 U 上的模糊子集:

$$U = \{\mu \mid \mu = (A,B,C), A \geq B \geq C \geq 0°, A+B+C = 180°\}$$

式中：A、B、C 为三角形 $\mu = (A,B,C)$ 的三个内角。

各类三角形的隶属函数如下：

等腰三角形 I：$\mu_I(u) = 1 - \frac{1}{60°}\min\{|A-B|, |B-C|\}$

直角三角形 R：$\mu_R(u) = 1 - \frac{1}{90°}|A-90°|$

正三角形 E：$\mu_E(u) = 1 - \frac{1}{180°}|A-C|$

等腰直角三角形 $IR = I \cap R$：$\mu_{IR}(u) = \min\{\mu_I(u), \mu_R(u)\}$
一般三角形 $G = (I \cup R \cup E)^c$：$\mu_G(u) = 1 - \max\{\mu_I(u), \mu_R(u), \mu_G(u)\}$
若有某一三角形 $\mu_1 = (80°, 70°, 30°)$,代入上述公式可得

$$\mu_I(u) = 1 - \frac{1}{60°}\min\{|80°-70°|, |70°-30°|\}$$

$$= 1 - \frac{1}{6} \approx 0.833$$

$$\mu_R(u) = 1 - \frac{1}{90°}|80°-90°| = 1 - \frac{1}{9} \approx 0.889$$

$$\mu_E(u) = 1 - \frac{1}{180°}|80°-30°| = 1 - \frac{5}{18} \approx 0.722$$

$$\mu_{IR}(u_1) = \min\{0.833, 0.889\} = 0.833$$

$$\mu_G(u_1) = 1 - \max\{0.833, 0.889, 0.722\} = 0.111$$

按最大隶属原则,三角形 μ_1 属于直角三角形。

4.6.6 基于择近原则的模式分类

基于择近原则的模式分类：当识别的对象和已知模式都是论域 U 中的一个模糊子集

时,需要讨论待识对象与各模糊集之间接近程度,并根据贴近度作模式分类的择近原则。

设 $B,A_i \in F(U),i=1,2,\cdots,n$,若有 $i \in \{1,2,\cdots,n\}$,使

$$\rho(B,A_i) = \max_{1 \leqslant j \leqslant n}(\rho(B,A_j)) \tag{4-99}$$

则称 B 与 A_i 最贴近,并判定 B 属于 A_i 类。这个原则称为模式分类的择近原则,其中 $\rho(\cdot,\cdot)$ 为 $F(U)$ 上的贴近度。

$$\rho(B,A_i) = \frac{1}{2}\{\vee(\mu_B \wedge \mu_{A_i}) + [1 - \wedge(\mu_B \vee \mu_{A_i})]\} \tag{4-100}$$

例 4-13 利用择近原则进行天气分类。

例如,讨论某地区某一年春播时节的气候是否正常,为此确定 3 月 21 日至 4 月 10 日为春播时节,共 21 天,可表示为

$$A = \{a_1,a_2,\cdots,a_{21}\}$$

其中,a_1 表示 3 月 21 日,……,a_{21} 表示 4 月 10 日,再根据气象资料得到同一天日平均气温的多年均值。规定隶属函数为

$$\mu(a_i) = \frac{T_i - T_{\min}^{(i)}}{T_{\max}^{(i)} - T_{\min}^{(i)}}$$

式中:T_i 为 a_i 那一天的日平均气温;$T_{\max}^{(i)}$ 和 $T_{\min}^{(i)}$ 分别为该日平均气温的历史最大值与最小值。

若 T_i 取日气温的多年平均值,则得到正常春播气候的模糊集 A,设为

$$A = 0.33/a_1 + 0.53/a_2 + 0.5/a_3 + \cdots + 0.27/a_{21}$$

若 T_i 取 1971 年该日平均气温,则得 B_1,设为

$$B_1 = 1/b_1 + 0.16/b_2 + 0/b_3 + \cdots + 0.03/b_{21}$$

类比有 B_2(1972 年),B_3(1973 年),…。

问哪一年的气候最接近正常春播气候,只需分别计算出 A 与 B_1,B_2,…的贴近度,即可由择近原则确定。

故
$$\rho(A,B_1) = \frac{1}{2}[0.9 + (1 - 0.08)] = 0.91$$

可类似求出

$$\rho(A,B_2) = 0.68$$
$$\rho(A,B_3) = 0.84$$
$$\vdots$$

根据择近原则可知 1971 年最接近春播气候。

习题

1. 简述产生式系统的结构,并说明推理机构有哪几种运行方式,有什么区别。
2. 模糊理论的三大基本元素是什么? 分别有什么作用?
3. 什么是模糊集合和隶属函数或隶属度? 模糊集合有哪些表示方法?
4. 建立隶属函数的主要方法有哪些? 请写出用专家评判法建立隶属函数的具体步骤。
5. 什么是模糊推理? 它与不确定性推理有什么区别? 有哪几种模糊推理的方法?
6. 设有下列两个模糊关系:

$$R_1 = \begin{bmatrix} 0.2 & 0.8 & 0.4 \\ 0.4 & 0 & 1 \\ 1 & 0.5 & 0 \\ 0.7 & 0.6 & 0.5 \end{bmatrix}, \quad R_2 = \begin{bmatrix} 0.7 & 0.3 \\ 0.4 & 0.8 \\ 0.2 & 0.9 \end{bmatrix}$$

写出 R_1 和 R_2 的合成运算 $R_1 \circ R_2$。

7. 设一足球队某些队员论域 $U\{x_1, x_2, x_3, x_4, x_5, x_6, x_7, x_8\}$，有模糊子集"高"($A$)和"体能好"($B$)。其中，

$$A = \frac{0.9}{x_1} + \frac{0.8}{x_2} + \frac{1}{x_3} + \frac{0.6}{x_4} + \frac{0.7}{x_5} + \frac{0.8}{x_6} + \frac{0.9}{x_7} + \frac{0.9}{x_8}$$

$$B = \frac{0.8}{x_1} + \frac{0.9}{x_2} + \frac{0.8}{x_3} + \frac{0.9}{x_4} + \frac{0.9}{x_5} + \frac{0.9}{x_6} + \frac{0.7}{x_7} + \frac{0.8}{x_8}$$

则：

(1) $A \cup B, A \cap B, \overline{A}$ 有什么意义？

(2) 计算 $A \cup B, A \cap B, \overline{A}$。

第**5**章

数 据 融 合

5.1　数据融合的基本概念

1. 多传感器问题的引入

（1）环境复杂：复杂的电磁环境使检测的目标信号淹没在大量噪声及不相关信号与杂波中。

（2）目标复杂：当检测对象为多目标或快速机动目标时，单一传感器测量困难。

（3）可靠性：当单一传感器失效或传感器的可靠性有待提高时采用多传感器系统。

2. 数据融合技术发展及应用

数据融合技术首先应用于军事领域，包括水下和航空目标的探测、识别和跟踪，以及战场监视、战术态势估计和威胁估计等。目前数据融合的应用领域已经从单纯军事上的应用渗透到其他应用领域：在地质科学领域上，数据融合应用于遥感技术，包括卫星图像和航空拍摄图像的研究；在机器人技术和智能航行器研究领域，数据融合主要应用于机器人对周围环境的识别和自动导航；应用在体育竞赛，如"鹰眼"系统、基于 Kinect 立体扩充实境影片等。

3. 生物系统数据融合的过程

1）人的自身信息处理能力

人的自身信息处理具有以下特点：

（1）自适应性（信息的多样性）；

（2）高智能化处理（各种解决手段）；

（3）先验知识（先验知识越丰富，综合信息处理能力越强）。

2）数据融合系统模仿人的信息处理能力

如图 5-1 所示，数据融合系统模仿人的信息处理，具有的特点是：利用多传感器资源，把多传感器在空间或时间上可冗余或互补信息，依据某种准则来进行组合，获得被测对象的一致性描述。

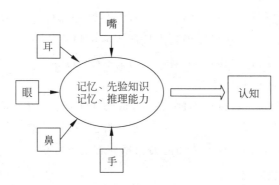

图 5-1 生物系统对多源信息的融合处理

4. 数据融合系统研究的对象

如图 5-2 所示,数据融合系统的研究对象为各类信息,表现形式包括信号、波形、数据、文字或声音等,信息获取通过各类传感器检测。

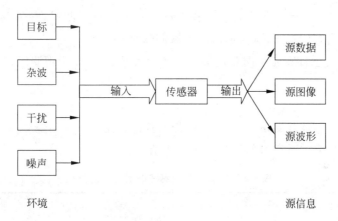

图 5-2 数据融合系统

5. 数据融合的研究内容

对多源不确定信息进行综合处理及利用,即对来自多个信息源的数据进行多级别、多方面、多层次的处理,产生新的有意义的信息。这里有几个重要的概念:多源、多级别、多方面、多层次等。多源,即多种信息源,主要是传感器,还应包括数据库、知识库以及人类本身获取的有关信息;多级别,数据融合一般模型中会讲到,分为四级处理;多方面,即检测、关联、识别、综合等多方面处理;多层次,包括低层次的状态和属性估计,以及高层次上的战场态势和威胁评估等。

最简单的融合是合并多个相同(同质)传感器的数据,这种合并可以获得较为满意的解决。例如,雷达防空系统,对飞机进行跟踪(跟踪数据:位置、速度、方向)。由于每部雷达提供的数据类似(位置、方向、速度),那么数据融合就建立在相同类型数据的基础上进行处理。问题在于,多传感器切换时目标的确定,即目标唯一性。

6. 军事上的数据融合

1) 军事上的数据融合定义

所谓多传感器数据融合就是人们通过对空间分布的多源信息(各种传感器的时空采

样），对所关心的目标进行检测、关联（相关）、跟踪、估计和综合（信息组合）等多级功能处理，以更高的精度、较高的概率或置信度得到人们所需要的目标状态和身份（属性）估计，以及完整、及时的态势和威胁评估，为指挥员提供有用的决策信息。

2）数据融合在军事领域的目的

组合多源信息和数据完成目标检测、关联、状态评估的多层次、多方面过程；获得准确的目标识别、完整而及时的态势评估（SA）（敌方在哪里、敌方武器装备、敌方行动意图）和威胁评估（TA）（关于敌方兵力对我方杀伤能力及威胁程度的评估）。

7. 数据融合的一般定义

充分利用不同时间与空间的多传感器数据资源，采用计算机技术按时间序列获得多传感器的观测数据，在一定准则下进行分析、综合、支配和使用。获得对被测对象的一致性解释与描述，进而实现相应的决策和估计，使系统获得比其各组成部分更为充分的信息。

8. 数据融合的时空性

分布在不同空间位置上的多传感器在对运动目标进行观测时，各传感器在不同时间和不同空间的观测值有所不同，从而形成一个观测值集合。

例 5-1　s 个传感器在 n 个时刻观测同一个目标可有 $s\times n$ 个观测值，其集合 Z 为

$$Z=\{Z_j\},\quad j=1,2,\cdots,s$$
$$Z=\{Z_j(k)\},\quad k=1,2,\cdots,n$$

式中：Z_j 为 j 号传感器观测值集合；$Z_j(k)$ 为 j 号传感器在 k 时刻观测值。

多传感器观测值在时空上的排列如表 5-1 所示。

表 5-1　多传感器观测值在时空上的排列

时刻 传感器	1	⋯	n
1	$z_1(1)$	⋯	$z_1(n)$
2	$z_2(1)$	⋯	$z_2(n)$
⋮	⋮		⋮
s	$z_s(1)$	⋯	$z_s(n)$

1）数据融合的时间性与空间性问题

数据融合的时间性，是按时间先后对观测目标在不同时间的观测值进行融合；数据融合的空间性，是指对同一时刻不同空间位置的多传感器观测值进行数据融合。

2）时空性的处理方法

为获得观测目标的准确状态，同时考虑数据融合的时间性与空间性。实现方法分为 3 种：

（1）先对各传感器不同时间的观测值进行融合，得到每个传感器对目标状态的估计，然后各传感器进行空间融合得到最终估计。

（2）在同一时间对不同空间位置的各传感器的观测值进行融合，得出各不同时间的观测目标估计，然后对不同时间的观测目标估计按时间顺序进行融合，得出最终状态。

（3）同时考虑数据融合的时间性与空间性，即上述两个同时进行，可以减少信息损失，提高系统的实时性。但同时进行的难度大，只适合于大型多计算机的数据融合系统。

5.2　数据融合的传感器管理与数据库

5.2.1　传感器管理

1. 传感器管理的目的

传感器管理的目的是要求覆盖尽可能大的搜索空域，以较小的代价、较低的虚警率、较高的发现率、较高的精度与可信度，发现跟踪和识别目标。传感器管理的核心问题是传感器的选择、传感器工作模式的选择以及传感器工作优化策略等。

2. 传感器管理主要内容

传感器管理主要内容包括空间管理和时间管理。

1）空间管理

对传感器进行空间管理的原因是传感器的不全向、非同步。传感器系统中，大部分传感器不是全向工作的，并且传感器之间是非同步的。空间管理的方法是对传感器进行空间上的任务分配。

2）时间管理

对传感器进行时间管理的原因有两个方面：一方面，传感器功能不同，多传感器系统可能由多种多样的传感器组成，每个传感器都有不同的任务，即有不同分工，如水下无线传感器网络、水听器阵列、水声 Modem；另一方面，不同时刻不同传感器的工作情况不同，可能在某一时刻，只需要某些传感器工作，或只需要某些方向上传感器工作，如无线传感器节点的工作方式。

时间管理的解决方法为不同时间使用不同传感器组合，根据事件出现的顺序，选用不同的传感器组合，按一定的时间顺序进行统一管理。

5.2.2　态势数据库

态势数据库分为实时数据库和非实时数据库。

1）实时数据库

实时数据库存储当前观测结果、中间结果以及最终态势等。把当前各传感器的观测结果及时提供给融合中心，提供融合计算所需各种其他数据。同时也存储融合处理的最终态势/决策分析结果和中间结果。

2）非实时数据库

非实时数据库存储传感器历史数据、有关目标和环境的辅助信息及融合计算的历史信息等。态势数据库要求容量大、搜索快、开放互联性好，且具有良好的用户接口。

5.3 数据融合方法

数据融合的常用方法包括假设检验法、Bayes 估计法、滤波跟踪、聚类分析、神经网络、证据理论。

5.3.1 Bayes 估计方法

1. Bayes 估计理论

Bayes 方法具有严格的理论基础,应用广泛,采用归纳推理的方法对多源信息进行有效融合,充分利用了测量对象的先验信息。在考虑可靠度情况下传感器测量需要解决的一个关键问题:真值和测量值。设利用一传感器对 A 事件的发生进行检测,检测结果为 B,则 A_i 为真值,B 为测量值。考察一个随机试验,在该试验中 n 个互不相容的事件 $A_1, A_2, \cdots,$ A_n 必然会发生一个,且只能发生一个,用 $P(A_i)$ 表示 A_i 发生的概率。

Bayes 统计理论认为,人们在检验前后对某事件的发生情况的估计是不同的,而且一次检验结果不同对人们的最终估计的影响也是不同的。先验知识:$P(A_1), P(A_2), \cdots, P(A_n)$ 表示事件 $A_1, A_2, \cdots, A_n$ 发生的概率,这是试验前的知识,称为"先验知识"。后验知识:由于一次检验结果 B 的出现,改变了人们对事件 $A_1, A_2, \cdots, A_n$ 发生情况的认识,这是试验后的知识,称为"后验知识"。

检验后事件 $A_1, A_2, \cdots, A_n$ 发生的概率表现为条件概率:$P(A_1 \mid B), P(A_2 \mid B), \cdots,$ $P(A_n \mid B)$,显然有:$P(A_i \mid B) \geqslant 0, \sum\limits_{i=1}^{n} P(A_i \mid B) = 1$。可以看出,Bayes 估计是检验过程中对先验知识向后验知识的不断修正。

对一组互斥事件 $A_i, i = 1, 2, \cdots, n$,在一次测量结果为 B 时,A_i 发生的概率(后验概率)为

$$P(A_i \mid B) = \frac{P(A_i B)}{P(B)} = \frac{P(B \mid A_i) P(A_i)}{\sum\limits_{i=1}^{n} P(B \mid A_i) P(A_i)} \tag{5-1}$$

式中:A_i 为对样本空间的一个划分,即 A_i 为互斥事件且

$$\sum_{i=1}^{n} P(A_i) = 1 \tag{5-2}$$

利用 Bayes 统计理论进行数据融合,具有以下特点:

(1) 充分利用了测量对象的先验信息;

(2) 根据一次测量结果对先验概率到后验概率的修正。

2. 经典概率推理和 Bayes 推理比较

1) 经典概率推理

经典概率推理的模型特点是用概率模型把观测数据与所有样本数据联系起来,概率模型通常是基于大量样本而得到。经典概率模型的缺点主要有:多传感器推广到多维数据

时,需要先验知识和多维概率密度;只能同时判决两种假设事件;多变量数据使计算复杂性加大;没有利用主观先验知识。

2) Bayes 推理

Bayes 推理是由已知数据确定假设事件发生概率,不需要密度函数,其主观概率来自于经验。Bayes 推理存在的缺点:必须要定义先验概率和似然函数;各假设事件必须互斥;不能支持不确定类问题;当多事件相关时计算复杂性加大。

例 5-2 有一病人去医院诊断是否患有癌症,该医院检测方法的漏诊率是 5%,误诊率是 4%,并假设在 1000 人中有 5 人患癌症。如果该病人检测出来是阳性,则他实际患癌症的概率是多少?

解:

$P(阳性)=P(阳性|患癌症)P(患癌症)+P(阳性|无癌症)P(无癌症)$

漏诊率$=P(阴性|患癌症)=0.05$

检测率$=P(阳性|患癌症)=1-0.05=0.95$

误诊率$=P(阳性|无癌症)=0.04$

$P(患癌症)=0.005,P(无癌症)=1-0.005=0.995$

$$P(患癌症|阳性)=\frac{P(阳性|患癌症)P(患癌症)}{P(阳性)}=\frac{0.95\times0.005}{0.95\times0.005+0.04\times0.995}=10.7\%$$

如提高检测率到 99.99% 对结果的影响较小(11.2%),但对漏诊率影响较大,减小了一个数量级。

3. 基于 Bayes 估计的身份识别方法

基于 Bayes 统计的目标识别融合模型如图 5-3 所示。

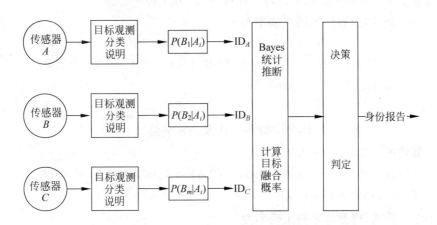

图 5-3 基于 Bayes 统计的目标识别融合模型

基于 Bayes 统计的目标识别融合的一般步骤如下:

1) 获得目标身份说明

获得每个传感器单元输出的目标身份说明 $B_1,B_2,\cdots,B_n$;计算每个传感器单元对不同目标的身份说明的似然函数,即

$$P(B_j \mid A_j)$$

2) 计算融合概率

计算目标身份的融合概率：

$$P(A_i \mid B_1, B_2, \cdots, B_m) = \frac{P(B_1, B_2, \cdots, B_m \mid A_i)P(A_i)}{P(B_1, B_2, \cdots, B_m)} \tag{5-3}$$

目标识别决策（判据）：

$$P(A_k \mid B_1, B_2, \cdots, B_m) = \max_{j=1,2,\cdots,m} P(A_j \mid B_1, B_2, \cdots, B_m) \tag{5-4}$$

计算目标身份的融合概率：

$$P(A_i \mid B_1, B_2, \cdots, B_m) = \frac{P(B_1, B_2, \cdots, B_m \mid A_i)P(A_i)}{P(B_1, B_2, \cdots, B_m)} \tag{5-5}$$

如果 $B_1, B_2, \cdots, B_n$ 相互独立，则

$$P(B_1, B_2, \cdots, B_m \mid A_i) = P(B_1 \mid A_i)P(B_2 \mid A_i)\cdots P(B_m \mid A_i) \tag{5-6}$$

例 5-3 两种设备检验某种癌症，设备 1 对该癌症的漏诊率为 0.1，误诊率为 0.25；设备 2 对该癌症的漏诊率为 0.2，误诊率为 0.1。已知人群中该癌症的发病率为 0.05。分析分别利用两台设备和同时使用两台设备时检验结果的概率。

解：

设备 1：

设 $A = \{$确有该癌症$\}$，$\overline{A} = \{$无该癌症$\}$，$B_1 = \{$设备 1 诊断为该癌症$\}$，$\overline{B}_1 = \{$设备 1 诊断为无该癌症$\}$

设备 1 漏诊率，$P(\overline{B}_1 \mid A) = 0.1$

设备 1 检测率，$P(B_1 \mid A) = 1 - 0.1 = 0.9$

该癌症发病率，$P(A) = 0.05$；设备 1 误诊率，$P(B_1 \mid \overline{A}) = 0.25$

根据 Bayes 公式，检验结果的正确率为

$$P(A \mid B_1) = \frac{P(A)P(B_1 \mid A)}{P(A)P(B_1 \mid A) + P(\overline{A})P(B_1 \mid \overline{A})} = \frac{0.05 \times 0.9}{0.05 \times 0.9 + 0.95 \times 0.25}$$

$$\approx 15.929\%$$

设备 2：

$$B_2 = \{$设备 2 诊断为该癌症$\}$$

设备 2 漏诊率，$P(\overline{B}_2 \mid A) = 0.2$

$$P(B_2 \mid A) = 1 - 0.2 = 0.8, \quad P(A) = 0.05, \quad P(\overline{A}) = 0.95$$

设备 2 误诊率，$P(B_2 \mid \overline{A}) = 0.1$

根据 Bayes 公式，检验结果的正确率为

$$P(A \mid B_2) = \frac{P(A)P(B_2 \mid A)}{P(A)P(B_2 \mid A) + P(\overline{A})P(B_2 \mid \overline{A})} = \frac{0.05 \times 0.8}{0.05 \times 0.8 + 0.95 \times 0.1}$$

$$\approx 29.6296\%$$

同时使用两台设备时，检验结果的正确率为

$$P(A \mid B_1, B_2) = \frac{P(A)P(B_1, B_2 \mid A)}{P(A)P(B_1, B_2 \mid A) + P(\overline{A})P(B_1, B_2 \mid \overline{A})}$$

$$= \frac{P(A)P(B_2 \mid A)P(B_1 \mid A)}{P(A)P(B_2 \mid A)P(B_1 \mid A) + P(\overline{A})P(B_1 \mid \overline{A})P(B_2 \mid \overline{A})}$$

$$= \frac{0.9 \times 0.8 \times 0.05}{0.9 \times 0.8 \times 0.05 + 0.25 \times 0.1 \times 0.95}$$

$$= 60.25\%$$

可见,基于 Bayes 估计的两台设备的融合检测的正确率比单独使用任一台的检测要高得多。

5.3.2　Dempster-Shafer 算法

Dempster-Shafer 算法又称为 Dempster/Shafer 证据理论(D-S 证据理论)。证据理论是 Dempster 于 1967 年首先提出,由他的学生 Shafer 于 1976 年进一步发展起来的一种不精确推理理论,最早应用于专家系统中,具有处理不确定信息的能力。作为一种不确定推理方法,证据理论的主要特点是:满足比 Bayes 概率论更弱的条件;具有直接表达"不确定"和"不知道"的能力。基于 D-S 证据理论实现的数据融合过程如图 5-4 所示。

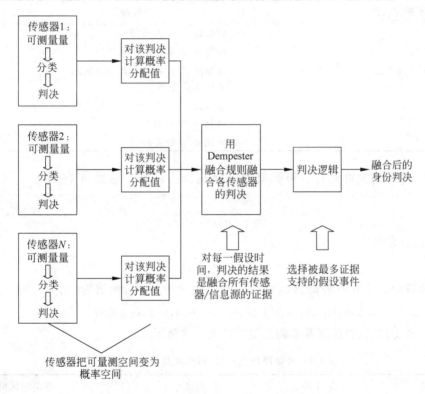

图 5-4　D-S 数据融合过程

假设有 n 个互斥且穷尽的原始子命题存在,这个命题集组成了整个假设事件的空间,称之为识别框架 Θ,总命题数 $2^n - 1$。如果不是所有概率都能直接分配给各子命题和它们的并时,把剩下的概率都分配给识别框架 Θ,有 $\sum m = 1$,m 表示相应命题的概率分配值。如图 5-5 所示,基于反驳的证据为 $Pl(a_i) = 1 - S(\overline{a_i})$,$S(\overline{a_i})$ 称为 a_i 的疑惑度,它代表了证据反驳命题的程度,即证据支持反命题的程度。典型不确定区间的解释如表 5-2 所示。

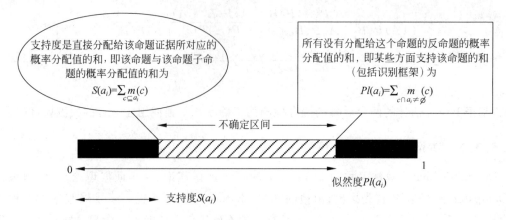

图 5-5 支持度、似然度、不确定区间表示

表 5-2 不确定区间及其释义

不确定区间	解释
$[0,1]$	对命题 a_i 一无所知
$[0.6,0.6]$	命题 a_i 为真的确切概率是 0.6
$[0.25,0.85]$	证据同时支持 a_i 及其反命题 $\bar{a}_i$
$[0.25,1]$	证据部分支持命题 a_i
$[0,0.85]$	证据部分支持命题 a_i 的反命题 $\bar{a}_i$
$[1,1]$	命题 a_i 完全为真
$[0,0]$	命题 a_i 完全为假

例 5-4 某一时刻可能有三种类型的目标 a_1、a_2、a_3 被传感器 A 探测到，A 的识别框架为

$$\Theta = \{a_1, a_2, a_3\}$$

则 a_1 的反命题为

$$\bar{a}_1 = \{a_2, a_3\}$$

假设传感器 A 分配给各命题 $a_1, \bar{a}_1, a_1 \bigcup a_2$ 和 Θ 的概率分配值为

$$m_A(a_1, \bar{a}_1, a_1 \bigcup a_2, \Theta) = (0.4, 0.2, 0.3, 0.1)$$

命题与各支持度、似然度及不确定空间如表 5-3 所示。

表 5-3 各命题与支持度、似然度及不确定空间

命　题	支持 $S(a_i)$	似然度 $1-S(\bar{a}_i)$	不确定区间
a_1	0.4(给定)	$1-S(\bar{a}_1)=0.8$	$[0.4,0.8]$
$\bar{a}_1$	0.2(给定)	$1-S(a_1)=0.6$	$[0.2,0.6]$
$a_1 \bigcup a_2$	$m(a_1)+m(a_1 \bigcup a_2)=0.7$	$1-S(\bar{a}_1 \bigcap \bar{a}_2)=1$	$[0.7,1]$
Θ	$S(\Theta)$	$1-S(\bar{\Theta})=1$	$[1,1]$

例 5-5 假设存在 4 个目标：

$a_1 = $ 我方类型为 1 的目标， $a_3 = $ 敌方类型为 1 的目标

$a_2 = $ 我方类型为 2 的目标， $a_4 = $ 敌方类型为 2 的目标

此时,传感器 A 对目标类型的直接分配为

$$m_A = \begin{bmatrix} m_A(a_1 \bigcup a_3) = 0.6 \\ m_A(\Theta) = 0.4 \end{bmatrix}$$

传感器 B 对目标类型的直接分配为

$$m_B = \begin{bmatrix} m_B(a_3 \bigcup a_4) = 0.7 \\ m_B(\Theta) = 0.3 \end{bmatrix}$$

其中, $m_A(\Theta)$、$m_B(\Theta)$ 分别对应着传感器 A、传感器 B 在判断目标类型时,由不知道引起的不确定性。试用 Dempster 规则进行数据融合,判断目标类型。

解：在用 Dempster 融合规则时,首先形成一个矩阵,矩阵中的每个元素是相应命题的概率分配值,矩阵的第一列和最后一行就是被融合的那些相应命题的概率分配值,如表 5-4 所示。

表 5-4　概率分配值的计算

$m_A(\Theta) = 0.4$	$m(a_3 \bigcup a_4) = 0.28$	$m(\Theta) = 0.12$
$m_A(a_1 \bigcup a_3) = 0.6$	$m(a_3) = 0.42$	$m(a_1 \bigcup a_3) = 0.18$
	$m_B(a_3 \bigcup a_4) = 0.7$	$m_B(\Theta) = 0.3$

其中：

$$m(\Theta) = m_A(\Theta) m_B(\Theta) = 0.12$$
$$m(a_3) = m_A(a_1 \bigcup a_3) m_B(a_1 \bigcup a_3) = 0.18$$
$$m(a_1 \bigcup a_3) = m_B(\Theta) m_A(a_1 \bigcup a_3) = 0.18$$
$$m(a_3 \bigcup a_4) = m_B(a_3 \bigcup a_4) m_A(\Theta) = 0.28$$

概率分配值最大者对应的目标类型,便是数据融合后的目标类型。如果碰到交命题为空的情况,那么该交命题所对应的概率分配值应为 0,其他非空的交命题所对应的概率分配值应该乘以一个因子 K,使得它们的和为 1。

理论交命题的和：由交命题计算得到 $m(\varnothing) + \sum_{i \neq \varnothing} m(i) = 1$,其中 $m(\varnothing) \neq 0$。

实际交命题的和：由于实际情况下 $m(\varnothing) = 0$,因此 $\sum_{i \neq \varnothing} m(i) \neq 1$。

修正交命题的和：为了使 $\sum_{i \neq \varnothing} m(i) = 1$,添加系数 K 使得 $\sum_{i \neq \varnothing} K m(i) = 1$。

为了说明所有非空交命题是怎样被一因子线性放大的,假设例 5-2 中的传感器 B 能够识别目标 2 和目标 4,而不是上一个例子中的目标 3 和目标 4,并且对应的概率分配值 m_B' 假设为

$$m_B' = \begin{bmatrix} m_B'(a_2 \bigcup a_4) = 0.5 \\ m_B'(\Theta) = 0.5 \end{bmatrix}$$

概率分配值计算如表 5-5 所示。

表 5-5　传感器 A、B 能识别目标的概率分配值

$m_A(\Theta) = 0.4$	$m(a_2 \bigcup a_4) = 0.2$	$m(\Theta) = 0.2$
$m_A(a_1 \bigcup a_3) = 0.6$	$m(\varnothing) = 0.3$	$m(a_1 \bigcup a_3) = 0.3$
	$m_B'(a_2 \bigcup a_4) = 0.5$	$m_B'(\Theta) = 0.5$

由于 $m(\Phi)=0.3$,需要进行修正,则 K 值为

$$K^{-1} = 1 - 0.3 = 0.7$$
$$K = 1.429$$

修正后的概率分配值如表 5-6 所示。

表 5-6　传感器 A、B 能识别目标的修正概率分配值

$m_A(\Theta)=0.4$	$m(a_2 \bigcup a_4)=0.286$	$m(\Theta)=0.286$
$m_A(a_1 \bigcup a_3)=0.6$	0	$m(a_1 \bigcup a_3)=0.429$
	$m'_B(a_2 \bigcup a_4)=0.5$	$m'_B(\Theta)=0.5$

5.4　数据融合系统结构形式及数据准备

5.4.1　数据融合系统结构形式

1. 数据融合系统的主要结构

数据融合系统的主要结构形式有集中式融合系统、无反馈的分布式融合系统、有反馈的分布式融合系统、有反馈的全并行融合系统。

1) 集中式融合系统

集中式融合系统结构如图 5-6 所示。

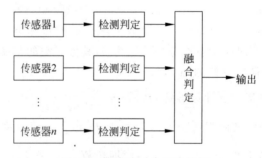

图 5-6　集中式融合系统结构

检测判定是指,多传感器扫描观测目标,实现信号检测。扫描过程中,各传感器进行独立的测量和判断,并将各种测量参数(目标特性参数和状态参数)报告给数据融合中心。

特点:可利用所有传感器的全部信息进行状态估计、速度估计和预测值计算。

主要优点:利用全部信息,系统的信息损失小,性能好,目标的状态、速度估计是最佳估计。

不足:把所有的原始信息全部送给处理中心,通信开销过大,融合中心计算机的存储容量要大,对计算机要求高及数据关联困难。

2) 无反馈的分布式融合系统

无反馈的分布式融合系统结构如图 5-7 所示。

特点:无反馈的分布式融合系统所要求的通信开销小;融合中心计算机所需的存储容

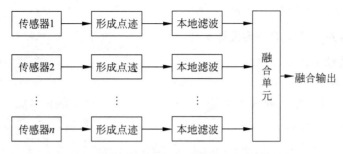

图 5-7 无反馈的分布式融合系统结构

量小；融合速度快；性能不如集中式融合系统。

3）有反馈的分布式融合系统

有反馈的分布式融合系统结构如图 5-8 所示。

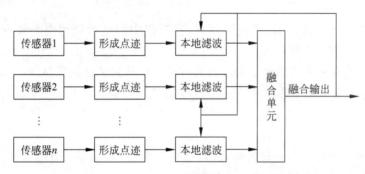

图 5-8 有反馈的分布式融合系统结构

特点：由融合中心到每个传感器有一个反馈通道，有助于提高各个传感器状态估计和预测的精度；增加了通信量；在考虑其算法时，要注意参与计算之间的相关性。

4）有反馈的全并行融合系统

有反馈的全并行融合系统结构如图 5-9 所示。

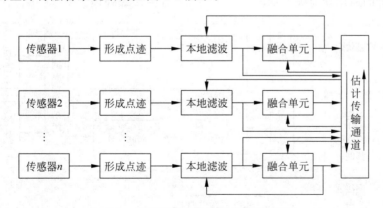

图 5-9 有反馈的全并行融合系统统结构

主要特点：是全并行、有反馈的融合结构通过传送通道；各传感器都存取其他传感器的当前估计，各传感器都独立地完成全部运算任务；系统有局部融合单元及全局融合单元，这是最复杂的融合系统，但它非常有潜力；这种结构方式可进行扩展，即把每个传感器扩展成一个包含多个传感器的平台。

2. 数据融合系统结构的主要设计实现特点

1）集中式处理结构

所有传感器数据都送到中心处理器处理和融合。

优点：所有数据对中心处理器都是可用的；可用较少种类的标准化处理单元；传感器在平台位置上的选择受限较少；所有的处理单元都在可接近的位置，增强了处理器的可维护性。

缺点：要求专门的数据总线；硬件改进或扩充困难；由于所有的处理资源都在一个位置，所以易损性增加了；分隔困难；软件开发和维护困难。

集中式系统的主要应用：收集来自单个平台上的多个传感器的数据，可形成诸如舰艇或战斗机的信息显示，也可用于检测对象相对单一的智能检测系统。

2）分布式处理结构

各传感器都有自己的处理器，进行预处理，然后把中间结果送到中心处理器进行融合处理。

优点：处理器连到每个传感器上以改进其性能；现有的平台数据总线（一般是低速的）可以频繁地使用；分隔容易；增加新传感器或改进老传感器，可以更少地触动系统软件和硬件。

缺点：提供给中心处理器的数据有限，降低传感器融合的有效性；对于某些传感器，环境的严重干扰限制了处理器部件的选择，从而增加了成本；传感器位置的选择受更多限制；增加的各种单元降低了可维护性，增加了成本。

分布式系统的主要应用：大型军事防御系统，多参数或参数间交叉影响的智能检测系统。

5.4.2　数据融合系统的功能模型

数据融合的通用功能模型如图 5-10 所示，共分为四级处理。

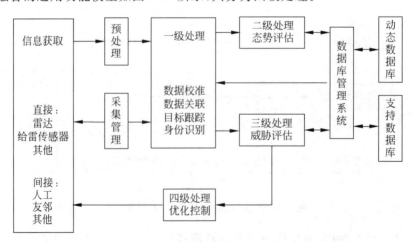

图 5-10　数据融合的通用功能模型

1）第一级处理

（1）数据配准：把从各个传感器接收的数据或图像在时间和空间上进行校准，使它们有相同的时间基准、平台和坐标系。时间配准：将各测量值推算到统一的观测时间点上。空间配准：对位置偏差进行估计和补偿。

（2）数据关联：把各个传感器送来的点迹与数据库中的各个航迹相关联，同时对目标位置进行预测，保持对目标进行连续跟踪；关联不上的那些点迹可能是新的点迹，也可能是虚警，保留下来。在一定条件下，利用新点迹建立新航迹，消除虚警。

（3）识别：主要指身份或属性识别，给出目标的特征，以便进行态势和威胁评估。

2）第二级处理

（1）态势提取：从大量不完全的数据集合中构造出态势的一般表示，为前级处理提供连贯的说明。静态态势包括敌我双方兵力、兵器、后勤支援对比及综合战斗力估计；动态态势包括意图估计、遭遇点估计、致命点估计等。

（2）态势分析：包括实体合并，协同推理与协同关系分析，敌我各实体的分布和敌方活动或作战意图分析。

（3）态势预测：包括未来时刻敌方位置预测和未来兵力部署推理等。

3）第三级处理

威胁评估是关于敌方兵力对我方杀伤能力及威胁程度的评估，具体包括综合环境判断、威胁等级判断及辅助决策，如图 5-11 所示。

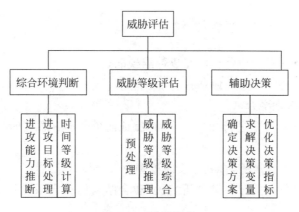

图 5-11　威胁评估

4）第四级处理

优化融合处理，包括优化利用资源、优化传感器管理和优化武器控制，通过反馈自适应，提高系统的融合效果。其中，"级"的概念并不意味各级之间有时序特性，这些过程经常并行处理。

5.4.3　数据融合的层次

1. 数据层（像素级）融合

特点：

（1）直接在采集到的原始数据层上进行融合；

（2）原始观测信息未经预处理或只进行很少的处理就进行数据综合分析，是最低层次的融合；

（3）参与融合的传感器信息间具有一个像素的配准精度。

优点：

（1）能保持尽可能多的现场数据；

（2）提供其他融合层次所不能提供的细微信息应用，多源图像复合、图像分析和理解同类雷达波形的直接合成多传感器数据融合的卡尔曼滤波等。

局限性：

（1）所处理的传感器数据量大，处理代价高、时间长、实时性差；

（2）数据通信量较大，抗干扰能力较差；

（3）在信息的最底层进行，由于传感器原始信息的不确定性、不完全性和不稳定性，要求在数据融合时有较高的纠错能力；

（4）各传感器信息之间校准精度要求较高，各传感器信息应来自同质传感器。

2. 特征级融合

对来自传感器的原始信息进行特征提取（特征可以是被观测对象的各种物理量），然后对特征信息进行综合分析和处理。特征级融合属于中间层次，融合过程为：

（1）提取特征信息（数据信息表示量或统计量）；

（2）按特征信息对多传感器数据进行分类、综合和分析。

1）特征级目标状态数据融合

主要应用：多传感器目标跟踪领域。

融合过程：

（1）对传感器数据进行预处理以完成数据校准；

（2）实现参数相关的状态向量估计。

2）特征级目标特性融合

在融合前必须先对特征进行相关处理，把特征向量分成有意义的组合。

优点：

（1）实现可观的信息压缩，有利于实时处理；

（2）所提取的特征直接与决策分析有关，融合结果能最大限度地给出决策分析所需特征信息。

3. 决策级融合

特点：

（1）是一种高层次融合，其结果为检测、控制、指挥、决策提供依据；

（2）首先利用传感器提供的信息对目标属性进行独立处理，再对各传感器的处理结果进行融合，最后得到整个系统的决策。

主要优点：

（1）融合中心处理代价低，具有很高的灵活性；

（2）通信量小，抗干扰能力强；

（3）当一个或几个传感器出现错误时，通过适当融合，系统还能获得正确结果，具有容错性；

（4）对传感器的依赖性小，传感器可以是同质的，也可以是异质的；

（5）能有效反映环境或目标各侧面不同类型信息。

融合层次的优缺点比较如表 5-7 所示。

表 5-7　融合层次的优缺点比较

性能＼融合层次	像素级融合	特征级融合	决策级融合
处理信息量	最大	中等	最小
信息量损失	最小	中等	最大
抗干扰性能	最差	中等	最好
容错性能	最差	中等	最好
算法难度	最难	中等	最易
融合前处理	最小	中等	最大
融合性能	最好	中等	最差
对传感器的依赖程度	最大	中等	最小

5.5　数据准备

5.5.1　融合中心数据处理的前提

融合中心数据处理有两个前提：虚警的处理，即剔除假点迹；多目标系统点迹与航迹的关联，即剔除孤立点迹。

对传感器信号处理的要求是尽可能消除各种干扰（各类杂波，如雷达系统、地杂波、海杂波、气象杂波以及人为干扰；声呐系统，多径、反射、折射、海底地貌等），降低假点迹出现的概率，减小计算机数据处理的负担，提高数据处理系统的性能。

解决方法从两个方面，一是硬件系统，应用各种高可靠性、高性能传感器系统；二是软件系统，开发高速数据处理算法。

5.5.2　数据的预处理

数据进行二次处理前，通过预处理来提高信号的质量，主要包括点迹过滤、点迹合并、消除粗大误差等。由于噪声、干扰大量存在，会产生虚警。此外，当虚警较多时可能产生假目标，因此检测得到的数据不仅包含运动目标点迹，也可能包含固定目标的点迹和假目标的点迹（即孤立点迹）。

1. 点迹过滤

点迹过滤的目的就是将非目标点迹减至最少，消除大部分由干扰产生的假点迹或孤立点迹；同时，减轻计算机数据处理的负担，改善数据融合系统的状态估计精度，提高系统的性能。

而点迹过滤的依据便是运动目标、固定目标及假目标跨周期的相关特性不同。利用一定的判定准则判定点迹的跨周期特性，就可区别运动目标、固定目标及假目标。点迹过滤的步骤为：

(1) 保留传感器 5 个采样周期信息，以坐标形式存储。

(2) 新的采样信息到来，每个点迹都跟前 5 周期的各个点迹按由老到新的次序进行逐个比较。根据目标运动速度等因素设置两个窗口，即一个大窗口和一个小窗口，并设置 $p_1 \sim p_5$ 和 GF 等 6 个标志位。

(3) 新点迹首先跟第 1 周期的各个点迹进行比较，如果第 1 周期的点迹中至少有一个点迹与新点迹之差在小窗口内，相应的标志位置成 1（$p_1=1$），否则为 0（$p_1=0$）；然后新点迹再跟第 2 周期的各点迹进行比较，只要第 2 周期的各点迹至少有一个点迹与新点迹之差在小窗口内，相应的标志位置成 1（$p_2=1$），否则置成 0（$p_2=0$）。

(4) 依此类推，直到第 5 周期比完为止。最后再一次把新点迹与第 5 周期的各点迹进行比较，比较结果如至少有一个两者之差在大窗口内，就将相应的标志位 GF 置成 1，否则为 0。

判决准则：$p_1 \sim p_5$ 和 GF 根据以上原则产生一组标志，根据这组标志，按照一定准则统计地判定新点迹是属于运动点迹、固定点迹还是孤立点迹或可疑点迹，并在它的坐标数据中加上相应的标志。

(1) 运动点迹：

$$\overline{(p_5+p_4)}GF = \overline{p_5}\,\overline{p_4}GF = 1 \tag{5-7}$$

该式表明，第 4 周期、第 5 周期小窗口没有符合，但在第 5 周期时，在大窗口中有符合，新点迹就判定成运动点迹。

(2) 固定点迹：

$$(p_5+p_4)(p_1 p_2 + p_1 p_3 + p_2 p_3) = 1 \tag{5-8}$$

该式表明，如果在第 4 周期、第 5 周期小窗口至少有一次符合，同时第 1、2、3 周期小窗口中至少有两次符合，则新点迹就判定为固定点迹。

(3) 孤立点迹：

$$\overline{(p_5+p_4)}\,\overline{GF} = \overline{p_5}\,\overline{p_4}\,\overline{GF} = 1 \tag{5-9}$$

该式表明，如果第 4 周期、第 5 周期小窗口没有符合，第 5 周期时大窗口也没有符合，则说明它是孤立点迹。

(4) 可疑点迹：不满足上述准则的点迹，统统被认为是可疑点迹，将其输出，在数据处理时进一步判断。

本质上是跨周期相关处理。对固定目标，理想的情况下，即不考虑噪声和干扰，不考虑测量误差及信噪比随距离的变化等因素，对每个位置上的固定目标，每个周期就应有一个点迹，即保留的 5 周期标志信息都应该是 1，即 $p_1 p_2 p_3 p_4 p_5 = 1$。这个条件过于苛刻，必须把条件放宽。

2. 点迹合并

检测过程中，同一目标在同一距离或方位上被多次检测出，被判定为两个目标，产生目标分裂。在产生目标分裂现象时，通过一定的处理将分裂的目标合并成一个目标。这是由于为实现传感器全程检测，对传感器的检测范围进行了分割（距离门），在传感器检测的临界点处，可能出现该现象。可以通过设置二维门来解决此问题。

3. 消除粗大误差

粗大误差由于干扰等因素造成,在数据处理之前必须要被消除。

5.5.3 数据对准

在对观测数据进行数据融合前,由于异构传感器所在位置各不相同,所选的观测坐标系不一样,加上传感器的采样频率也有很大差别,因此即使是对同一个目标进行观测,各传感器所得到的目标观测数据也会有很大的差异。所以,在进行多传感器数据融合时,首先要做的工作就是统一来自不同平台的多传感器的时间和空间参考点,形成融合所需的统一时空参考系,也就是进行数据对准。数据对准技术包括空间对准和时间对准。

1. 空间对准

空间对准就是选择一个基准坐标系,把来自不同平台的多传感器数据都统一到该坐标系下。

1) 大地坐标系

采用具有一定扁率的旋转椭球代替地球的自然表面,通常将 WGS84 坐标系(美国国防部研制的大地坐标系)定义成标准坐标系,其他坐标系与之相比较,确定各种坐标系与标准坐标系间的原点平移参数(L,B,H)定义为 k 点的大地坐标,L 表示该点的大地经度,由起始子午面起算,东经为正,西经为负;B 表示该点的大地纬度,由赤道面起算,北纬为正,南纬为负;H 称为该点的大地高程。大地坐标系如图 5-12 所示。

2) 地心空间直角坐标系

地心空间直角坐标系是在参考椭球体内建立的坐标系 $Oxyz$,它的原点在椭球中心 O,z 轴指向地球北极,x 轴与椭球赤道面和格林尼治子午面的交线重合,y 轴与 xz 平面正交,指向东方。x、y、z 轴构成右手系,点 p 的地心直角坐标用(x_p,y_p,z_p)表示,如图 5-13所示。

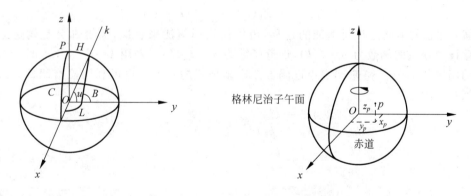

图 5-12 大地坐标系 　　　　图 5-13 地心空间直角坐标系

3) 基准地理直角坐标系

基准地理直角坐标系是在地心空间直角坐标系基础之上建立而成,具体为:以地球上某一点 O' 为坐标原点,建立地理直角坐标系 $O'x'y'z'$,坐标轴规定如下:x' 轴沿 O' 所在的纬度线指东,y' 轴沿 O' 所在的经度线指北,z' 轴指向天顶,x'、y'、z' 轴构成右手系,该参考系将作为坐标转换的基准坐标系。基准地理直角坐标系如图 5-14 所示。

　　4）坐标转换

　　（1）在地理坐标系中,选定某一点为坐标原点,建立基准地理直角坐标系,该坐标系作为数据融合的基准坐标系。

　　（2）各平台关于目标的采样数据由大地坐标系经过旋转、平移转换为地心空间直角坐标系,在地心空间直角坐标系中空间对齐。

　　（3）各平台关于目标的采样数据由地心空间直角坐标系再变换到所选定的基准地理直角坐标系中。

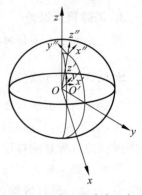

图 5-14　基准地理直角坐标系

2. 时间对准

　　多传感器工作时,由于开机时间不一样,采样率不一致,来自不同传感器的观测数据通常不是在同一时刻得到的,观测数据间存在时间差,融合前必须将这些数据进行同步,统一时基,如图 5-15 所示。

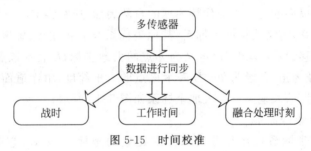

图 5-15　时间校准

　　时间同步的方法为利用一个传感器的时间作为公共处理时间,把来自其他传感器的时间统一到该传感器的时间上。

　　例 5-6　把第 k 个传感器在时间 t_j 的观测数据同步到公共处理时间 t_i 上。

$$Z_k(t_i) = Z_k(t_j) + V \times (t_i - t_j)$$

　　解:此题的本质是时间基准的迁移,可以使用插值法来解决,关键部分是构造逼近函数。假设要逼近的函数为 $y = f(k)$,逼近函数为 $y = f_1(k)$。采用 $k = k_0, k_1, k_2$ 时所对应的三点的函数值 y_0, y_1, y_2 来确定逼近函数二次多项式的系数。也可利用拉格朗日二次插值法得到相同的结果。

$$f_1(k) = \frac{(k-k_1)(k-k_2)}{(k_0-k_1)(k_0-k_2)} \times y_0 + \frac{(k-k_0)(k-k_2)}{(k_1-k_0)(k_1-k_2)} \times y_1 +$$
$$\frac{(k-k_0)(k-k_1)}{(k_2-k_0)(k_2-k_1)} \times y_2$$

5.6　数据关联技术

5.6.1　数据关联的目的

　　数据关联的目的是建立单一的传感器测量与以前其他测量数据的关系,以及确定它们是否有一个公共源。关联处理必须建立每个测量与大量的可能数据集合的关系,每个数据集合表示一个说明该观测源的假设,它们可能是以下几种:

(1) 已有目标集合,已检测到的每一个目标都有一个集合;

(2) 新目标集合,表示该目标是真实的,并且以前没有该目标的测量;

(3) 虚警集合,该测量不真实,可能是由噪声、干扰等产生,在一定条件下可将它们消除。

例 5-7 稳定目标观测与观测(点迹与点迹)关联。

设 A_1,A_2 是两个已知实体的位置的估计值,测量误差、噪声和人为干扰等产生的误差由误差椭圆来表示。不考虑两个实体的可能机动。设获得两个实体的三个观测位置 Z_1,Z_2,Z_3,讨论三个观测位置与两个已知实体位置进行关联的问题,坐标系中位置如图 5-16 所示。

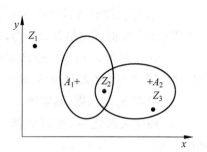

图 5-16 A_1、A_2 位置

$Z_i(i=1,2,3)$ 与 $A_j(j=1,2)$ 关联有三种可能:

(1) 观测 Z_i 与实体 A_1 关联;

(2) 观测 Z_i 与实体 A_2 关联;

(3) 观测 Z_i 与实体 A_j 均不关联,是由新的实体、干扰或杂波剩余产生的观测。

不考虑虚警影响,假定实体是稳定的。关联的基本思路如 5.6.2 节所述。

5.6.2 关联的基本思路

关联的基本思路如下:

(1) 建立观测 Z_i 与实体 A_j 的关联矩阵,如表 5-8 所示。

表 5-8 观测与实体的关联矩阵

观测 \ 实体	A_1	A_2	A_3	…	A_n
Z_1	S_{11}	S_{12}	S_{13}	…	S_{1n}
Z_2	S_{21}	S_{22}	S_{23}	…	S_{2n}
⋮	⋮	⋮	⋮		⋮
Z_n	S_{n1}	S_{n2}	S_{n3}	…	S_{nn}

关联矩阵中每个观测-实体对 (Z_i,A_j) 包含关联度量 S_{ij},是 Z_i 与 A_j 接近程度的度量或称相似性度量,把观测 Z_i 与实体 A_j 按内在规律联系起来,称作几何向量距离:

$$S_{ij} = \sqrt{(Z_i - A_j)^2} \tag{5-10}$$

(2) 对每个观测-实体对 (Z_i,A_j),将几何向量距离与先验门限进行比较,确定 Z_i 能否与实体 A_j 进行关联。如果 $S_{ij} < \gamma$,则用判定逻辑将观测 Z_i 分配给实体 A_j,没有被关联的观测,用追加逻辑确定另一个假设的正确性,如是新实体或虚警等。

(3) 最后进行观测与实体的融合处理,改善实体的位置与身份估计精度。

例 5-8 运动目标的观测/点迹与航迹关联。

假设实体 A、B 均以匀速进行直线运动,在 t_0 时刻位于"+"位置。首先根据实体的运动方程将它们均外推到任一时刻 t_1 的位置,假定给出三个观测位置,各位置关系如图 5-17 所示。接下来的问题就是确定哪些观测与已知实体航迹进行关联(预测位置等不确定性与例 5-7 相同)。

解:(1)把实体 A 和 B 在时刻 t_0 的位置均外推到新的观测时间 t_1,即

$$A(t_0) \to A(t_1)$$
$$B(t_0) \to B(t_1)$$

(2)给出新的观测集合 $Z_j(t_1)$,$j=1,2,3$;

(3)计算观测 $Z_j(t_1)$ 与各已知实体在时间 t_1 的估计位置之间的关联度量 S_{ij} 形成关联矩阵;

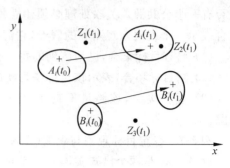

图 5-17 A、B 与观测点位置

(4)根据 S_{ij} 和门限,确定哪一个观测 $Z_j(t_1)$ 与确定航迹关联;

(5)确定关联之后,把该观测分配给实体航迹,利用位置估计技术更新实体的估计位置。

5.6.3 数据关联的主要形式

1. 点迹与点迹关联

形成航迹或进行航迹初始化,航迹的形成是通过对来自不同采样周期的点迹的处理,按照给定的准则实现对航迹检测。点迹与航迹关联过程中,那些没有与数据库中的航迹关联的点迹,有的是新目标的新点迹。需要注意这些待确定的新点迹,与对应目标的延续点迹关联后,实现对一个新航迹初始化。点迹与点迹的关联和融合,一般用在集中式网络结构中。

2. 点迹与航迹关联

点迹与航迹关联的目的是对已有航迹进行保持或对状态进行更新。关联方法如下:

(1)判断各传感器送来的点迹,哪些是数据库中已有航迹的延续点迹,哪些是新航迹的起始点迹,哪些是由杂波或干扰产生的假点迹。

(2)根据给定准则,把延续点迹与数据库中已有航迹连起来,使航迹得到延续,并用当前测量值取代预测值,实现状态更新。

(3)经若干周期后,没有连上的点迹,有一些是由杂波剩余或干扰产生的假点迹,由于没有后续点迹,变成孤立点迹,也按一定的准则被剔除。

点迹与航迹关联主要应用在集中式结构中,如图 5-18 所示。

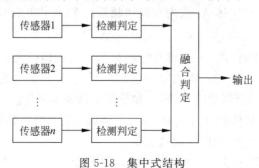

图 5-18 集中式结构

3. 航迹与航迹关联

多传感器情况下,每个传感器都有本身点迹集合和本身的信息处理系统,实现对目标的跟踪,通常把每个传感器的航迹称作局部航迹。图 5-19 为无反馈的分布式融合系统结构。

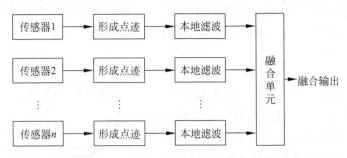

图 5-19　无反馈的分布式融合系统结构

在融合中心,如果按某种准则能够确定几个不同传感器的航迹来自同一个目标,则把它们的状态估计和协方差矩阵进行组合,实现航迹融合。航迹与航迹关联主要应用于分布式信息处理系统。

5.6.4　数据关联过程

如图 5-20 所示为数据关联过程示意图,其步骤为:

(1) 将传感器送来的点迹进行门限过滤,利用先验知识过滤掉门限外不希望的点迹。需要过滤的数据有其他目标形成的真点迹,噪声、干扰形成的假点迹,目的是限制那些不可能的点迹-航迹对的形成。

(2) 该关联门的输出形成有效点迹-航迹对,并形成关联矩阵;度量各个点迹与该航迹接近的程度。

(3) 将最接近预测位置的点迹按赋值策略分别赋予相对应的航迹。

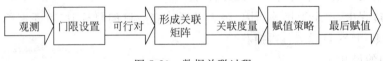

图 5-20　数据关联过程

1. 门限过滤技术

门限过滤技术是指采用关联门来限制非处理航迹和杂波数目的技术。门限过滤技术与滤波、跟踪结合起来,有效点迹是关联门内的点迹。

2. 关联门

根据数据容许范围在系统中心对各传感器设立一个二维或三维窗口,把其他航迹所对应的点迹及干扰等产生的假点迹拒之门外。每条航迹都必须有这样的一个窗口,这种窗口称为关联门。

3. 门限大小的影响

门限的大小会直接对关联产生重大影响,包括两个方面:

(1) 门限过小,捕获不到可能的目标;

（2）门限过大，起不到抑制其他目标和干扰的作用。

4. 关联门的选择

数据关联时，通常采用关联门相关的方法实现目标数据的关联：以前一采样周期预测点为中心，设置一个关联门。在实际应用中，采用什么样的关联门。与许多因素有关，其中包括所要求的落入概率、相关关联门的形状、种类及其尺寸或大小等。

1) 关联门的形状

常用关联门的形状有环形关联门、扇形关联门、椭圆形关联门、矩形关联门等，如图 5-21 所示。

一般选用极坐标进行关联时，最好选用相关关联门为斜距、方位上的扇形关联门。对于自由点迹的初始关联门，由于不知道点迹的运动方向，采用环形关联门，即以点迹为中心的一个圆环。实际系统中，对同一个目标跟踪系统，根据目标运动状态的不同，有多种不同关联门选择方法。

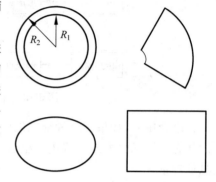

图 5-21　各种关联门形状

2) 关联门的类型

在跟踪的各个阶段，目标的运动特性等不同，关联门的选择也有所不同，可能要设置多种关联门。

3) 关联门的选择

（1）关联开始时，对传感器给出的自由点迹，为捕获目标和对航迹初始化，关联门一般要大些，且应该是一个环形无方向性的关联门。

（2）对非机动目标，由于速度比较恒定，设置一个小关联门。民航机在高空平稳段飞行时，几乎就是典型的匀速直线运动。

（3）飞机起飞与降落阶段，或对机动比较小的目标一般采用一个中等程度的关联门。

（4）对机动很大的目标需要一个大关联门。

（5）跟踪过程中，由于干扰等原因，跟丢已经建立航迹的目标时，就要在原来关联门的基础上扩大关联门，对目标进行再捕获。

4) 关联门的尺寸

（1）初始关联门。

初始关联门是为首次出现还没有建立航迹的自由点迹或航迹头设立的。由于不知道目标的运动方向，所以是一个环形大型关联门，如图 5-22 所示。

距离环的内径和外径满足

$$R_1 = V_{min} \cdot T \tag{5-11}$$
$$R_2 = V_{max} \cdot T \tag{5-12}$$

式中：T 为采样时间间隔；V_{max} 和 V_{min} 分别表示目标的最大和最小运动速度。在采样周期 T 内，为捕获到上述速度范围内目标，采用目标的最大和最小运动速度已经足够。公式中的速度是目标运动的径向速度。

（2）大关联门。

为大机动目标和目标丢失后再捕获设立大关联门，为扇形形状的关联门，两边相等，如

图 5-23 所示。ΔR 和 $\Delta \theta$ 表示边长和夹角。需满足

$$\Delta R = (V_{max} - V_{min}) \cdot T \tag{5-13}$$

$$\Delta \theta = 1° \sim 3° \tag{5-14}$$

图 5-22 初始关联门

图 5-23 大关联门

相同夹角所对应的弧长对不同的距离差别较大,应用夹角大小时考虑离传感器距离,可按不同的距离设置不同的 $\Delta \theta$。设置关联门大小时,参考目标最大转弯半径。适用较高采样频率的系统中,如果采样周期较长,目标机动,偏离原航向一个较大的 θ 角,可能目标跑到关联门外,目标丢失。对于该情况,要扩大关联波门,对目标重新进行捕获。

(3) 小关联门。

针对非机动目标或处于匀速直线运动状态的目标而设立小关联门。目标匀速直线运动时,要保证落入关联门概率大于 99.5%;关联门最小尺寸不应小于 3 倍测量误差的均方根值 σ,即 $\Delta R \geqslant 3\sigma$;小关联门通常用于稳定跟踪情况。

(4) 中关联门。

应用于具有小机动的目标,转弯加速度不超过 $1 \sim 2g$,在小关联门的 3σ 的基础上,再加上 $(1-2)\sigma$,中关联门的最小尺寸应不小于 5σ。

跟踪过程中关联门变化如图 5-24 所示。采用三维立体关联门捕获后,随着目标稳定飞行,跟踪门逐渐变小。目标转弯机动时,马上采用机动关联门,然后又变成小关联门。目标跟踪过程中,对目标机动检测非常重要,有了机动的征兆,才能选择机动关联门。

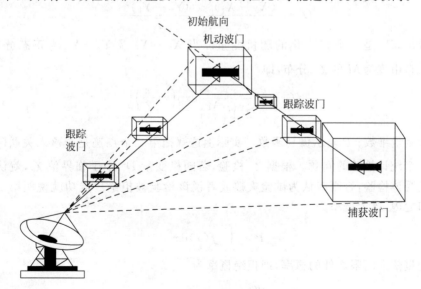

图 5-24 跟踪过程中关联门变化

5. 状态关联及关联门的应用

1）位置关联及关联门

设经空间、时间校准后两个观测的归一化统计距离定义为

$$D^2 = A^T S^{-1} A \tag{5-15}$$

式中：A 为观测误差矩阵；S 为误差协方差矩阵。

简单起见，假定当 $M=2$ 时，处在关联门中心的观测 1 的坐标为 X_1、Y_1，即观测 1 的位置 X_1、Y_1 与预测位置相对应，观测 2 的坐标为 X_2、Y_2。这时观测误差矩阵为

$$A = \begin{bmatrix} X_2 - X_1 \\ Y_2 - Y_1 \end{bmatrix} \tag{5-16}$$

设 $X_2 - X_1, Y_2 - Y_1$ 的随机误差相互独立，且均值为零，方差分别为 σ_X^2 及 σ_Y^2，这时 $X_2 - X_1$ 及 $Y_2 - Y_1$ 的误差协方差矩阵为

$$S = \begin{bmatrix} \sigma_X^2 & 0 \\ 0 & \sigma_Y^2 \end{bmatrix} \tag{5-17}$$

S 的逆为

$$S^{-1} = \begin{bmatrix} \dfrac{1}{\sigma_X^2} & 0 \\ 0 & \dfrac{1}{\sigma_Y^2} \end{bmatrix} \tag{5-18}$$

代入后，得

$$D^2 = \begin{bmatrix} X_2 - X_1 \\ Y_2 - Y_1 \end{bmatrix}^T \begin{bmatrix} \dfrac{1}{\sigma_X^2} & 0 \\ 0 & \dfrac{1}{\sigma_Y^2} \end{bmatrix} \begin{bmatrix} X_2 - X_1 \\ Y_2 - Y_1 \end{bmatrix} \tag{5-19}$$

或

$$D^2 = \frac{(X_2 - X_1)^2}{\sigma_X^2} + \frac{(Y_2 - Y_1)^2}{\sigma_Y^2} \tag{5-20}$$

可以看出，D^2 是一个归一化的随机变量。当 $X_2 - X_1$ 及 $Y_2 - Y_1$ 为正态分布时，则 $D^2 = x$ 服从自由度为 M 的 χ^2 分布，即

$$f(x) = \frac{x^{\frac{M}{2}-1}}{2^{\frac{M}{2}} \Gamma\left(\frac{M}{2}\right)} \exp\left(-\frac{x}{2}\right) \tag{5-21}$$

式中：M 为测量维数；Γ 表示伽马函数。实际上这就把第二个点迹是否落入关联门内的问题变成了一个统计检验的问题。根据 χ^2 检验，若随机变量 D^2 小于临界值 χ_a^2，就认为是试验成功或接受该检验，否则就认为试验失败或者说该检验被拒绝。成功就说明第二个点迹落入关联门之内，落入概率为

$$P = \int_0^{\chi_a^2} f(x)\,dx \tag{5-22}$$

随机变量落入门限之外的概率，即拒绝概率为

$$P' = \int_{\chi_a^2}^{\infty} f(x)\,dx \tag{5-23}$$

这样就把关联门的大小与落入概率 P 联系起来了。由以上表达式可以看出，关联门的

边界与 χ_a^2 相对应,关联门的大小主要取决于误差 σ_X 和 σ_Y。临界点 χ_a^2 可根据自由度 M 及所给定的落入概率 P 由 χ^2 分布表中查到。

将 $D^2 = k^2$ 代入,k 为常数,并用坐标变量 X 及 Y 分别代替 X_2 及 Y_2,则得一椭圆方程,这就是椭圆关联门方程:

$$\frac{(X-X_1)^2}{(k\sigma_X)^2} + \frac{(Y-Y_1)^2}{(k\sigma_Y)^2} = 1 \tag{5-24}$$

式(5-24)为二维椭圆关联门公式。椭圆中心是点 (X_1, Y_1)。$k\sigma_X$ 及 $k\sigma_Y$ 是椭圆的两个半轴。如前面指出的一样,还可将椭圆关联门变换成矩形关联门。取 $2k\sigma_X$ 和 $2k\sigma_Y$ 作为矩形的两个边长。当关联准则为

$$(\mid X_2-X_1 \mid < k\sigma_X) \bigcap (\mid Y_2-Y_1 \mid < k\sigma_Y) \tag{5-25}$$

则认为观测 2 与观测 1 关联。当满足

$$(\mid X_2-X_1 \mid \geqslant k\sigma_X) \bigcup (\mid Y_2-Y_1 \mid \geqslant k\sigma_Y) \tag{5-26}$$

则认为两个观测不关联。很明显,当 k 相同时,点迹落入矩形关联门的概率比落入椭圆关联门的概率要大。

$M=3$ 时的三维椭球关联门方程:

$$\frac{(X_2-X_1)^2}{(k\sigma_X)^2} + \frac{(Y_2-Y_1)^2}{(k\sigma_Y)^2} + \frac{(Z_2-Z_1)^2}{(k\sigma_Z)^2} = 1 \tag{5-27}$$

当统计距离满足

$$D^2 = \frac{(X_2-X_1)^2}{(\sigma_X)^2} + \frac{(Y_2-Y_1)^2}{(\sigma_Y)^2} + \frac{(Z_2-Z_1)^2}{(\sigma_Z)^2} < k^2 \tag{5-28}$$

则认为观测 2 与观测 1 关联,否则不关联。也可以使用三维矩形立方体关联门,三维矩形立方体关联门的三个边长分别为 $2k\sigma_X$、$2k\sigma_Y$、$2k\sigma_Z$。

当满足

$$(\mid X_2-X_1 \mid < k\sigma_X) \bigcap (\mid Y_2-Y_1 \mid < k\sigma_Y) \bigcap (\mid Z_2-Z_1 \mid < k\sigma_Z) \tag{5-29}$$

则为关联。而满足

$$(\mid X_2-X_1 \mid \geqslant k\sigma_X) \bigcup (\mid Y_2-Y_1 \mid \geqslant k\sigma_Y) \bigcup (\mid Z_2-Z_1 \mid \geqslant k\sigma_Z) \tag{5-30}$$

则不关联。

可见,多维关联时,只要有一维不满足关联条件,就认为关联失败。

2) 位置-速度关联

(1) 位置-速度统一关联。

假设 $\dot{x}_1$、$\dot{y}_1$、$\dot{z}_1$ 为观测 1 的速度分量,$\dot{x}_2$、$\dot{y}_2$、$\dot{z}_2$ 为观测 2 的速度分量,$\sigma_{\dot{x}}$、$\sigma_{\dot{y}}$、$\sigma_{\dot{z}}$ 分别为 $\dot{x}_2 - \dot{x}_1$,$\dot{y}_2 - \dot{y}_1$ 及 $\dot{z}_2 - \dot{z}_1$ 的随机误差的均方根值。当 $M=4$ 时,即四维位置-速度关联时,统计距离为

$$D^2 = \frac{(x_2-x_1)^2}{\sigma_x^2} + \frac{(y_2-y_1)^2}{\sigma_y^2} + \frac{(\dot{x}_2-\dot{x}_1)^2}{\sigma_{\dot{x}}^2} + \frac{(\dot{y}_2-\dot{y}_1)^2}{\sigma_{\dot{y}}^2} \tag{5-31}$$

四维椭球关联门方程为

$$\frac{(x_2-x_1)^2}{k^2\sigma_x^2} + \frac{(y_2-y_1)^2}{k^2\sigma_y^2} + \frac{(\dot{x}_2-\dot{x}_1)^2}{k^2\sigma_{\dot{x}}^2} + \frac{(\dot{y}_2-\dot{y}_1)^2}{k^2\sigma_{\dot{y}}^2} = 1 \tag{5-32}$$

当 $M=6$ 时,即六维位置-速度关联时,统计距离和六维椭球关联门方程分别为

$$\frac{(x_2-x_1)^2}{k^2\sigma_x^2} + \frac{(y_2-y_1)^2}{k^2\sigma_y^2} + \frac{(z_2-z_1)^2}{k^2\sigma_z^2} + \frac{(\dot{x}_2-\dot{x}_1)^2}{k^2\sigma_{\dot{x}}^2} + \frac{(\dot{y}_2-\dot{y}_1)^2}{k^2\sigma_{\dot{y}}^2} + \frac{(\dot{z}_2-\dot{z}_1)^2}{k^2\sigma_{\dot{z}}^2} = 1$$

$$D^2 = \frac{(x_2 - x_1)^2}{\sigma_x^2} + \frac{(y_2 - y_1)^2}{\sigma_y^2} + \frac{(z_2 - z_1)^2}{\sigma_z^2} + \frac{(\dot{x}_2 - \dot{x}_1)^2}{\sigma_{\dot{x}}^2} + \frac{(\dot{y}_2 - \dot{y}_1)^2}{\sigma_{\dot{y}}^2} + \frac{(\dot{z}_2 - \dot{z}_1)^2}{\sigma_{\dot{z}}^2}$$

$$(5-33)$$

给定落入概率 P 时,可以求得 $M=4$ 或 $M=6$ 时关联门的尺寸因子 k^2 的值。当 $D^2 < k^2$ 时,认为观测 2 与观测 1 关联;相反,当 $D^2 \geqslant k^2$ 时,则认为不关联。

可见,给定落入概率 P,维数 M 增大时,关联门的空间体积随之增大,使更多的假点迹和其他目标所形成的点迹落入关联门之内,这将使错判概率增大。

(2) 位置-速度分别关联。

为克服上述不足,采用位置-速度分别关联,即为降低维数 M,先进行位置关联,如位置关联成功,再进行速度关联。只有位置关联和速度关联先后同时成功,才认为观测 2 与观测 1 关联。下面列出速度关联公式。

当 $M=2$,即二维关联时,统计速度

$$D^2 = \frac{(\dot{x}_2 - \dot{x}_1)^2}{\sigma_{\dot{x}}^2} + \frac{(\dot{y}_2 - \dot{y}_1)^2}{\sigma_{\dot{y}}^2}$$

$$(5-34)$$

椭圆关联门方程为

$$\frac{(\dot{x}_2 - \dot{x}_1)^2}{k_v^2 \sigma_{\dot{x}}^2} + \frac{(\dot{y}_2 - \dot{y}_1)^2}{k_v^2 \sigma_{\dot{y}}^2} = 1$$

$$(5-35)$$

当 $M=3$ 时,即三维关联时,三维椭球关联门方程为

$$\frac{(\dot{x}_2 - \dot{x}_1)^2}{\sigma_{\dot{x}}^2} + \frac{(\dot{y}_2 - \dot{y}_1)^2}{\sigma_{\dot{y}}^2} + \frac{(\dot{z}_2 - \dot{z}_1)^2}{\sigma_{\dot{z}}^2} = 1$$

$$(5-36)$$

统计速度

$$D^2 = \frac{(\dot{x}_2 - \dot{x}_1)^2}{k_v^2 \sigma_{\dot{x}}^2} + \frac{(\dot{y}_2 - \dot{y}_1)^2}{k_v^2 \sigma_{\dot{y}}^2} + \frac{(\dot{z}_2 - \dot{z}_1)^2}{k_v^2 \sigma_{\dot{z}}^2}$$

$$(5-37)$$

k_v 为速度关联门的尺寸因子,给定速度落入概率 P_v 时,可查 χ^2 分布表求得 k^v 值(或 k_v^2 值)。当 $D_v^2 < k_v^2$ 时,认为观测 2 与观测 1 关联;反之,当 $D_v^2 \geqslant k_v^2$ 时,认为观测 2 与观测 1 不关联。

速度关联也可用二维矩形或三维矩形关联门。因位置-速度分别关联要求同时满足位置关联条件和速度关联条件,所以当位置关联和速度关联都采用相同维数 M 时,则位置-速度分别关联克服了位置-速度统一关联的不足。

k 值与落入概率的关系如表 5-9 所示,由于相同条件下,k 值越大,误判概率就会增大,所以要先降维,减小 k 值。

表 5-9 k 值与落入概率的关系

落入概率 \ k 值	维 数			
	2	3	4	6
0.60	1.5096	1.8724	2.1669	2.6475
0.90	2.1460	2.5003	2.7892	3.2626
0.95	2.4478	2.7955	3.0802	3.5485
0.99	3.0349	3.3682	3.6737	4.1002

3）实现机动目标关联的具体步骤

（1）根据前一周期的测量值、目标运动速度和扫描周期，计算外推值或预测值。

（2）以前一周期的外推值或预测值为中心，设置本周期的关联门。

（3）利用当前周期的测量值和前一周期的预测值及给定的误差，计算统计加权距离 D^2。

（4）根据给定的落入概率 P、自由度 M，由 χ^2 分布表查出临界值 χ_a^2。

（5）由 χ_a^2 求出门限 γ，将加权距离与关联门限 γ 比较。

（6）判断是否关联，$D^2 < \gamma$ 为关联成功，$D^2 \geqslant \gamma$ 为关联失败。

（7）如果关联成功，则用测量值取代预测值，如果关联失败，将当前测量值送入数据库，若干周期之后，若是虚警，即在这些周期中没有延续点迹数据与它关联，弃之；若是新航迹的点迹，则按航迹起始的原则，建立新航迹。

6. 关联矩阵

关联矩阵表示两个实体间相似性程度的度量，对每一个可行观测-航迹对都必须计算关联矩阵。

1）数据关联度量标准

（1）对称性。

给出两个实体 a 和 b，它们之间的距离 d 满足

$$d(a,b) = d(b,a) \geqslant 0 \tag{5-38}$$

即两个观测间的距离大于或等于0，并且不管从 a 到 b 测量还是从 b 到 a 测量，其距离相等。

（2）三角不等式。

给出三个实体 a,b,c，它们之间的距离满足度量标准不等式

$$d(a,b) \leqslant d(a,c) + d(b,c) \tag{5-39}$$

即三角形任一边小于另两边之和。

（3）非恒等识别性。

给出两个实体 a,b，若满足

$$d(a,b) \neq 0, \quad 则 \quad a \neq b \tag{5-40}$$

即若 a 与 b 之间的距离不等于零，则 a 与 b 不同，即为不同的实体。

（4）恒等识别性。

对于两个相同的实体 a_1, a_2，有

$$d(a_1, a_2) = 0 \tag{5-41}$$

即两个相同实体间的距离等于零。也即两个距离等于零的实体，实际上是同一个实体。

2）数据关联的逻辑原则

（1）单目标。

如已经建立航迹，在当前扫描周期，在关联门只存在一个点迹，则该点迹是航迹唯一的最佳配对点迹。多传感器工作时，在关联门内，各传感器报来一个点迹，则认为这些点迹属同一目标。这是由于邻近的可分辨的两个目标，不可能其中一个被某传感器发现，而另一个被另一传感器发现。

（2）单传感器。

一个采样周期中来自同一传感器的多个点迹，属多目标点迹，这些点迹不能关联。不管

空间有多少目标,关联门内如只有一个点迹,则该点迹是已建立航迹的唯一配对点迹。这是因为传感器正常工作时,一个采样周期中,一个目标只能有一个点迹,不可能有两个或两个以上的点迹,关联是对不同扫描周期的点迹而言。

(3) 多传感器工作。

在关联门内,各传感器都报来相同数目的点迹,这一数量将被认为是目标的数量,这是在多传感器有共同覆盖区域下的结果。只有一个点迹存在,并与几条航迹同时相关,则该点迹应同属于这几条航迹,这可能是由于航迹交叉等原因造成的。需要强调,在多传感器工作时,必须有公共覆盖区域,否则就谈不到多传感器数据的关联和融合。

3) 相似性度量方法

衡量点迹-点迹对、点迹-航迹对相似程度的方法有相关系数法、距离度量法、关联系数法、概率相似法和概率度量法等。相似性度量方法的选择取决于具体应用。

(1) 相关系数法。

已知两个观测矢量 x 和 y,维数为 M,两个矢量之间的相关系数定义为

$$r_{xy} = \frac{\sum_{i=1}^{M}(x_i - \bar{x})(y_i - \bar{y})}{\sqrt{\sum_{i=1}^{M}(x_i - \bar{x})^2(y_i - \bar{y})^2}} \tag{5-42}$$

式中: x_i, y_i 为第 i 个观测; $\bar{x}, \bar{y}$ 为观测矢量中所有观测的平均值; $-1 \leqslant r_{xy} \leqslant 1$。相关系数描述的是几何距离,可用于任何类型数据;对观测幅度的差值不太敏感。

(2) 距离度量。

方法(欧氏距离):

$$d^2 = (Y - Z)^2 \tag{5-43}$$

(3) 关联系数。

建立二进制变量矢量间的相似性度量。首先形成两个矢量之间的关联表,典型的关联表如表 5-10 所示。

表 5-10 两个矢量之间的典型关联表

二进制矢量 x/y	1	0
1	a	b
0	c	d

注: 1 表示变量存在,0 表示变量不存在; a 表示在 x 和 y 中都存在的特征的数目; b 表示在 x 中存在,在 y 中不存在的特征的数目; c 表示在 x 中不存在,在 y 中存在的特征的数目; d 表示在 x 和 y 中都不存在的特征的数目。

关联系数定义为

$$S_{xy} = \frac{a+d}{a+b+c+d} \tag{5-44}$$

S_{xy} 的范围为 0~1, $S_{xy}=1$ 表示完全相似, $S_{xy}=0$ 表示完全不相似。

7. 赋值策略

观测和航迹的真正关联由赋值策略决定,在构造了所有观测和所有航迹的关联矩阵之后,就可进行赋值,建立赋值矩阵如表 5-11 所示。

表 5-11 赋值矩阵

目标 \ 观测	Y_1	Y_2	Y_3	Y_4
目标 1	d_{11}	d_{12}	d_{13}	d_{14}
目标 2	d_{21}	d_{22}	d_{23}	d_{24}
目标 3	d_{31}	d_{32}	d_{33}	d_{34}

这里以 3 个目标、4 个观测为例,实现方法主要有总距离之和最小准则和采用距离度量最小准则,前者的解是此类问题的最佳解,后者的解是最佳解。最佳解的主要缺点是当目标和观测的数目都比较大时,计算机开销过大,因此一般选择距离度量最小准则。具体赋值矩阵如表 5-12 所示。

表 5-12 具体赋值矩阵

目标 \ 观测	Y_1	Y_2	Y_3	Y_4
目标 1	5	—	4	—
目标 2	9	7	—	—
目标 3	—	6	5	—

采用矩形关联门后得到的关联矩阵,具体数值用欧氏距离的方法得到。采用距离度量最小准则,将观测 3 赋给目标 1,观测 2 赋给目标 3,观测 1 赋给目标 2。按此分配结果,总距离之和是 19。采用总距离之和最小准则,分配方案是:观测 1 赋给目标 1,观测 2 赋给目标 2,观测 3 赋给目标 3,总距离之和为 17,即每个观测到目标 i 的距离和。

8. 数据关联的一般步骤

数据关联的 6 个步骤如图 5-25 所示。

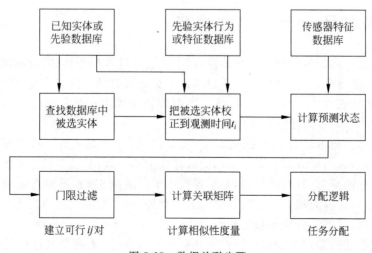

图 5-25 数据关联步骤

（1）查找数据库中的备选实体。

有了备选观测之后，首先从数据库中找出前一采样周期的观测 $z_j(t_j)$ 和表示当前实体状态估计的状态向量 $\hat{x}_j(t_j)$，它们表示实体的位置、速度或身份的估计，为后续处理做准备。前提是数据库中存有前面已经有的观测和状态向量。

（2）把备选实体校正。

当观测时间 t_i 时，将备选实体的状态向量校正到观测时间 t_i。需要对每个备选实体通过求解运动方程确定在时刻 t_i 的状态 x 的预测值。

$$x(t_i) = \phi(t_i, t_j)x(t_j) + n \tag{5-45}$$

式中：$\phi(t_i, t_j)$ 为状态由时刻 t_j 变到 t_i 的转移矩阵；n 为未知噪声，通常为零均值分布的高斯噪声。

（3）计算每个备选实体航迹的预测位置。

通过观测方程预测每个备选实体的预测位置：$x_j(t_i+1) = g[x_j(t_i)] + n$。其中函数 g 表示实体 j 通过时刻 t_i 的状态向量 $x_j(t_i)$ 预测该实体在 t_i+1 时刻的状态所需的变换；n 为观测噪声，通常是零均值分布的高斯噪声。

（4）门限过滤。

通过物理或统计方法滤除关联过程中不太可能的或所不希望的观测-观测对和观测-航迹对以及噪声和干扰，减少计算量，防止计算机过载，同时提高关联速度，以便实时处理。

（5）计算关联矩阵。

关联矩阵中的元素 S_{ij} 是用来衡量 k 时刻观测 $z_i(k)$ 与预测值 $x_j(k)$ 接近程度或相似程度的一个量。

$$S_{ij} = [z_i(k) - x_j(k)]^T (R_i + R_j)^{-1} [z_i(k) - x_j(k)] \tag{5-46}$$

（6）分配准则的实现。

应用判定逻辑来说明观测 $z_i(k)$ 与某实体或状态向量之间的关系，把当前的测量值分配给某个集合或实体。

5.7 状态估计——卡尔曼滤波

状态估计主要内容是位置与速度估计，其中位置估计包括距离、方位和高度或仰角的估计，速度估计包括速度、加速度估计。其根本任务是通过数学方法寻求与观测数据最佳拟合的状态向量，具体表现为：确定运动目标的当前位置与速度；确定运动目标的未来位置与速度；确定运动目标的固有特征或特征参数。

状态估计的主要方法有卡尔曼滤波、α-β 滤波以及 α-β-γ 滤波等。这些方法针对匀速或匀加速目标提出，如目标真实运动与采用的目标模型不一致，滤波器就会发散。状态估计难点在于机动目标的跟踪，针对此问题，有学者提出了自适应 α-β 滤波和自适应卡尔曼滤波方法，这些方法可以改善对机动目标的跟踪能力。此外，卡尔曼滤波器解决运动目标或实体的状态估计问题时，动态方程和测量方程均为线性。

由于卡尔曼滤波器对机动目标跟踪中具有良好的性能，本身是最佳估计并能够进行递归计算，只需当前的一个测量值和前一个采样周期的预测值就能进行状态估计，因而被广泛应用于通信、雷达、导航、自动控制等领域，可实现航天器的轨道计算、雷达目标跟踪、生产过程的自动控制等。

5.7.1 数字滤波器作估值器

1. 非递归估值器

采样平均估值器如图 5-26 所示,采用时域分析方法在掺杂有噪声的测量信号中估计信号 x。根据数字信号处理技术,所谓非递归数字滤波器是一种只有前馈而没有反馈的滤波器。假定用 z_k 表示观测值 $z_k = x + n_k$,令 $E(x) = x_0$,$D(x) = \sigma_x^2$,$E(n_k) = 0$,$E(n_k^2) = \sigma_n^2$,式中:x 为恒定信号或称被估参量;n_k 为观测噪声采样;$h_1, h_2, \cdots, h_m$ 为滤波器的脉冲响应 h_j 的采样,或称滤波器的加权系数。滤波器的输出

$$\hat{X} = \sum_{i=1}^{m} h_i z_i \tag{5-47}$$

由

$$h_1 = h_2 = \cdots = h_m = 1/m \tag{5-48}$$

则

$$\hat{X} = \frac{1}{m} \sum_{i=1}^{m} z_i \tag{5-49}$$

该式表明,估计是用 m 个采样值的平均值作为被估参量 x 的近似值的,故称其为采样平均估值器。

均方误差估计为

$$P_\varepsilon = E(\varepsilon^2) = E[(\hat{x} - x)^2] = E\left[\left(\frac{1}{m} \sum_{i=1}^{m} z_i - x\right)^2\right] = E\left[\left(\frac{1}{m} \sum_{i=1}^{m} (x + n_i) - x\right)^2\right]$$

$$= E\left[\left(\frac{1}{m} \sum_{i=1}^{m} n_i\right)^2\right] = E\left[\frac{1}{m^2} \sum_{j=1}^{m} \sum_{i=1}^{m} n_j n_i\right] = \frac{1}{m^2} \cdot (m\sigma_n^2) = \frac{\sigma_n^2}{m} \tag{5-50}$$

可见,估计值 $\hat{X}$ 是用 m 个采样值的平均值作为被估参量 x 的近似值;估值器的均方误差随着 m 的增加而减少;该估值器是一个无偏估值器。

$$E(\hat{X}) = E\left[\frac{1}{m} \sum_{i=1}^{m} (x + n_i)\right] = E(x) = x_0 \tag{5-51}$$

2. 递归估值器

一阶递归估值器如图 5-27 所示,a 为滤波器的加权系数,$a < 1$。一阶递归滤波器输入输出信号关系为

$$\begin{cases} y_k = a y_{k-1} + z_k \\ z_k = x + n_k \end{cases} \tag{5-52}$$

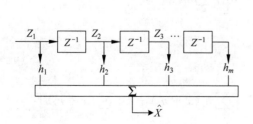

图 5-26 采样平均估值器

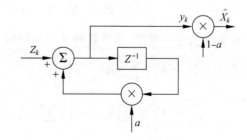

图 5-27 一阶递归估值器

z_k 与非递归情况相同；a 是一个小于 1 的滤波器加权系数，如果它大于或等于 1，该滤波器就不稳定了。

k 时刻的输出为

$$y_k = a^{k-1}z_1 + a^{k-2}z_2 + \cdots + az_{k-1} + z_k \tag{5-53}$$

将 z_k 中的信号和噪声分开，并代入，有输出

$$y_k = \frac{1-a^k}{1-a}x + \sum_{i=1}^{k}a^{k-i}n_i \tag{5-54}$$

由于 $|a|<1$，故随着 k 值的增加，y_k 趋近于 $x/(1-a)$。这样，如果以 $(1-a)y_k$ 作为 x 的估计值，则

$$\hat{X}_k = (1-a)y_k \tag{5-55}$$

$$\hat{X}_k = (1-a^k)x + (1-a)\sum_{i=1}^{k}a^{k-i}n_i \tag{5-56}$$

当 k 值较大时，估值的均方误差为

$$P_\varepsilon = E[(\hat{X}_k - x)^2] = E\left[\left((1-a^k)x + (1-a)\sum_{i=1}^{k}a^{k-i}n_i - x\right)^2\right]$$

$$\approx E\left[\left((1-a)\sum_{i=1}^{k}a^{k-i}n_i\right)^2\right] = (1-a)^2 E\left[\left(\sum_{i=1}^{k}a^{k-i}n_i\right)^2\right]$$

$$= (1-a)^2 E\left[\sum_{i=1}^{k}(a^{k-i}n_i)^2\right] = (1-a)^2 \cdot \frac{1-a^{2k}}{1-a^2}\sigma_n^2$$

$$\approx \frac{1-a}{1+a}\sigma_n^2 \tag{5-57}$$

而一次取样的均方误差为

$$P_{\varepsilon 1} = E[(x+n_k-x)^2] = E(n_k^2) = \sigma_n^2 \tag{5-58}$$

故这一结果的均方误差约为一次采样的 $(1-a)/(1+a)$ 倍。

5.7.2 线性均方估计

1. 最优非递归估计

非递归滤波器的估计值及其误差估计可分别表示为

$$\begin{cases} \hat{X} = \sum_{i=1}^{m}h_iz_i \\ P_\varepsilon = E[(\hat{X}-x)^2] = E\left[\left(\sum_{i=1}^{m}h_iz_i - x\right)^2\right] \end{cases} \tag{5-59}$$

对 m 个参数逐一求导，令导数等于零，可得

$$P_\varepsilon = E\left[\left(\sum_{i=1}^{m}h_iz_i - x\right)^2\right] \tag{5-60}$$

$$\frac{\partial p_\varepsilon}{\partial h_i} = E\left[2\left(\sum_{i=1}^{m}h_iz_i - x\right)\sum_{i=1}^{m}z_i\right] = E\left[\left(\sum_{i=1}^{m}h_i(x+n_i) - x\right)\sum_{i=1}^{m}(x+n_i)\right]$$

$$= E\left[\left(\sum_{i=1}^{m}\left(h_i - \frac{1}{m}\right)x + \sum_{i=1}^{m}h_in_i\right)\left(mx + \sum_{i=1}^{m}n_i\right)\right]$$

$$= E\left[\sum_{i=1}^{m}(mh_i-1)x^2\right] + E\left[\sum_{i=1}^{m}h_i n_i^2\right] = 0 \tag{5-61}$$

$$(mh_i-1)\sigma_x^2 + h_i\sigma_n^2 = 0 \tag{5-62}$$

$$h_i = \frac{1}{m+\dfrac{\sigma_n^2}{\sigma_x^2}} \tag{5-63}$$

$$\hat{X} = \frac{1}{m+b}\sum_{i=1}^{m}z_i \tag{5-64}$$

$$P_\varepsilon = E[(\hat{X}-x)^2] = \frac{1}{m+b}\sigma_n^2 \tag{5-65}$$

式中：$b=\sigma_n^2/\sigma_x^2$，$h_1=h_2=\cdots=h_m=\dfrac{1}{m+b}$。$b\ll m$ 时，最优非递归估计近似于采样平均，在噪声方差 σ_n^2 较大时，性能明显优于非最佳情况。这种最小均方误差准则下的线性滤波，通常称作标量维纳滤波。

2. 递归估计

由前述可知，非递归估值器可以表示为

$$\hat{X}_k = \sum_{i=1}^{k}h_i z_i = \sum_{i=1}^{k}h_i(k)z_i \tag{5-66}$$

$k+1$ 次取样后

$$\hat{X}_{k+1} = \sum_{i=1}^{k+1}h_i z_i = \sum_{i=1}^{k+1}h_i(k+1)z_i$$

误差估计：

$$P_\varepsilon(k) = \frac{1}{k+b}\sigma_n^2$$

$$P_\varepsilon(k+1) = \frac{1}{(k+1)+b}\sigma_n^2 \tag{5-67}$$

由于 $b=\sigma_n^2/\sigma_x^2$ 及 $h_i(k)=1/(k+b)$，令

$$h_i(k) = \frac{P_\varepsilon(k)}{\sigma_n^2} = b_k$$

$$h_i(k+1) = \frac{P_\varepsilon(k+1)}{\sigma_n^2} = b_{k+1} \tag{5-68}$$

则

$$\frac{b_{k+1}}{b_k} = \frac{k+b}{k+b+1} = \frac{1}{1+1/(k+b)} \tag{5-69}$$

$$b_{k+1} = \frac{b_k}{1+b_k} \tag{5-70}$$

$$\hat{X}_{k+1} = b_{k+1}\sum_{i=1}^{k+1}z_i \tag{5-71}$$

分成两项

$$\hat{X}_{k+1} = b_{k+1}\sum_{i=1}^{k}z_i + b_{k+1}z_{k+1} \tag{5-72}$$

第一项同时乘、除一个 b_k

$$\hat{X}_{k+1} = \frac{b_{k+1}}{b_k}\sum_{i=1}^{k}b_k z_i + b_{k+1}z_{k+1} = \frac{b_{k+1}}{b_k}\hat{X}_k + b_{k+1}z_{k+1} \tag{5-73}$$

$$\hat{X}_{k+1} = \hat{X}_k + b_{k+1}(z_{k+1} - \hat{X}_k) \tag{5-74}$$

或者

$$\hat{X}_{k+1} = \frac{1}{1+b_k}\hat{X}_k + \frac{b_k}{1+b_k}z_{k+1} \tag{5-75}$$

1) 最优递归估计器 I

如图 5-28 所示为最优递归估计器的一种表示。

递归公式为

$$\hat{X}_{k+1} = \frac{1}{1+b_k}\hat{X}_k + \frac{b_k}{1+b_k}z_{k+1} \tag{5-76}$$

2) 最优递归估计器 II

最优递归估计器另一种表示如图 5-29 所示。

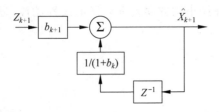
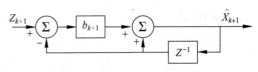

图 5-28 最优递归估计器 I   图 5-29 最优递归估值器 II

递归公式为

$$\hat{X}_{k+1} = \hat{X}_k + b_{k+1}(z_{k+1} - \hat{X}_k) \tag{5-77}$$

应用时要注意初始条件，即递推开始时的初始值

$$\frac{\partial E[(x - \hat{X}_0)^2]}{\partial \hat{X}_0} = 0 \tag{5-78}$$

为使 $\hat{X}_0$ 最佳，递推初始条件，$\hat{X}_0 = E(x)$。若 $E(x) = 0$，从零开始递推

$$\hat{X}_0 = 0$$

$$b_0 = \frac{\sigma_x^2}{\sigma_n^2} = \frac{1}{b} \tag{5-79}$$

5.7.3 标量卡尔曼滤波器

标量卡尔曼滤波器主要是对掺杂有噪声的随机信号进行线性估计。

1. 模型

1) 信号模型

设要估计的随机信号为由均值为 0、方差为 σ_w^2 的白噪声激励的一个一阶递归过程，即信号对时间变化满足动态方程

$$x(k) = ax(k-1) + w(k-1) \tag{5-80}$$

式中：a 为系统参数；$w(k-1)$ 为均值为 0 的白噪声采样。

如果令 $x(0) = 0, E[x(k)] = 0$，则

$$P_w(j) = E[w(k)w(k+j)] = \begin{cases} 0, & j \neq 0 \\ \sigma_w^2, & j = 0 \end{cases} \tag{5-81}$$

$x(k)$ 的均值和方差分别为

$$\begin{cases} E[x(k)] = 0 \\ D[x(k)] = E[x^2(k)] = E[(a^2 x^2(k-1) + 2ax(k-1)w(k-1) + w^2(k-1))] \\ \quad\quad = a^2 \sigma_x^2 + \sigma_w^2 = P_x(0) = \sigma_x^2 = \dfrac{\sigma_w^2}{1-a^2} \end{cases}$$
$$\tag{5-82}$$

自相关函数

$$\begin{aligned} E[x(k)x(k+j)] &= E[x(k)(ax(k+j-1) + w(k+j-1))] \\ &= E[x(k)(a(ax(k+j-2) + w(k+j-2)) + w(k+j-1))] \\ &= E[x(k)(a^j x(k) + a^{j-1}w(k) + a^{j-2}w(k+1) + \cdots + \\ &\quad\quad aw(k+j-2) + w(k+j-1))] \\ &= E[a^j x^2(k)] = P_x(j) = a^j P_x(0) \end{aligned}$$

2) 观测模型

观测模型由下式给出：

$$z(k) = cx(k) + v(k) \tag{5-83}$$

式中：c 为测量因子；$v(k)$ 为 $E(\cdot) = 0$ 且 $D(\cdot) = \sigma_n^2$ 的白噪声。

2. 标量卡尔曼滤波器

由前述将递归估计的形式写成

$$\hat{X}(k) = a(k)\hat{X}(k-1) + b(k)z(k) \tag{5-84}$$

均方误差

$$\begin{aligned} P_\varepsilon(k) &= E[(\hat{X}(k) - x(k))^2] \\ &= E[(a(k)\hat{X}(k-1) + b(k)z(k) - x(k))^2] \end{aligned} \tag{5-85}$$

分别对 $a(k)$ 和 $b(k)$ 求导，并令其等于 0，求其最佳估计，得出 $a(k)$ 与 $b(k)$ 的关系：

$$a(k) = a[1 - cb(k)] \tag{5-86}$$

$$\frac{\partial P_\varepsilon(k)}{\partial a(k)} = E[(\hat{X}(k) - x(k))\hat{X}(k-1)] = 0 \tag{5-87}$$

将公式代入并移项

$$\hat{X}(k) = a(k)\hat{X}(k-1) + b(k)z(k) \tag{5-88}$$

$$\begin{aligned} E[a(k)\hat{X}^2(k-1)] &= E[(x(k) - b(k)z(k))\hat{X}(k-1)] \\ &= E[(x(k) - cb(k)x(k) - b(k)v(k))\hat{X}(k-1)] \\ &= E[(1 - cb(k))(ax(k-1) + w(k-1))\hat{X}(k-1)] \\ &= E[a(1 - cb(k))x(k-1)\hat{X}(k-1)] \end{aligned} \tag{5-89}$$

$$a(k) = a[1 - cb(k)] \tag{5-90}$$

最后得递归估值器：

$$\hat{X}(k) = a\hat{X}(k-1) + b(k)[z(k) - ac\hat{X}(k-1)] \tag{5-91}$$

下面推导 $b(k)$ 的求解公式：

$$\frac{\partial p_\varepsilon(k)}{\partial b(k)} = E[e(k)z(k)] = E[(\hat{X}(k) - x(k))z(k)] = 0$$

$$\Downarrow$$

$$b(k)E[c^2(a^2x^2(k-1) + 2ax(k-1)w(k-1) + w^2(k-1)) + 2cx(k)v(k) +$$

$$v^2(k) - ac\hat{X}(k-1)(acx(k-1) + cw(k-1) + v(k))]$$

$$= E[(ax(k-1) + w(k-1) - a\hat{X}(k-1))(c(ax(k-1) + w(k-1)) + v(k))]$$

$$\Downarrow$$

$$b(k)E[c^2(a^2x^2(k-1) - a^2\hat{X}(k-1)x(k-1) + w^2(k-1)) + v^2(k)]$$

$$= cE[a^2(x^2(k-1) - \hat{X}(k-1)x(k-1)) + w^2(k-1)]$$

$$\Downarrow$$

$$b(k)(c^2(a^2p_\varepsilon(k-1) + \sigma_w^2) + \sigma_n^2) = c(a^2p_\varepsilon(k-1) + \sigma_w^2)$$

$$\Downarrow$$

$$b(k) = \frac{c(a^2p_\varepsilon(k-1) + \sigma_w^2)}{c^2(a^2p_\varepsilon(k-1) + \sigma_w^2) + \sigma_n^2} \tag{5-92}$$

式中：$p_\varepsilon(k-1) = E[(x(k-1) - \hat{X}(k-1))^2] = E[x^2(k-1) - \hat{X}(k-1)x(k-1)]$。

滤波器增益：

$$b(k) = \frac{cp_1(k)}{c^2p_1(k) + \sigma_n^2} \tag{5-93}$$

式中：$p_1(k) = a^2p_\varepsilon(k-1) + \sigma_w^2$；$p_\varepsilon(k) = \frac{1}{c}\sigma_n^2 b(k)$。

对于给定的信号模型和观测模型，上述一组方程便称为一维标量卡尔曼滤波器，其结构如图 5-30 所示。

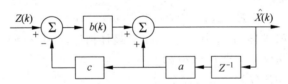

图 5-30　标量卡尔曼滤波器结构

3. 标量卡尔曼预测器

标量卡尔曼滤波是对掺杂有噪声的随机信号进行线性估计。但经常要对信号的未来值进行预测，特别是在控制系统中。根据预测提前时间的多少，把预测分成 1 步、2 步、$\cdots$、m 步预测，通常把 1 步预测记作 $\hat{X}(k+1/k)$。预测的步数越多，误差越大。这里仅讨论 1 步预测问题。

信号模型和观测模型同前：

$$\begin{cases} x(k) = ax(k-1) + w(k-1) \\ z(k) = cx(k) + v(k) \end{cases} \tag{5-94}$$

根据前一节，得一步线性预测递推公式：

$$\hat{X}(k+1/k) = \alpha(k)\,\hat{X}(k/k-1) + \beta(k)z(k) \tag{5-95}$$

其中,$\alpha(k)$和$\beta(k)$可以通过使预测均方误差最小来确定。预测的均方误差可表示为

$$P_\varepsilon(k+1/k) = E[e^2(k+1/k)] = E[x(k+1/k) - \hat{X}(k+1/k)]^2 \tag{5-96}$$

将预测方程代入该式,并求导,得到一组正交方程:

$$\begin{cases} E[e(k+1/k)\,\hat{X}(k/k-1)] = 0 \\ E[e(k+1/k)z(k)] = 0 \end{cases} \tag{5-97}$$

$$E[(x(k+1/k) - \hat{X}(k+1/k))\,\hat{X}(k/k-1)] = 0 \tag{5-98}$$

$$E[(x(k+1/k) - \alpha(k)\,\hat{X}(k/k-1) - \beta(k)z(k))\,\hat{X}(k/k-1)] = 0 \tag{5-99}$$

$$E[\alpha(k)\,\hat{X}^2(k/k-1)] = E[(x(k+1/k) - \beta(k)z(k))\,\hat{X}(k/k-1)]$$

$$= E[(ax(k/k-1) + w(k/k-1) - c\beta(k)x(k/k-1) - \beta(k)v(k/k-1))\,\hat{X}(k/k-1)]$$

$$= E[(a - c\beta(k))x(k/k-1)\,\hat{X}(k/k-1)]$$

解之,得

$$\alpha(k) = a - c\beta(k)$$

将其代入预测方程,有

$$\hat{X}(k+1/k) = a\,\hat{X}(k/k-1) + \beta(k)[z(k) - c\,\hat{X}(k/k-1)] \tag{5-100}$$

进一步可求出

$$P_\varepsilon(k+1/k) = \frac{a}{c}\sigma_n^2\beta(k) + \sigma_w^2 \tag{5-101}$$

$$\beta(k) = \frac{acP_\varepsilon(k/k-1)}{c^2P_\varepsilon(k/k-1) + \sigma_n^2} \tag{5-102}$$

由以上表达式可以看出,可根据预测均方误差 $P_\varepsilon(k/k-1)$ 计算 $\beta(k)$,然后再给出 $P_\varepsilon(k+1/k)$ 的预测均方误差。

最优一步预测器如图 5-31 所示。

最优一步预测及滤波器如图 5-32 所示。

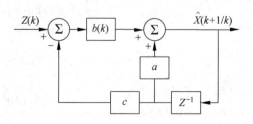

图 5-31　最优一步预测器

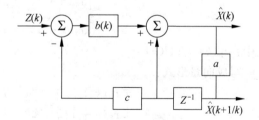

图 5-32　最优一步预测及滤波器

5.7.4　向量卡尔曼滤波器

1. 信号向量和数据向量

如果要求对 q 个信号进行同时估计,这 q 个信号在 k 时刻的采样值记作 $x_1(k), x_2(k), \cdots,$

$x_q(k)$。假设每个信号都是由一阶自回归过程产生的,即第 α 个信号在时刻 k 的采样值为

$$x_a(k) = a_a x_a(k-1) + w_a(k-1), \quad \alpha = 1,2,\cdots,q$$

每个 w_a 过程都是白噪声、零均值的,与其他过程的采样是独立的。于是把 q 个信号与 q 个白噪声组成的 q 维向量分别表示成

$$\boldsymbol{X}(k) = \begin{bmatrix} x_1(k) \\ x_2(k) \\ \vdots \\ x_q(k) \end{bmatrix}, \quad \boldsymbol{W}(k) = \begin{bmatrix} w_1(k) \\ w_2(k) \\ \vdots \\ w_q(k) \end{bmatrix} \tag{5-103}$$

显然,$\boldsymbol{X}(k) = \boldsymbol{A}\boldsymbol{X}(k-1) + \boldsymbol{W}(k-1)$;

$$\boldsymbol{A} = \begin{bmatrix} a_1 & 0 & \cdots & 0 \\ 0 & a_2 & \cdots & 0 \\ \vdots & \vdots & & \vdots \\ 0 & 0 & \cdots & a_q \end{bmatrix} \tag{5-104}$$

如果信号不满足一阶递归差分方程,而满足二阶递归差分方程,即

$$x(k) = ax(k-1) + bx(k-2) + w(k-1) \tag{5-105}$$

定义两个分量,$x_1(k) = x(k)$,$x_2(k) = x_1(k-1) = x(k-1)$,

$$\begin{bmatrix} x_1(k) \\ x_2(k) \end{bmatrix} = \begin{bmatrix} a & b \\ 1 & 0 \end{bmatrix} \cdot \begin{bmatrix} x_1(k-1) \\ x_2(k-1) \end{bmatrix} + \begin{bmatrix} w(k-1) \\ 0 \end{bmatrix} \tag{5-106}$$

$$\boldsymbol{X}(k) = \boldsymbol{A}\boldsymbol{X}(k-1) + \boldsymbol{W}(k-1) \tag{5-107}$$

结果把一个二阶差分方程变成了一个一阶二维向量方程,该方程用起来更简单方便。

用 $\boldsymbol{R}(k)$ 表示 k 时刻的距离,$\dot{\boldsymbol{R}}(k)$ 表示 k 时刻的速度,$\boldsymbol{U}(k)$ 表示 k 时刻的加速度,T 表示采样周期,则

$$\begin{cases} \boldsymbol{R}(k+1) = \boldsymbol{R}(k) + T\dot{\boldsymbol{R}}(k) \\ \dot{\boldsymbol{R}}(k+1) = \dot{\boldsymbol{R}}(k) + TU(k) \end{cases} \tag{5-108}$$

写成一般形式:

$$\begin{cases} x_1(k+1) = x_1(k) + Tx_2(k) \\ x_2(k+1) = x_2(k) + u_1(k) \end{cases} \tag{5-109}$$

式中: $u_1(k) = TU(k)$。

写成向量形式:

$$\begin{bmatrix} x_1(k+1) \\ x_2(k+1) \end{bmatrix} = \begin{bmatrix} 1 & T \\ 0 & 1 \end{bmatrix} \begin{bmatrix} x_1(k) \\ x_2(k) \end{bmatrix} + \begin{bmatrix} 0 \\ u_1(k) \end{bmatrix} \tag{5-110}$$

一阶向量形式:

$$\boldsymbol{X}(k+1) = \boldsymbol{A}\boldsymbol{X}(k) + \boldsymbol{W}(k)$$

$$\begin{cases} z_1(k) = c_1 x_1(k) + v_1(k) \\ z_2(k) = c_2 x_2(k) + v_2(k) \\ \vdots \\ z_r(k) = c_r x_r(k) + v_r(k) \end{cases} \tag{5-111}$$

在对信号向量进行估计的过程中，同时产生 r 个含有噪声的测量值，记作 $z_1(k),z_2(k),\cdots,$ $z_r(k)$。则得到一组观测方程：

$$\boldsymbol{Z}(k) = \boldsymbol{C}\boldsymbol{X}(k) + \boldsymbol{V}(k) \tag{5-112}$$

如果 r 等于 q，$\boldsymbol{C}$ 即是观测矩阵。

$$\boldsymbol{C} = \begin{bmatrix} c_1 & 0 & \cdots & 0 \\ 0 & c_2 & \cdots & 0 \\ \vdots & \vdots & & \vdots \\ 0 & 0 & \cdots & c_r \end{bmatrix}$$

2. 向量问题的表示

根据前面的讨论，我们完全可以把前面的信号模型动态方程和观测方程写成如下形式：

$$\begin{cases} \boldsymbol{X}(k) = \boldsymbol{A}\boldsymbol{X}(k-1) + \boldsymbol{W}(k) \\ \boldsymbol{Y}(k) = \boldsymbol{C}\boldsymbol{X}(k) + \boldsymbol{V}(k) \end{cases} \tag{5-113}$$

采用标量运算和矩阵运算的等价关系，推广到多维情况：

标量	矩阵
$a+b$	$\boldsymbol{A}+\boldsymbol{B}$
ab	$\boldsymbol{A}\boldsymbol{B}$
$a^2 b$	$\boldsymbol{A}\boldsymbol{B}\boldsymbol{A}^{\mathrm{T}}$
$1/(a+b)$	$(\boldsymbol{A}+\boldsymbol{B})^{-1}$

据此，可以将观测噪声的方差变成协方差矩阵：

$$\boldsymbol{R}(k) = E[\boldsymbol{V}(k)\boldsymbol{V}^{\mathrm{T}}(k)] \tag{5-114}$$

对两个信号的情况，则有

$$\boldsymbol{R}(k) = \begin{bmatrix} E[v_1^2(k)] & E[v_1(k)v_2(k)] \\ E[v_2(k)v_1(k)] & E[v_2^2(k)] \end{bmatrix} = \begin{bmatrix} \sigma_{v_{1,1}}^2 & \sigma_{v_{1,2}}^2 \\ \sigma_{v_{2,1}}^2 & \sigma_{v_{2,2}}^2 \end{bmatrix} \tag{5-115}$$

同理，也可以把系统噪声的方差变成协方差矩阵，即

$$\boldsymbol{Q}(k) = E[\boldsymbol{W}(k)\boldsymbol{W}^{\mathrm{T}}(k)] \tag{5-116}$$

由于系统噪声采样互不相关，该协方差矩阵的非对角线元素的值均为 0。单一信号均方误差也可变成协方差矩阵，即

$$\boldsymbol{P}(k) = E[\boldsymbol{E}(k)\boldsymbol{E}^{\mathrm{T}}(k)] \tag{5-117}$$

3. 向量卡尔曼滤波器

利用前面的概念，直接把标量卡尔曼滤波器公式变成向量卡尔曼滤波器公式：

$$\hat{\boldsymbol{X}}(k) = \boldsymbol{A}\,\hat{\boldsymbol{X}}(k-1) + \boldsymbol{K}(k)[\boldsymbol{Z}(k) - \boldsymbol{C}\boldsymbol{A}\,\hat{\boldsymbol{X}}(k-1)] \tag{5-118}$$

滤波器增益：

$$\boldsymbol{K}(k) = \boldsymbol{P}_1(k)\boldsymbol{C}^{\mathrm{T}}[\boldsymbol{C}\boldsymbol{P}_1(k)\boldsymbol{C}^{\mathrm{T}} + \boldsymbol{R}(k)]^{-1} \tag{5-119}$$

实际上，它是预测协方差

$$\boldsymbol{P}_1(k) = \boldsymbol{A}\boldsymbol{P}(k-1)\boldsymbol{A}^{\mathrm{T}} + \boldsymbol{Q}(k-1) \tag{5-120}$$

误差协方差矩阵

$$\boldsymbol{P}(k) = \boldsymbol{P}_1(k) - \boldsymbol{K}(k)\boldsymbol{C}\boldsymbol{P}_1(k) \tag{5-121}$$

向量卡尔曼滤波器结构如图 5-33 所示。

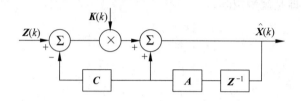

图 5-33　向量卡尔曼滤波器结构

增益矩阵 $\boldsymbol{K}(k)$ 的计算流程如图 5-34 所示。

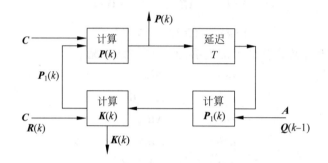

图 5-34　增益矩阵计算流程

根据 $k-1$ 时刻的误差协方差矩阵 $\boldsymbol{P}(k-1)$ 计算预测协方差 $\boldsymbol{P}_1(k)$，进而计算得到滤波器增益 $\boldsymbol{K}(k)$，通过滤波器增益 $\boldsymbol{K}(k)$，预测协方差 $\boldsymbol{P}_1(k)$，计算出 k 时刻的误差协方差矩阵 $\boldsymbol{P}(k)$，为计算 $k+1$ 时刻的 $\boldsymbol{P}_1(k+1)$ 创造了条件。这样就形成了一个递归计算流程，可以计算不同时刻的增益矩阵。

4. 向量卡尔曼预测器

根据相同的推导方法，可以获得卡尔曼预测器方程组。

预测方程：

$$\hat{\boldsymbol{X}}(k+1/k) = \boldsymbol{A}\,\hat{\boldsymbol{X}}(k/k-1) + \boldsymbol{G}(k)\big[\boldsymbol{Z}(k) - \boldsymbol{C}\hat{\boldsymbol{X}}(k/k-1)\big]$$

预测增益：

$$\boldsymbol{G}(k) = \boldsymbol{A}\boldsymbol{P}(k/k-1)\boldsymbol{C}^{\mathrm{T}}\big[\boldsymbol{C}\boldsymbol{P}(k/k-1)\boldsymbol{C}^{\mathrm{T}} + \boldsymbol{R}(k)\big]^{-1} = \boldsymbol{A}\boldsymbol{K}(k)$$

预测均方误差：

$$\boldsymbol{P}(k+1/k) = \big[\boldsymbol{A} - \boldsymbol{G}(k)\boldsymbol{C}\big]\boldsymbol{P}(k/k-1)\boldsymbol{A}^{\mathrm{T}} + \boldsymbol{Q}(k)$$

它们与标量的情况是一一对应的，只是用 $\boldsymbol{G}(k)$ 代替了 $\beta(k)$，就可以将滤波和预测用同一个方框图表示出来。

卡尔曼滤波器应用广泛，这里只对其进行简单归纳。卡尔曼滤波器的主要特性：卡尔曼滤波器是一个递归、线性、无偏和方差最小的滤波器；如果过程噪声和观测噪声是正态高斯白噪声，则它保持最佳特性。

卡尔曼滤波器模型：

目标运动模型：
$$\begin{bmatrix} X_1(t+T) \\ X_2(t+T) \\ \dot{X}_1(t+T) \\ \dot{X}_2(t+T) \end{bmatrix} = \begin{bmatrix} 1 & 0 & T & 0 \\ 0 & 1 & 0 & T \\ 0 & 0 & 1 & 0 \\ 0 & 0 & 0 & 1 \end{bmatrix} \begin{bmatrix} X_1(t) \\ X_2(t) \\ \dot{X}_1(t) \\ \dot{X}_2(t) \end{bmatrix} + \begin{bmatrix} W_1(t) \\ W_2(t) \\ \dot{W}_1(t) \\ \dot{W}_2(t) \end{bmatrix} \quad (5\text{-}122)$$

位置测量模型：
$$\begin{bmatrix} Z_1(t) \\ Z_2(t) \end{bmatrix} = \begin{bmatrix} 1 & 0 & 0 & 0 \\ 0 & 1 & 0 & 0 \end{bmatrix} \begin{bmatrix} X_1(t) \\ X_2(t) \\ \dot{X}_1(t) \\ \dot{X}_2(t) \end{bmatrix} + \begin{bmatrix} V_1(t) \\ V_2(t) \end{bmatrix} \quad (5\text{-}123)$$

状态方程：
$$X(t+T) = \boldsymbol{\Phi}(t)X(t) + W(t); \quad Q(t) = E[W(t)W^T(t)] \quad (5\text{-}124)$$

观测方程：
$$Z(t) = HX(t) + V(t); \quad R(t) = E[V(t)V^T(t)] \quad (5\text{-}125)$$

5.7.5　卡尔曼滤波器的应用

1. 系统矩阵

假定系统矩阵是四维矩阵，即距离、速度、方位角及其变化率，它们分别由 R、$\dot{R}$、θ 和 $\dot{\theta}$ 表示，距离方向上的加速度和角度方向的加速度分别由 $u_r(k)$ 和 $u_\theta(k)$ 表示。状态方程为

$$\begin{cases} R(k+1) = R(k) + T\dot{R}(k) \\ \dot{R}(k+1) = \dot{R}(k) + Tu_r(k) = \dot{R}(k) + u_1(k) \\ \theta(k+1) = \theta(k) + T\dot{\theta}(k) \\ \dot{\theta}(k+1) = \dot{\theta}(k) + Tu_\theta(k) = \dot{\theta}(k) + u_2(k) \end{cases} \quad (5\text{-}126)$$

则系统方程为

$$X(k+1) = AX(k) + W(k)$$
$$\begin{bmatrix} x_1(k+1) \\ x_2(k+1) \\ x_3(k+1) \\ x_4(k+1) \end{bmatrix} = \begin{bmatrix} 1 & T & 0 & 0 \\ 0 & 1 & 0 & 0 \\ 0 & 0 & 1 & T \\ 0 & 0 & 0 & 1 \end{bmatrix} \begin{bmatrix} x_1(k) \\ x_2(k) \\ x_3(k) \\ x_4(k) \end{bmatrix} + \begin{bmatrix} 0 \\ u_1(k) \\ 0 \\ u_2(k) \end{bmatrix} \quad (5\text{-}127)$$

用标准符号 $x_1(k), x_2(k), x_3(k), x_4(k)$ 分别表示 $R(k)$、$\dot{R}(k)$、$\theta(k)$、$\dot{\theta}(k)$。
式中：A 为系统矩阵；$W(k)$ 为噪声项。

2. 观测矩阵

假定观测值只有距离和方位两个，即 R 和 θ，分别用 z_1 和 z_2 表示。它们是由状态值和测量噪声组成的，且测量噪声是相互独立的零均值的白噪声。

测量方程

$$\begin{cases} z_1(k) = R(k) + v_1(k) \\ z_2(k) = \theta(k) + v_2(k) \end{cases} \tag{5-128}$$

$$\boldsymbol{Z}(k) = \boldsymbol{CX}(k) + \boldsymbol{V}(k) \tag{5-129}$$

$$\begin{bmatrix} z_1(k) \\ z_2(k) \end{bmatrix} = \begin{bmatrix} 1 & 0 & 0 & 0 \\ 0 & 0 & 1 & 0 \end{bmatrix} \begin{bmatrix} x_1(k) \\ x_2(k) \\ x_3(k) \\ x_4(k) \end{bmatrix} + \begin{bmatrix} v_1(k) \\ v_2(k) \end{bmatrix} \tag{5-130}$$

式中：$x_1(k) = R(k)$；$x_3(k) = \theta(k)$。可见，以上两个问题实际上是建立模型问题。

3. 观测噪声协方差矩阵

在计算滤波器增益时，需知观测噪声的协方差矩阵。由于只有两个参数，因此，方位和距离观测噪声相互独立的条件为

$$\boldsymbol{U}(k) = \begin{bmatrix} E[v_1^2(k)] & E[v_1(k)v_2(k)] \\ E[v_2(k)v_1(k)] & E[v_2^2(k)] \end{bmatrix} = \begin{bmatrix} \sigma_R^2 & 0 \\ 0 & \sigma_\theta^2 \end{bmatrix} \tag{5-131}$$

4. 系统噪声协方差矩阵

假定目标作匀速运动，由于大气湍流等因素的影响，目标产生随机加速度，在距离和方位上都存在随机扰动，于是有：系统噪声的协方差矩阵

$$\boldsymbol{W} = \begin{bmatrix} 0 \\ W_{\dot{R}} \\ 0 \\ W_{\dot{\theta}} \end{bmatrix} [0,1], \quad E[W_{\dot{R}}] = 0, \quad E[W_{\dot{\theta}}] = 0, \quad E[W_{\dot{R}}W_{\dot{\theta}}] = 0 \tag{5-132}$$

5. 滤波器的初值

滤波器初始化时，先利用一种比较简单的方法确定 $\hat{\boldsymbol{X}}(2)$，可利用时刻 1 和时刻 2 两点的距离和方位测量值，即 $z_1(1),z_1(2),z_2(1),z_2(2)$，建立 $\hat{\boldsymbol{X}}(2)$，而忽略随机加速度。

$$\hat{\boldsymbol{X}}(2) = \begin{cases} \hat{X}_1(2) = \hat{R}(2) = z_1(2) \\ \hat{X}_2(2) = \hat{\dot{R}}(2) = \dfrac{1}{T}[z_1(2) - z_1(1)] \\ \hat{X}_3(2) = \hat{\theta}(2) = z_2(2) \\ \hat{X}_4(2) = \hat{\dot{\theta}}(2) = \dfrac{1}{T}[z_2(2) - z_2(1)] \end{cases} \tag{5-133}$$

6. 均方误差矩阵

根据系统方程和观测方程

$$\begin{cases} x_1(2) = x_1(1) + Tx_2(1) \\ x_2(2) = x_2(1) + u_1(1) \\ x_3(2) = x_3(1) + Tx_4(1) \\ x_4(2) = x_4(1) + u_2(1) \end{cases}, \quad \begin{cases} z_1(1) = x_1(1) + v_1(1) \\ z_1(2) = x_1(2) + v_1(2) \\ z_2(1) = x_3(1) + v_2(1) \\ z_2(2) = x_3(2) + v_2(2) \end{cases} \tag{5-134}$$

$$\begin{cases} x_1(2) - \hat{X}_1(2) = -v_1(2) \\ x_2(2) - \hat{X}_2(2) = u_1(1) - \dfrac{v_1(2) - v_1(1)}{T} \\ x_3(2) - \hat{X}_3(2) = -v_2(2) \\ x_4(2) - \hat{X}_4(2) = u_2(1) - \dfrac{v_2(2) - v_2(1)}{T} \end{cases} \tag{5-135}$$

写成矩阵形式

$$\boldsymbol{X}(2) - \hat{\boldsymbol{X}}(2) = \begin{bmatrix} -v_1(2) \\ u_1(1) - \dfrac{v_1(2) - v_1(1)}{T} \\ -v_2(2) \\ u_2(1) - \dfrac{v_2(2) - v_2(1)}{T} \end{bmatrix} \tag{5-136}$$

初始误差的协方差矩阵

$$\boldsymbol{P}(2) = E\big[(\boldsymbol{X}(2) - \hat{\boldsymbol{X}}(2))(\boldsymbol{X}(2) - \hat{\boldsymbol{X}}(2))^{\mathrm{T}}\big]$$

$$= \begin{bmatrix} p_{11} & p_{12} & p_{13} & p_{14} \\ p_{21} & p_{22} & p_{23} & p_{24} \\ p_{31} & p_{32} & p_{33} & p_{34} \\ p_{41} & p_{42} & p_{43} & p_{44} \end{bmatrix} \tag{5-137}$$

已知 u, v 相互独立,均值为 0,即 $E(u) = 0, E(v) = 0$,各噪声采样之间独立。

迭代所需参数

$$P(2) = \begin{bmatrix} p_{11} & p_{12} & 0 & 0 \\ p_{21} & p_{22} & 0 & 0 \\ 0 & 0 & p_{33} & p_{34} \\ 0 & 0 & p_{43} & p_{44} \end{bmatrix} \tag{5-138}$$

其中,

$$\begin{cases} p_{11} = \sigma_R^2, & p_{33} = \sigma_\theta^2 \\ p_{12} = p_{21} = \dfrac{\sigma_R^2}{T}, & p_{34} = p_{43} = \dfrac{\sigma_\theta^2}{T} \\ p_{22} = \sigma_1^2 + \dfrac{2\sigma_R^2}{T^2}, & p_{44} = \sigma_2^2 + \dfrac{2\sigma_\theta^2}{T^2} \end{cases} \tag{5-139}$$

5.7.6 常系数 α-β 和 α-β-γ 滤波器

1. 常系数 α-β 和 α-β-γ 滤波器模型

对于匀速和匀加速运动的目标,有目标运动模型

$$\begin{cases} X(k+1) = X(k) + T\dot{X}(k) + w(k) \\ X(k+1) = X(k) + T\dot{X}(k) + \dfrac{T^2}{2}\ddot{X}(k) + w(k) \end{cases} \tag{5-140}$$

式中:$w(k)$ 为均值为 0、方差为 σ^2 的高斯白噪声;T 为对目标的采样周期。

对于匀速运动的目标,可以采用均方误差最小的准则进行滤波和预测,即 α-β 和 α-β-γ 滤波器。

常系数 α-β 滤波器定义如下:

滤波方程:
$$\begin{cases} \hat{X}(k) = \hat{X}(k/k-1) + \alpha[Z(k) - \hat{X}(k/k-1)] \\ \hat{V}(k) = \hat{V}(k/k-1) + \dfrac{\beta}{T}[Z(k) - \hat{X}(k/k-1)] \end{cases} \tag{5-141}$$

预测方程:
$$\begin{cases} \hat{X}(k/k-1) = \hat{X}(k-1) + T\hat{V}(k-1) \\ \hat{V}(k/k-1) = \hat{V}(k-1) \end{cases} \tag{5-142}$$

滤波方程和预测方程也可以分别写成如下形式:

$$\begin{cases} \begin{bmatrix} \hat{X}(k) \\ \hat{V}(k) \end{bmatrix} = \begin{bmatrix} (1-\alpha) & (1-\alpha)T \\ -\beta/T & (1-\beta) \end{bmatrix} \begin{bmatrix} \hat{X}(k-1) \\ \hat{V}(k-1) \end{bmatrix} + \begin{bmatrix} \alpha \\ \beta/T \end{bmatrix} Z(k) \\ \begin{bmatrix} \hat{X}(k/k-1) \\ \hat{V}(k/k-1) \end{bmatrix} = \begin{bmatrix} 1 & T \\ 0 & 1 \end{bmatrix} \begin{bmatrix} \hat{X}(k-1) \\ \hat{V}(k-1) \end{bmatrix} \end{cases} \tag{5-143}$$

常系数 α-β-γ 滤波器定义如下:

滤波方程:
$$\begin{cases} \hat{X}(k) = \hat{X}(k/k-1) + \alpha[Z(k) - \hat{X}(k/k-1)] \\ \hat{V}(k) = \hat{V}(k/k-1) + \dfrac{\beta}{T}[Z(k) - \hat{X}(k/k-1)] \\ \hat{A}(k) = \hat{A}(k/k-1) + \dfrac{2\gamma}{T^2}[Z(k) - \hat{X}(k/k-1)] \end{cases} \tag{5-144}$$

预测方程:
$$\begin{cases} \hat{X}(k/k-1) = \hat{X}(k-1) + T\hat{V}(k-1) + \dfrac{T^2}{2}\hat{A}(k-1) \\ \hat{V}(k/k-1) = \hat{V}(k-1) + T\hat{A}(k-1) \\ \hat{A}(k/k-1) = \hat{A}(k-1) \end{cases} \tag{5-145}$$

对 α-β-γ 滤波器,滤波和预测方程也可写成

$$\begin{bmatrix} \hat{X}(k) \\ \hat{V}(k) \\ \hat{A}(k) \end{bmatrix} = \begin{bmatrix} (1-\alpha) & (1-\alpha)T & (1-\alpha)T^2/2 \\ -\beta/T & (1-\beta) & (1-\beta/2)T \\ -\gamma/T2 & -\gamma/T & (1-\gamma/2) \end{bmatrix} \begin{bmatrix} \hat{X}(k-1) \\ \hat{V}(k-1) \\ \hat{A}(k-1) \end{bmatrix} + \begin{bmatrix} \alpha \\ \beta/T \\ \gamma/T^2 \end{bmatrix} Z(k) \tag{5-146}$$

$$\hat{X}(k/k-1) = \begin{bmatrix} 1 & T & T^2/2 \end{bmatrix} \begin{bmatrix} \hat{X}(k-1) \\ \hat{V}(k-1) \\ \hat{A}(k-1) \end{bmatrix} \tag{5-147}$$

式中: α、β、γ 为系统增益,分别称为位置增益、速度增益和加速度增益。

2. 常系数 α-β 和 α-β-γ 滤波器的系数

α-β 和 α-β-γ 滤波器的系数可以通过频域分析得到。

（1）α-β 滤波器的系数：

$$\begin{cases} \alpha = 1 - e^{-2\xi\omega_0 T} \\ \beta = 1 + e^{-2\xi\omega_0 T} - 2e^{-\xi\omega_0 T}\cos(\omega_d T) \end{cases} \tag{5-148}$$

（2）α-β-γ 滤波器的系数：

$$\begin{cases} \alpha = 1 - de^{-2\xi\omega_0 T} \\ \beta = (3-d)/2 - (1+d)e^{-\xi\omega_0 T}\cos(\omega_d T) - (1-3d)e^{-2\xi\omega_0 T/2} \\ \gamma = (1-d)(1 + e^{-2\xi\omega_0 T} - 2e^{-\xi\omega_0 T}\cos(\omega_d T)) \end{cases} \tag{5-149}$$

保证滤波器的稳定工作，满足

$$\begin{cases} 0 < \alpha < 2 \\ \beta > 0 \\ 2\alpha + \beta < 4 \end{cases} \tag{5-150}$$

式中：ω_0 为滤波器的固有频率；ω_d 为滤波器的阻尼固有频率；ξ 为阻尼系数；d 为滤波器的实根。参数均为对应模拟滤波器的参数，使用起来比较复杂，这里直接给出一组用临界阻尼法、最佳选择法给出的系数。对 α-β 滤波器，通常在给定 α 值的情况下，计算 β 值：

$$\beta = 2 - \alpha - 2\sqrt{1-\alpha} \tag{5-151}$$

$$\beta = \frac{\alpha^2}{1-\alpha} \tag{5-152}$$

一般取 $\alpha = 0.3 \sim 0.5$。对 α-β-γ 滤波器，其参数如下：

$$\begin{cases} \alpha = 1 - R^3 \\ \beta = 1.5(1-R^2)(1-R) \\ \gamma = 0.5(1-R)^3 \end{cases} \tag{5-153}$$

式中：R 为系统特征方程三重正实根。

给定 α，得 R，最后得 β 和 γ。

$$\begin{cases} \beta = \dfrac{(2\alpha^3 - 4\alpha^2) + \sqrt{4\alpha^6 - 64\alpha^5 + 64\alpha^4}}{8(1-\alpha)} \\ \gamma = \dfrac{\beta(2-\alpha) - \alpha^2}{\alpha} \end{cases} \tag{5-154}$$

这组系数也是在给定 α 的情况下，计算 β 和 γ。

3. α-β 和 α-β-γ 组合滤波器

对于匀速和匀加速运动的目标，可以将 α-β 和 α-β-γ 滤波器联合使用。在滤波参数不变的情况下，可以得到更高的跟踪精度。组合滤波器结构如图 5-35 所示。

图 5-35 中输出为

$$\hat{X}(k) = \frac{[d_1^2(k)\hat{X}_2(k) + d_2^2(k)\hat{X}_1(k)]}{[d_1^2(k) + d_2^2(k)]} \tag{5-155}$$

式中：$\hat{X}_2(k)$ 为 α-β-γ 滤波器的滤波输出；$\hat{X}_1(k)$ 为 α-β 滤波器的滤波输出；$\hat{X}(k)$ 为组合滤波器的滤波输出；$d_1(k)$ 为 α-β 滤波器的残差；$d_2(k)$ 为 α-β-γ 滤波器的残差。

4. 自适应 α-β 滤波器的构建

构建自适应 α-β 滤波器可通过变参选择方法来决定滤波参数。基本思想如下：

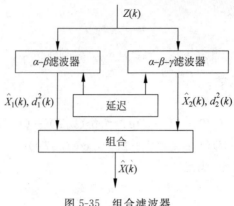

图 5-35　组合滤波器

（1）目标稳态时，滤波器采用稳态滤波参数；

（2）目标机动后，为防止目标丢失，增加滤波器增益，并使滤波器进入暂态过程，即变参的基本思想；

（3）目标机动与否，可根据一步预测方差的大小来判断。

例 5-9　自适应 α-β 滤波器系数的获取。

定义目标机动指数

$$r = \left(\frac{\sigma_w T^2}{2\sigma_n} \right)^2$$

式中：σ_w^2 为机动加速度方差；σ_n^2 为观测误差方差；T 为雷达天线扫描周期。r 的值可反映目标的机动程度。

给出 $\alpha(k)$ 和 $\beta(k)$ 的求解公式如下：

$$\alpha(k) = \frac{r + 4\sqrt{r}}{2} \sqrt{1 + \frac{4}{r + 4\sqrt{r} - 1}}$$

$$\beta(k) = 2(2 - \alpha(k)) - 4\sqrt{1 - \alpha(k)}$$

定义残差 $V(k) = Z(k) - \hat{X}(k/k-1)$，$V(k)$ 不仅反映了观测误差的大小，也反映了目标机动的情况。设残差有 N 个采样值，可知 $\sigma_v^2(k) = \frac{1}{N}\sum_{i=1}^{N} V^2(i)$。

为了准确反映目标机动性，必须用最近时间内残差值来求解，所以 N 一般选取 $3\sim 5$。计算出 σ_v^2，代替 σ_w^2，代入 r 的计算公式，再根据滤波增益公式算出 $\alpha(k)$ 和 $\beta(k)$。

实验表明，自适应 α-β 滤波器在目标以匀速直线运动时的性能与常增益 α-β 滤波器相当，当目标机动时，常增益 α-β 滤波器会发散，而自适应 α-β 滤波器仍有良好的跟踪性能，它能跟踪转弯加速度小于 $3g$ 的机动目标。其计算量略有增加，但与卡尔曼滤波器相比，运算量少一个数量级。三种滤波器的计算量级如表 5-13 所示。

表 5-13　三种滤波器的计算量见表

滤　波　器	乘 法 次 数	加 法 次 数
卡尔曼滤波器	238	159
常增益 α-β 滤波器	9	9
自适应 α-β 滤波器	11	13

习题

1. 什么是数据融合的时空性？时空性有哪些处理方法？

2. 试比较经典概率推理和贝叶斯推理有什么区别？

3. 数据融合有哪几种主要结构？分别有什么特点？

4. 对数据进行预处理的目的是什么？简述数据预处理的常用方法。

5. 数据关联的主要形式有哪些？请写出数据关联的主要过程。

6. 什么是状态估计？状态估计有哪些常用方法？

7. 写出标量卡尔曼滤波器和向量卡尔曼滤波器的数学模型，并画出结构图。

8. 采用两种设备检验某种疾病,设备 1 对该疾病的检测率为 0.9,误诊率为 0.2；设备 2 对该疾病的漏诊率为 0.2,误诊率为 0.1。已知人群中该疾病的发病率为 0.05。分析分别利用两台设备和同时使用两台设备时检验结果的概率。

9. 假设存在 4 个目标：

a_1＝我方类型为 1 的目标,a_3＝敌方类型为 1 的目标

a_2＝我方类型为 2 的目标,a_4＝敌方类型为 2 的目标

如果此时,传感器 A、B 对目标类型的直接分配为：

$$m_A = \begin{bmatrix} m_A(a_1 \bigcup a_3) = 0.6 \\ m_A(\Theta) = 0.4 \end{bmatrix}, \quad m_B = \begin{bmatrix} m_B(a_2 \bigcup a_4) = 0.5 \\ m_B(\Theta) = 0.5 \end{bmatrix}$$

试用 D-S 数据融合方法分析目标类型。

第**6**章

常见的智能优化算法

6.1 智能优化算法的产生与发展

6.1.1 最优化问题及其分类

随着生产、经济、技术的发展,在实际的工程领域中,人们常常会遇到一些问题,即在给定的条件下,寻求一个最合理的、能实现预定最优目标的方案,也就是最优化的问题。寻找最优方案的方法称为最优化方法,利用最优化方法解决最优化问题的技术称为最优化技术。实现生产过程的最优化,对提高生产效率与效益、节省资源具有重要的作用。

一切优化问题都离不开模型,最优化方法也随着模型描述方法的发展而发展起来。代数学中解析函数的发展,产生了极值理论,这是最早的无约束函数优化方法。而拉格朗日乘子法则是最早的约束优化方法。最优化方法广泛应用在国际经济的各个领域,包括路径选择、运输计划、作业调度、城市规划、产品设计、商品定价等,国防、商业、农业、制造业等各行各业都在运用最优化。

最优化问题根据优化函数是否连续可分为函数优化问题和组合优化问题两大类,其中函数优化的对象是一定区间内的连续变量,而组合优化的对象则是解空间中的离散状态。

1. 函数优化问题

函数优化问题通常可描述为:令 S 为 $\mathbf{R}^n$ 上的有界子集(即变量的定义域),$f: S \rightarrow \mathbf{R}$ 为 n 维实值函数,所谓函数 f 在 S 域上全局最小化就是寻求点 $X_{\min} \in S$ 使得 $f(X_{\min})$ 在 S 域上全局最小,即 $\forall X \in S: f(X_{\min}) \leqslant f(X)$。

一种优化算法的性能往往通过对于一些典型的函数优化问题来评价,这类问题称为Benchmark 问题。目前常用的 Benchmark 问题有:

1) Sphere Model

$$f_1(X) = \sum_{i=1}^{30} x_i^2, \quad |x_i| \leqslant 100$$

其最优状态和最优值为

$$\min(f_1(X^*)) = f_1(0,0,\cdots,0) = 0$$

2）Schwefel's Problem 1.2

$$f_2(X) = \sum_{i=1}^{30}\left(\sum_{j=1}^{i}x_i\right)^2, \quad |x_i| \leqslant 100$$

其最优状态和最优值为

$$\min(f_2(X^*)) = f_2(0,0,\cdots,0) = 0$$

3）Schwefel's Problem 2.21

$$f_3(X) = \min_{i=1}^{30}\{|x_i|\}, \quad |x_i| \leqslant 100$$

其最优状态和最优值为

$$\min(f_3(X^*)) = f_3(0,0,\cdots,0) = 0$$

4）Schwefel's Problem 2.22

$$f_4(X) = \sum_{i=1}^{30}|x_i| + \prod_{i=1}^{30}|x_i|, \quad |x_i| \leqslant 10$$

其最优状态和最优值为

$$\min(f_4(X^*)) = f_4(0,0,\cdots,0) = 0$$

5）Generalized Rastrigin's Function

$$f_5(X) = \sum_{i=1}^{30}\left[x_i^2 - 10\cos(2\pi x_i) + 10\right], \quad |x_i| \leqslant 5.12$$

其最优状态和最优值为

$$\min(f_5(X^*)) = f_5(0,0,\cdots,0) = 0$$

6）Generalized Griewank Function

$$f_6(X) = \frac{1}{4000}\sum_{i=1}^{30}x_i^2 - \prod_{i=1}^{30}\cos\left(\frac{x_i}{\sqrt{i}}\right) + 1, \quad |x_i| \leqslant 600$$

其最优状态和最优值为

$$\min(f_6(X^*)) = f_6(0,0,\cdots,0) = 0$$

7）Six-Hump Camel-Back Function

$$f_7(X) = 4x_1^2 - 2.1x_1^4 + \frac{x_1^6}{3} + x_1x_2 - 4x_2^2 + 4x_2^4, \quad |x_i| \leqslant 5$$

其最优状态和最优值为

$$\min(f_7(X^*)) = f_7(0.08983, -0.7126) = f_7(-0.08983, 0.7126) = -1.0316285$$

2. 组合优化问题

组合优化问题是运筹学的一个重要分支，往往涉及排序、分类、筛选等问题。组合优化问题通常可描述为：令 $\Omega = \{s_1, s_2, \cdots, s_n\}$ 为所有状态构成的解空间，$C(s_i)$ 为状态 s_i 对应的目标函数值，要求寻找最优解 s^*，使得 $\forall s_i \in \Omega: C(s^*) = \min C(s_i)$。典型的组合优化问题有旅行商问题（Travelling Salesman Problem，TSP）、加工调度问题（Job-shop Scheduling Problem，JSP）、0-1 背包问题等。

（1）旅行商问题。

TSP 问题是指有 n 个城市并已知两两城市之间的距离，要求从某一城市出发不重复经过所有城市并回到出发地的最短距离。

（2）加工调度问题

Job-shop 问题是指有 n 个工件在 m 台机器上加工，事先给定各工件在各机器上的加工次序，要求确定与技术约束条件相容的各机器上所有工件的加工次序，使加工性能指标达到最优。

（3）0-1背包问题。

问题描述：对于 n 个体积分别为 a_i、价值分别为 c_i 的物品，如何将它们装入总体积为 b 的背包中，使得所选物品的总价值最大。

显然，上述问题描述均非常简单，并且有很强的工程代表性，但最优化求解很困难。例如，TSP 问题有 $n!$ 种可行排列，Job-shop 问题的可能排列方式有 $(n!)^m$ 个。随着问题规模的扩大，状态数量将呈超指数增长，计算机无法承受如此巨大的计算量。因此，解决这些问题的关键在于寻求有效的优化算法，也正是问题的代表性和复杂性激起了人们对组合优化理论与算法的研究。

6.1.2　优化算法的分类

优化算法就是一种搜索过程或规则，它是基于某种思想和机制，通过一定的途径或规则来得到满足用户的问题的解。目前工程中常用的优化算法主要可分为经典优化算法、构造型优化算法、改进型算法、智能优化算法和混合型优化算法。

1. 经典优化算法

经典优化算法包括线性规划、动态规划、整数规划和分支定界等运筹学中的传统算法，其算法计算复杂性一般很大，只适用于求解小规模问题，在工程中往往不实用。

2. 构造型优化算法

用构造的方法快速建立问题的解，通常算法的优化质量差，难以满足工程需要。调度问题中的典型构造方法有 Johnson 法、Palmer 法、Gupta 法、CDS 法、Daunenbring 的快速接近法、NEH 法等。

3. 改进型算法

改进型算法又叫邻域搜索算法，即从任一解出发，通过对其邻域的不断搜索和当前解的替换来实现优化。根据搜索方法，可以分为局部搜索法和指导性搜索法。

局部搜索法：以局部优化策略在当前解的邻域中贪婪搜索，例如，只接受优于当前解的状态作为下一当前解的爬山法；接受当前解邻域中的最好解作为下一当前解的最陡下降法等。

指导性搜索法：利用一些指导规则来指导整个解空间中优良解的探索，如 SA、GA、EP、ES 和 TS 等。

4. 智能优化算法

智能优化算法是通过模拟或揭示某些自然现象或过程发展而来的，与普通的搜索算法一样都是一种迭代算法。其对问题的数学描述不要求满足可微性、凸性等条件，是以一组解（种群）为迭代的初始值，将问题的参数进行编码，映射为可进行启发式操作的数据结构，仅用到优化的目标函数值的信息，不必用到目标函数的导数信息，搜索策略是结构化和随机化的,智能优化算法具有全局的、并行高效的优化性能以及鲁棒性、通用性强等优点。智能优化算法的适用范围非常广泛,特别适用于大规模的并行计算。

5. 混合型优化算法

混合型优化算法指上述各算法从结构或操作上相混合而产生的各类算法。

优化算法还可以从别的角度进行分类,如确定性算法和不确定性算法,局部优化算法和全局优化算法,普通搜索算法和现代启发式优化算法(智能优化算法)等。

6.1.3 智能优化算法的产生与发展

传统的优化方法主要指线性规划的单纯形法、非线性规划的基于梯度的各类迭代算法。这类算法包括 3 个基本步骤,如图 6-1 所示。

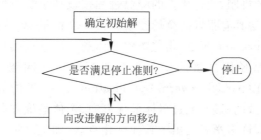

图 6-1 传统优化方法的基本步骤

第 1 步:确定一个初始解。一般来说,这个初始解也必须是可行解。比如线性规划的单纯形法,首先用大 M 法或者两阶段法来找到一个基本可行解。对于无约束的非线性函数优化问题,初始解一般可以任选,但是对带约束的非线性规划问题,通常也必须选择可行解作为初始解。

第 2 步:判断是否满足停止准则。即检验现行解是否满足停止准则,停止准则通常就是最优性条件。例如,对于线性规划的单纯形法,通过检验数的符号判别是否满足最优性条件;对于无约束的非线性函数优化,检验现行解处函数梯度是否为零;对于非线性规划问题,则需检验 Kuhn-Turker 条件是否成立。

第 3 步:向改进解的方向移动。当现行解不能满足最优性条件时,就必须向改进解的方向移动。例如,对于线性规划的单纯形法,即通过检验数的判别,变换相应的基变量;对于非线性规划的最速下降法、共轭梯度法、变尺度法等,则向负梯度方向、负共轭梯度方向或负的修正的共轭梯度方向移动。

传统优化方法的这种计算结构给它造成了一些局限性,主要体现在:

(1) 对目标函数和约束函数的要求限制了算法的应用范围。传统的优化算法通常要求目标函数和约束函数是连续可微的解析函数,有些算法还要求函数高阶可微,例如牛顿法。这些条件在实际问题中很难满足,大大限制了算法的应用。

(2) 停止条件只是局部最优性条件。传统优化算法的最优性条件如 Kuhn-Turker 条件只是最优解的必要条件,而不是充要条件。只有当解的可行域是凸集,目标函数是凸函数,才能保证获得的解是全局最优解,而大多数实际问题中很难满足这两个条件。

(3) 向改进解的方向移动限制了跳出局部最优的能力。传统的优化方法要求每一步迭代都向改进方向移动,即每一步都要求能够降低目标函数值,不具备全局搜索能力。

（4）单点运算方式大大限制了计算效率的提高。传统优化方法是从一个初始解出发，每次迭代中也只对一个点进行计算，这种方法很难发挥出现代计算机高速计算的性能。

传统的优化方法是初级阶段的优化方法，只能解决满足其适用条件的问题。针对传统算法的局限性，人们对最优化提出了一些新的需求：降低对目标函数和约束函数表达的要求；更加注重计算效率，而不是一味地追求理论上的最优性；算法可以随时终止并能够获得与计算时间代价相当的较好解；优化模型能够处理具有不确定性与随机性的数据。为了满足实际需要，各种智能优化算法不断出现。

1977 年，Glover 提出禁忌搜索（tabu search）算法，将记忆功能引入到最优解的搜索过程中，通过设置禁忌区阻止搜索过程中的重复，从而大大提高了寻优过程的搜索效率；1983 年，Kirkpatrick 提出模拟退火（simulated annealing）算法，模拟热力学中退火过程能使金属原子达到能量最低状态的机制，通过模拟的降温过程按玻耳兹曼方程计算状态间的转移概率来引导搜索，从而使算法具有很好的全局搜索能力；20 世纪 90 年代初，Dorigo 等提出蚁群优化（ant colony optimization）算法，借鉴蚂蚁群体利用信息素相互传递信息来实现路径优化的机理，通过记忆路径信息素的变化来解决组合优化问题；1995 年，Kennedy 和 Eberhart 提出粒子群优化（particle swarm optimization）算法，模仿鸟类和鱼类群体觅食迁徙中，个体与群体协调一致的机理，通过群体最优方向、个体最优方向和惯性方向的协调来求解实数优化问题。还有许多学者提出了其他优化算法，如免疫算法、混沌优化算法、量子优化算法等，为最优化问题提供了丰富的解决方法。

相对传统的优化方法，以上算法有一些共同的特点：

（1）算法的基本思想都是来自对某种自然规律的模仿，具有人工智能的特点；

（2）多数算法含有一个多个体的种群，寻优过程实际上就是种群的进化过程；

（3）对目标函数和约束函数的要求十分宽松；

（4）不以达到某个最优性条件或找到理论上的精确最优解为目标，而是更看重计算的速度和效率；

（5）这些算法的理论研究工作相对比较薄弱，一般来说都不能保证收敛到最优解。

这类算法由于其具备的不同特点，从而有了各种不同的名称。从它们模仿自然规律的特点出发，近几年有人将它们称为"自然计算"；从种群进化的特点看，它们又可以称为"进化计算"；从不以精确解为目标的特点，它们又被归到"软计算"方法中；从其人工智能的特点，还被称为"智能计算"或"智能优化算法"；而由于算法理论薄弱，它们也被称为"现代启发式"或"高级启发式"。

本章将从理论分析和应用实例等方面对禁忌搜索算法、模拟退火算法、蚁群算法和粒子群优化算法等多种智能优化方法进行详细介绍。

6.2 禁忌搜索算法

禁忌搜索由美国科罗拉多大学系统科学家 Glover 教授于 1986 年在一篇论文中首次提出。TS 算法的流行归功于瑞士联邦理工学院 Werra 所带领的团队在 20 世纪 80 年代后期的开创性工作。他们发表的系列论文在学术界发挥的重要作用，才使得禁忌搜索技术广为人知。禁忌搜索算法模仿人类的记忆功能,使用禁忌表封锁刚搜索过的区域来避免迂回搜索,同时赦免禁忌区域中的一些优良状态,进而保证搜索的多样性,从而达到全局最优。禁忌搜索算法在组合优化、机器学习、神经网络、电路设计等领域获得了广泛的应用。本节对禁忌搜索算法的基本原理、关键要素、算法流程及其改进与应用进行介绍。

6.2.1 基本禁忌搜索

1. 局部邻域搜索

邻域搜索算法基于贪婪思想,持续地在当前邻域中搜索,直至邻域中再也没有更好的解,也称为爬山启发式算法。考虑如下优化问题:

$$(P) \quad \min c(x): x \in X \subset \mathbf{R}^n \tag{6-1}$$

其中,目标函数 $c(x)$ 可以是线性的或者非线性的,解空间 X 由 n 维实空间上的有限个离散点构成。实际问题中,解空间 X 可能由各种各样的约束条件构成。邻域搜索的过程就是从一个解移动到另外一个解,这里的移动用 s 表示,从当前解出发的所有移动得到的解的集合用 $s(x)$ 表示,也就是邻域的概念。简单的邻域搜索算法可以描述为:

第1步:选择一个初始解 $x \in X$。

第2步:在当前解的邻域中选择一个能得到最好解的移动 s,即

$$c(s(x)) < c(x), \quad s(x) \in S(x)$$

如果这样的移动 s 不存在,则 x 就是局部最优解,算法停止;否则 $s(x)$ 是当前邻域中的最优解。

第3步:令 $x = s(x)$ 为当前解,转第2步,继续搜索。

这种邻域搜索方法很容易理解,并且算法通用易实现,但是搜索性能完全依赖于邻域结构和初始解,容易陷入局部最优解而无法保证全局优化性。为了实现全局搜索,禁忌搜索以可控性概率接受劣解来逃离局部最优解。

2. 禁忌搜索算法的基本思想

禁忌搜索是从局部邻域搜索发展而来的,但与之相区别的是,禁忌搜索融入了智能。禁忌搜索从模拟人的智力过程入手,在算法中引入记忆装置。其灵感来自于人们在寻找丢失的东西时,对已搜索的地方不会立即去搜索,而去其他地方进行搜索,若没有找到,可再搜索已搜索过的地方。禁忌搜索因此得名,所以说它是一种智能优化算法。

禁忌搜索采用了邻域选优的搜索方法,算法从一个初始可行解出发,选择一系列的特定搜索方向(或称为移动)作为试探,选择实现使目标函数值减少最多的移动。为了避免陷入局部最优解,算法必须能够接受劣解。因此,禁忌搜索采用了一种灵活的“记忆”技术,即对已经进行的优化过程进行记录和选择,指导下一步的搜索方向,这就是“禁忌表”的建立。禁忌表中保存了最近若干次迭代过程中所实现的移动,凡是处于禁忌表中的移动,在当前迭代过程中是不允许实现的,这样可以避免算法重新访问在最近若干次迭代过程中已经访问过的解,从而防止了循环,帮助算法摆脱局部最优解。也就是说,只有不在禁忌表中的较好解(可能比当前解差)才被接受作为下一次迭代的初始解。随着迭代的进行,禁忌表不断更新,经过一定迭代次数后,最早进入禁忌表的移动就从禁忌表中解禁退出。另外,为了尽可能不错过产生最优解的移动,禁忌搜索还采用“藐视准则”的策略。

下面先通过一个实例来了解禁忌搜索算法及其相关概念。

组合优化是禁忌搜索算法应用最多的领域。置换问题,如 TSP、调度问题等,是一大批组合优化问题的典型代表,在此用它来解释简单的禁忌搜索算法的思想和操作。对于 n 元素的置换问题,其所有排列状态数为 $n!$,当 n 较大时搜索空间的大小将是天文数字,而禁忌搜索则希望仅通过探索少数解来得到满意的优化解。

首先,对置换问题定义一种邻域搜索结构,如互换操作(SWAP),即随机交换两个点的位置,则每个状态的邻域解有 $C_n^2 = n(n-1)/2$ 个。称从一个状态转移到其邻域中的另一个状态为一次移动(move),显然每次移动将导致适配值(反比于目标函数值)的变化。其次,我们采用一个存储结构来区分移动的属性,即是否为禁忌"对象"。在以下示例中:考虑 7 元素的置换问题,并用每一状态的相应 21 个邻域解中最优的 5 次移动(对应最佳的 5 个适配值)作为候选解;为一定程度上防止迂回搜索,每个被采纳的移动在禁忌表中将滞留 3 步(即禁忌长度),即次移动在以下连续 3 步搜索中将被视为禁忌对象。需要指出的是,由于当前的禁忌对象对应状态的适配值可能很好,因此在算法中设置判断,若禁忌对象对应的适配值优于"Best So Far"状态,则无视其禁忌属性而仍采纳其为当前选择,也就是通常所说的"藐视准则"(或称特赦准则)。

禁忌搜索求解置换问题的过程如图 6-2~图 6-6 所示。

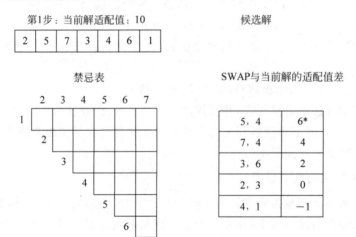

图 6-2　禁忌搜索示例第 1 步

第 1 步可理解为:随机初始状态为(2 5 7 3 4 6 1),其适配值为 10,禁忌表被初始化为空,由于在当前解由 SWAP 操作得到的最佳 5 个候选解中(5 4)互换后得到的适配值为 16,因此,当前解更新为(2 4 7 3 5 6 1),并把(5 4)加入到禁忌表中,其中,用"*"标注入选的交换对(下同),用"T"标记不进行标记的对,意为"禁忌"(下同)。

对于第 2 步,当前状态为(2 4 7 3 5 6 1),其适配值为 16,此时,禁忌表中(4 5)处为 3,表示它将被禁忌 3 步。此时,当前解的候选解中(3 1)互换将使适配值增加 2,从而当前解更新为(2 4 7 1 5 6 3),并把(3 1)加入禁忌表中。

对于第 3 步,当前解为(2 4 7 1 5 6 3),其适配值为 18,由于(4 5)已被禁忌了一步,所以它在禁忌表中的值减至 2(当值减为 0 时解禁),而(1 3)对应的值为 3。此时,由于当前解的 5 个最佳候选解都不能使适配值得到提高,而禁忌搜索却无视这一点(这也是算法实现局部

第2步：当前解适配值：16　　　　　　　候选解

| 2 | 4 | 7 | 3 | 5 | 6 | 1 |

禁忌表　　　　　　　　　　SWAP与当前解的适配值差

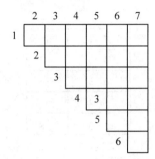

3，1	2*
2，3	1
3，6	−1
7，1	−2
6，1	−4

图 6-3　禁忌搜索示例第 2 步

第3步：当前解适配值：18　　　　　　　候选解

| 2 | 4 | 7 | 1 | 5 | 6 | 3 |

禁忌表　　　　　　　　　　SWAP与当前解的适配值差

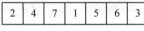

1，3	−2T
2，4	−4*
7，6	−6
4，5	−7T
5，3	−9

图 6-4　禁忌搜索示例第 3 步

第4步：当前解适配值：14　　　　　　　候选解

| 4 | 2 | 7 | 1 | 5 | 6 | 3 |

禁忌表　　　　　　　　　　SWAP与当前解的适配值差

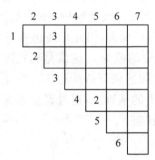

4，5	6T*
5，3	2
7，1	0
1，3	−3T
2，6	−6

图 6-5　禁忌搜索示例第 4 步

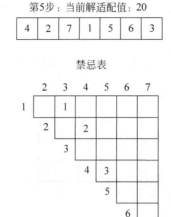

第5步：当前解适配值：20   候选解

| 4 | 2 | 7 | 1 | 5 | 6 | 3 |

禁忌表   SWAP与当前解的适配值差

7, 1	0*
4, 3	−3
6, 3	−5
5, 4	−6T
2, 6	−8

图 6-6　禁忌搜索示例第 5 步

解突跳的一个关键点），同时，由于（1 3）和（4 5）是禁忌对象，所以算法在候选解集中选择非禁忌的最佳候选解为下一个当前状态，即互换（2 4）得到的解，其适配值降为 14，并把（2 4）加入禁忌表。

对于第 4 步，当前解为（4 2 7 1 5 6 3），其适配值为 14，（4 5）、（1 3）在禁忌表中的值相应减少，而（2 4）对应的值为 3。此时，当前解的 5 个最佳候选解中，虽然互换（4 5）是禁忌对象，但由于它导致的适配值为 20，优于"Best So Far"状态，因此算法仍将它作为下一个当前状态，即（5 2 7 1 4 6 3），并重新置（4 5）在禁忌表中的值为 3，这就是藐视准则为防止遗失优良解的作用。进而，搜索过程转入第 5 步，并按相同的机理持续到算法终止条件成立。

由第 5 步可见，简单的禁忌搜索是在邻域搜索的基础上，通过设置禁忌表来禁忌一些已经做过的操作，并利用藐视准则来奖励一些优良状态。

6.2.2　禁忌搜索的关键要素

一个禁忌搜索算法中包含很多关键要素，这些构成要素对搜索算法的速度和质量有很大的影响，主要包括初始解和适配值函数、移动和邻域、候选解与选择策略、禁忌表、藐视准则以及终止准则等。面对如此众多的参数，针对不同领域的具体问题，很难有一套比较完善的或非常严格的步骤来确定这些参数。下面仅就这些参数的含义及一般操作予以讨论。

1. 初始解和适配值函数

由于禁忌搜索主要是基于邻域搜索的，算法对初始解有较强的依赖性，好的初始解可使禁忌搜索在解空间中搜索到好的解，而较差的初始解则会降低禁忌搜索的收敛速度。禁忌搜索算法可以随机给出初始解，也可以事先使用其他启发式算法给出一个较好的初始解。对于一些带有很复杂约束的优化问题，如果随机给出初始解很可能是不可行的，甚至通过多步搜索也很难找到一个可行解，这时应该针对特定的复杂约束，采用启发式方法或其他方法找到一个可行解作为初始解。当然也可以采取一定的策略来降低禁忌搜索对初始解的敏感性。

禁忌搜索的适配值函数用于对搜索状态的评价，进而结合禁忌准则和藐视准则来选取新的当前状态。显然，目标函数值直接作为适配值函数是比较容易理解的做法。实际上，目标函数的任何变形都可作为适配值函数。若目标函数的计算比较困难或耗时较多,如一些复杂工业过程的目标函数值需要一次仿真才能获得,此时可采用反映问题目标的某些特征值来作为适配值,进而改善算法的时间性能。至于选取何种特征值要视具体问题而定,但必须保证特征值的最佳性与目标函数的最优性一致。

2. 移动和邻域

移动(move)是从当前解产生新解的途径,例如问题(P)中用移动 s 产生新解 $s(x)$。从当前解可以进行的所有移动构成邻域(neighborhood),也可以理解为从当前解经过"一步"可以到达的区域。在前面所给出的实例中,移动的特征就是在邻域中两个元素交换了位置。

禁忌搜索算法中的邻域移动规则和邻域结构设计通常与问题有关。就 Flow-shop 这类以置换为搜索状态的组合优化问题,常用的方法是互换(swap)、插入(insert)、逆序(inverse)等操作,而背包问题中可能采用修改解中任意一个元素的值的操作。当然,不同的操作将导致邻域解个数及其变化情况的不同,对搜索质量和效率有较大的影响,但目前尚无一般定论。

移动通常被作为禁忌对象,但这不是绝对的。所谓禁忌对象就是被置入禁忌表中的那些移动,而禁忌的目的则是尽量避免迂回搜索而多搜索一些解空间中的其他未被搜索区域。归纳而言,禁忌对象通常可选取移动本身,或移动状态分量,或适配值的变化等。

3. 候选解与选择策略

候选解集通常是当前状态的邻域解集的一个子集。选择策略就是从邻域中选择一个比较好的解作为下一次迭代初始解的方法,用公式可以表示为

$$x' = \mathop{\text{opt}}_{s(x)\in V} s(x) = \arg\left[\mathop{\max/\min}_{s(x)\in V} c'(s(x))\right] \tag{6-2}$$

式中: x 为当前解; x' 为选出的邻域最好解; $s(x)\in V$ 为邻域解; $c'(s(x))$ 为候选解 $s(x)$ 的适值函数; $V\subseteq S(x)$ 为候选解集。根据问题的性质和适值函数的形式,在候选解集中选择一个最好的解。然而,候选解集的确定对搜索速度与算法性能影响都很大,选取过多将造成较大的计算量,而选取过少则容易造成早熟收敛。要做到整个邻域的择优往往需要大量的计算,如 TSP 的 SWAP 操作将产生 C_n^2 个邻域解,因此可以确定性或随机性地在部分邻域解中选取候选解,具体数据大小则可视问题特性和对算法的要求而定。

(1) 候选解集为整个邻域,即 $V=S(x)$。这种选择策略就是从整个邻域中选择一个最优的解作为下一次迭代的初始解。这种策略择优效果好,相当于选择了最快下降方向,但是要扫描整个邻域,计算时间比较长,尤其对于大规模的问题,这种策略可能让人无法接受。

(2) 候选解集为邻域的真子集,即 $V\subset S(x)$。这种策略只扫描邻域的一部分来构成候选解集,甚至是一小部分, $|V|\ll|S(x)|$,这里 $|V|$ 和 $|S(x)|$ 分别表示候选解集和邻域的大小。这种策略虽然不一定取到了邻域中的最好解,但是节省了大量的时间,可以进行更多次迭代,也可以找到很好的解。极限情况下,可以选择第一个找到的改进解,也就是说,只要发现了改进解,马上停止扫描。当然,如果整个邻域中没有改进解,那么只好选择一个最好的劣解了。上述讨论选择策略的过程中没有考虑禁忌表,实际上,其中的邻域应该是邻域中除了禁忌解之外的区域,可以表示为 $S(x)-T$ 。

4. 禁忌表

在禁忌搜索算法中,禁忌表是用来防止搜索过程中出现循环,避免陷入局部最优的。它

通常记录最近接受的若干次移动,在一定次数之内禁止被再次访问;一定次数之后,这些移动从禁忌表中退出,又可以重新被访问。禁忌表可以使用两种记忆方式:外显记忆(explicit memory)和属性记忆(attributive memory)。外显记忆是指禁忌表中记录的元素都是完整的解,典型的应用是记录搜索过程产生的优良解,外显记忆消耗更多的内存和时间。属性记忆是指禁忌表中的记录元素是解的移动信息,如当前解移动的方向等。属性记忆也能起到防止当前解循环的作用,但有时会阻止对未搜索区域的探索。禁忌表是禁忌搜索算法中的核心,它的功能和人类的短期记忆功能十分相似,因此又称为"短期表"。

1) 禁忌对象

所谓禁忌对象就是放入禁忌表中的那些元素,而禁忌的目的就是避免迂回搜索,尽量搜索一些有效的途径。禁忌对象的选择十分灵活,可以是最近访问过的点、状态、状态的变化以及目标值等。归纳起来,禁忌对象主要有如下三种选择方法:

(1) 状态的本身或者状态的变化。例如,把移动 s 或者从当前解到新解的改变 $x \to s(x)$ 放入禁忌表中,禁止以后再做这样的移动,避免搜索循环。选择这种禁忌对象比较容易理解,但是禁忌的范围比较小,只有和这些完全相同的状态才被禁忌,搜索空间很大。而存储禁忌对象所占的空间和所用的时间却比较多。

(2) 状态分量或者状态分量的变化。这将扩大禁忌的范围,并可减少相应的计算量。例如,对于置换问题,SWAP 操作引起的两点互换意味着状态分量的变化,这就可作为禁忌对象;对高维函数优化问题,则可将某一维分量本身或其变化作为禁忌对象。

(3) 适配值或适配值的变化。这种做法采取了类似于等高线的做法,将具有相同适配值的状态视为同一个状态,这在函数优化中经常采用。由于一个值的变化隐含着多个状态的变化,因此这种情况下的禁忌范围相对于状态的变化将有所扩大。

这三种方法中,以状态本身为禁忌对象比以状态分量或适配值为禁忌对象的禁忌范围要小,因此搜索范围更大,容易造成计算时间的增加。后两种方法禁忌范围过大,有可能使搜索陷入局部最优解。实际问题中,要根据问题的规模、禁忌表的长度等具体情况来确定禁忌对象。

2) 禁忌长度

所谓禁忌长度,即禁忌对象在不考虑藐视准则的情况下不允许被选取的最大次数。通俗地讲,可视为禁忌对象在禁忌表中的"任期"(tenure)。禁忌对象只有当其任期为 0 时才能被解禁。在算法的设计和构造过程中,一般要求计算时间和存储空间尽量小,这就要求禁忌长度尽量小。但是禁忌长度过短将造成搜索的循环。禁忌长度不但影响了搜索的时间,还直接关系着搜索的两个关键策略:局域搜索策略和广域搜索策略。如果禁忌表比较长,便于在更广阔的区域搜索,广域搜索性能比较好;而禁忌表比较短,则使得搜索在小的范围进行,局域搜索性能比较好。

因此,禁忌长度的选取要依据问题的规模以及邻域的大小,这方面的选取与研究者的经验有关,在很大程度上它决定了算法的计算复杂性。总结起来,主要有如下一些设定禁忌长度的方法:

(1) 禁忌长度 t 固定不变。如将禁忌长度固定为某个数(比如 $t=5$ 等);或者固定为与问题规模相关的一个量(比如 $t=\sqrt{n}$, n 为问题维数或规模)。这种方法方便简单,并且容易实现。

（2）禁忌长度 t 动态变化。如根据搜索性能和问题特征设定禁忌长度的变化区间 $[t_{\min},$ $t_{\max}]$，而禁忌长度则可按某种规则在这个区间内变化。当然，这个变化区间的大小也可随搜索性能的变化而变化。

一般而言，当算法的性能动态下降较大时，说明算法当前的搜索能力比较强，也可能当前解附近极小解形成的"波谷"较深，从而可设置较大的禁忌长度来延续当前的搜索进程，并避免陷入局部极小。大量研究表明，动态的设定禁忌长度比固定不变的禁忌长度具有更好的性能和鲁棒性。

5. 藐视准则

在禁忌搜索算法中，可能会出现候选解全部被禁忌，或者存在一个优于"Best So Far"状态的禁忌候选解，为了不漏掉这个解，以实现更高效的优化性能，要求无视这些移动有可能被置于禁忌表中，这个移动满足的特定条件，称为藐视准则（或特赦准则）。

藐视准则的常用方式总结如下：

（1）基于适配值的准则。全局形式（最常用的方式）：某个禁忌候选解的适配值优于"Best So Far"状态，则解禁此候选解为当前状态和新的"Best So Far"状态。区域形式：将搜索空间分成若干个子区域，若某个禁忌候选解的适配值优于它所在区域的"Best So Far"状态，则解禁此候选解为当前状态和相应区域的新"Best So Far"状态。该准则可直观理解为算法搜索到了一个更好的解。

（2）基于搜索方向的准则。若禁忌对象上次被禁忌时使得适配值有所改善，并且目前该禁忌对象对应的候选解的适配值优于当前解，则对该禁忌对象解禁。该准则可直观理解为算法正按有效的搜索途径进行。

（3）基于影响力的准则。在搜索过程中不同对象的变化对适配值的影响有所不同，有的很大，有的很小，而这种影响力可作为一种属性与禁忌长度和适配值来共同构造藐视准则。直观的理解是，解禁一个影响力大的禁忌对象，有助于在以后的搜索中得到更好的解。

（4）基于最小错误的准则。若候选解均被禁忌，且不存在优于"Best So Far"状态的候选解，则对候选解集中最佳的候选解进行解禁，以继续搜索。该准则可直观理解为对算法死锁的简单处理。

6. 终止准则

禁忌搜索算法需要一个终止准则来结束算法的搜索进程，而严格理论意义上的收敛条件，即在禁忌长度充分大的条件下实现状态空间的遍历，这显然是不切合实际的，因此实际设计算法时通常采用近似的收敛准则。常用的方法如下：

（1）得到最优解。如果事先知道问题的最优解，而算法已经达到最优解，或者与最优解的偏差很小，则停止算法。这种情况常应用于算法效果的验证，因为只有这个时候问题的最优解才可能是事先知道的。

（2）给定最大迭代步数。这种方法简单易操作，在实际应用中最为广泛，但难以保证优化质量。

（3）设定某个对象的最大禁忌频率。即若某个状态、适配值或对换等对象的禁忌频率超过某一阈值时，则终止算法，其中也包括最佳适配值连续若干步保持不变的情况。

（4）设定适配值的偏离幅度。即首先由估界算法估计问题的下界，一旦算法中最佳适配值与下界的偏离值小于某规定幅度时,则终止搜索。这种方法与(2)类似,其实也得到了满意解。

6.2.3 禁忌搜索的基本步骤与算法流程

前面通过禁忌搜索算法的一个简单示例,了解了禁忌搜索算法中的一些基本概念。简单来讲,给定一个当前解(初始解)和一种邻域,禁忌搜索算法以禁忌表来记录最近搜索过的一些状态,对于当前邻域中一个比较好的解,如果不在禁忌表中,那么选择它作为下一步迭代的初始解,否则宁愿选择一个比较差的但是不在禁忌表中的解;而如果某个解或者状态足够好,则不论其是否在禁忌表中,都接受这个解;如此迭代,直至满足事先设定的停止准则。

1. 禁忌搜索的基本步骤

禁忌搜索算法的候选解、藐视准则以及终止准则等都有不同的设定方式,并且禁忌表的禁忌长度还包含短期表、中期表和长期表,如果考虑的因素过多,禁忌搜索算法的步骤将无法统一。下面给出一个不考虑中期表和长期表的基本禁忌搜索算法的步骤。

第 1 步:初始化。产生初始解 x 和初始禁忌表,并设置禁忌表为空。

第 2 步:判断是否满足终止准则。如果满足,算法结束并输出优化结果;否则继续以下步骤。

第 3 步:确定候选解。利用当前解 x 的邻域函数产生其所有(或若干)邻域解作为候选解集,并从中确定候选解。

第 4 步:对于候选解集中的最好解,判断其是否满足藐视准则。如果满足,则用满足藐视准则的最佳状态 y 替代 x 成为新的当前解,即 $x=y$,并用与 y 对应的禁忌对象替换最早进入禁忌表的禁忌对象,同时用 y 替换"Best So Far"状态,然后转步骤 6;否则,继续以下步骤。

第 5 步:判断候选解对应对象的禁忌属性,选择候选解集中没有被禁忌的最好解作为当前解,同时用与之对应的禁忌对象替换最早进入禁忌表的禁忌对象元素,更新禁忌表。

第 6 步:转第 2 步。

2. 算法流程图

上述步骤可以用如图 6-7 所示的流程框图来表示。

可以明显地看到,邻域函数、禁忌对象、禁忌表和藐视准则构成了禁忌搜索算法的关键。其中,邻域函数沿用局部邻域搜索的思想,用于实现邻域搜索;禁忌表和禁忌对象的设置,体现了算法避免迂回搜索的特点;藐视准则,则是对优良状态的奖励,它是对禁忌策略的一种放松。需要指出的是,上述算法仅是一种简单的禁忌搜索框架,对各关键环节复杂和多样化的设计则可构造出各种禁忌搜索算法。同时,算法流程中的禁忌对象,可以是搜索状态,也可以是特定搜索操作,甚至是搜索目标值等。

与传统的优化算法相比,禁忌搜索算法具有如下优点:

(1) 在搜索过程中可以接受劣解,因此具有很好的"爬山"能力;

(2) 新解不是在当前解的邻域中随机产生,而或是优于"Best So Far"的解,或是非禁忌的最佳解,因此选取优良解的概率远远大于其他解;

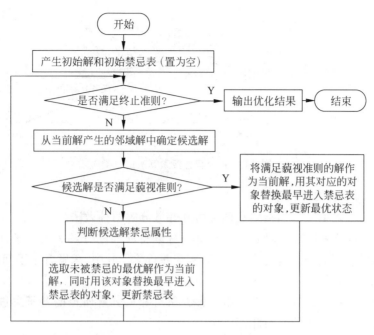

图 6-7　禁忌搜索算法的流程图

（3）区域集中搜索与全局分散搜索能较好平衡，是一种局部搜索能力很强的全局迭代寻优算法，搜索时能够跳出局部最优解，转向解空间的其他区域，从而增强获得更好的全局最优解的概率。

禁忌搜索算法也存在不足之处：

（1）对初始解和邻域结构有较大的依赖性，一个好的初始解可能很快迭代到最优解，一个较差的初始解可能会极大地降低搜索质量；

（2）迭代搜索过程是串行的，不具有并行的搜索机制。

为了全面提高禁忌搜索算法的性能，可以针对其中的关键策略和参数设置等方面进行改进，也可以与模拟退火、遗传算法、神经网络等其他优化算法相结合。

6.2.4　禁忌搜索算法的改进

禁忌搜索算法具有全局寻优能力，而且比较容易实现，在许多领域得到了广泛而成功的应用，例如生产调度、电路设计、神经网络、交通工程等。但是应用中发现，基本的禁忌搜索算法尚有一些缺点，对于给定的实际工程问题，可能需要大量的调试工作才能得到较好的效果，于是提出了一些改进做法。下面介绍几种主要的改进算法，包括并行禁忌搜索算法、主动禁忌搜索算法以及与其他优化算法结合形成的混合优化算法。

1. 并行禁忌搜索算法

近年来，随着并行计算技术和并行计算机的发展，为满足求解大规模问题的需要，禁忌搜索算法的并行实施也得到了研究和发展。

相对前文介绍的基本禁忌搜索算法，对算法的初始化、参数设置、通信策略等环节实施不同的并行化方案，则可构造出不同类型的并行禁忌搜索算法。目前，比较认可的一种分类如图 6-8 所示。

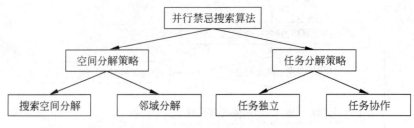

图 6-8　并行禁忌搜索算法的分类

1) 基于空间分解的并行策略

基于空间的分解策略包括搜索空间分解和邻域分解两种做法。

(1) 搜索空间分解策略。即通过搜索空间分解将原问题分解为若干子问题,各子问题用不同的禁忌搜索算法分别进行求解,从而实现并行化。其中,求解各个子问题的算法参数可以相同,也可以不同。

(2) 邻域分解策略。即每一步中用多种方法对邻域分解所得的各子集进行评价,从而实现对最佳邻域解的搜索的并行化。

显然,这类基于空间分解的并行策略在实施时对同步的要求很高。

2) 基于任务分解的并行策略

将待求解问题分解为多个任务,每一个任务使用一个禁忌搜索算法来求解。各算法可以使用相同或不同的算法参数(如初始解、禁忌表长度、候选解个数等)。同时,各任务可以不存在通信的独立方式运行,也可以协作的方式运行(如最优解的共享)。在多处理机情况下,根据各任务的数量和定位相对并行机的负荷状态,又可将并行禁忌搜索分为以下三类:

(1) 非自适应方式。指任务的数量和定位在编译时就已经确定,且各任务相应的处理机的定位在算法运行过程中是不变的,即静态调度方案。例如,根据处理机的个数将邻域分解成相应数目的子集。这种方法实现起来比较容易,但是会造成各种处理机之间任务不平衡的情况,当各处理机的负荷严重不平衡时,必然造成部分处理机的长时间空闲而影响算法的整体搜索效率。

(2) 半自适应方式。指任务的数量在编译时给定,而定位却在运行时给定或改变。其目的是提高非自适应并行方式的性能,其手段则是在处理机间动态地重新分配负荷以实现负荷动态平衡。

(3) 自适应方式。指任务的生成和分配完全是动态变化的,是在运行时给出的。如当处理机空闲时则自动生成任务,而当处理机繁忙时则取消任务。Talbi 等(1998)提出了一种自适应的并行禁忌搜索算法,算法由并行而独立的子禁忌搜索算法构成,各子算法的各种运行参数独立给出而且可以不同,各任务间不需要通信,并通过对典型二次指派问题(QAP)的高效求解验证了算法的有效性。

空间分解策略有较强的问题依赖性,只对某些问题适用,而基于多禁忌搜索任务的策略具有较高的适用性。当然也可以结合空间分解策略和任务分解策略,设计混合的并行策略来求解问题。

2. 主动禁忌搜索算法

1) 基本禁忌搜索算法的困惑

基本禁忌搜索算法相对于传统的优化方法而言,具有很好的"爬山"能力,能够避免陷入局部最优解,并且算法计算速度比较快,因而得到广泛的应用。但是,对于前面介绍的基本禁忌搜索算法,研究人员遇到了一些困惑。

(1) 不能避免循环。禁忌表的提出就是为了尽量避免迂回搜索,而禁忌表也确实在很大程度上避免了循环。但是,禁忌搜索算法不能避免较大的循环。即使在引入了中期表和长期表之后,也不能彻底地避免循环。

(2) 参数调整比较困难。禁忌搜索算法需要设置或调整一些参数来进行有效的搜索,然而要得到合适的参数,不仅依赖于待求解的具体问题,而且相当费时。因此,参数调整的困难是各种元启发式算法需要解决的一个突出问题。

当禁忌搜索算法得到一个局部最优解时,使用禁忌表禁止刚访问过的解,使得搜索逐渐远离局部最优解。这里有一个隐含的假设:从局部最优解出发,而不是从随机解出发,能更容易地达到全局最优解。

2) 主动禁忌搜索算法的基本原理

主动搜索(Reactive Search,RS)是一种反馈机制,是一种适合于求解离散优化问题的启发式算法。Battiti 和 Tecchiolli(1994)将主动搜索机制引入到禁忌搜索算法中,提出了主动禁忌搜索(Reactive Tabu Search,RTS)算法。

主动禁忌搜索算法利用反馈机制自动调整禁忌表长度,自动平衡集中强化搜索策略和分散多样化搜索策略。算法中给出增大调节系数 N_{IN}($N_{IN}>1$)和减小调节系数 N_{DE}($0<N_{DE}<1$)。搜索过程中,所有访问过的解都被存储起来,每当执行一步移动时,首先检查当前解是否已经访问过。如果已经访问过,说明进入了某个循环,禁忌长度变为原来的 N_{IN} 倍;如果经过给定的若干次迭代后,没有重复的解出现,禁忌长度变为原来的 N_{DE} 倍。

为了避免循环,主动禁忌搜索算法给出了逃逸机制。搜索过程中,当大量解重复出现次数超过给定次数 R_{EP} 时,逃逸机制便被激活。逃逸操作一般通过从当前解执行若干步随机移动实现,执行移动的步长在定义域内随机选择。为了避免很快跳回刚搜索过的区域,所有随机操作都被禁止。

禁忌搜索算法使用历史记忆寻优,用禁忌表指导优化搜索,结合藐视准则,系统地实现了集中强化搜索和分散多样化搜索的平衡。而主动禁忌搜索算法则使用反馈策略和逃逸机制来加强这种平衡。因此,理论上说,主动禁忌搜索算法比一般的禁忌搜索算法效果更好,搜索的质量更高。

3) 主动禁忌搜索算法的基本步骤

主动禁忌搜索算法的核心思想是反馈策略与逃逸机制,上面只是给出了其基本思想。实际应用中,反馈策略与逃逸机制有多种实现方法。例如,如果 N_{DEC} 代内没有重复解出现,则禁忌表长度变为原来的 N_{DE} 倍;如果重复解出现的总次数(即所有解重复次数的和)达到 N_{ESC},则执行逃逸操作。主动禁忌搜索算法的基本步骤如下:

第1步:初始化。给定初始解,置禁忌表为空。

第2步:初始化两个计数器,即 $N_{dec}=0$,$N_{esc}=0$。

第3步:确定当前解的候选解集。

第4步：根据禁忌表情况,选出一个解作为下一次迭代的初始解,更新记录表(包括正常的禁忌表和所有访问过的解)。

第5步：若该选中的解出现过,则禁忌长度 $t=tN_{IN}$,$N_{esc}=N_{esc}+1$,$N_{dec}=0$；否则 $N_{dec}=N_{dec}+1$。

第6步：若 $N_{dec}=N_{DEC}$,则禁忌长度 $t=tN_{DE}$,$N_{dec}=0$。

第7步：若 $N_{esc}=N_{ESC}$,则实施逃逸操作,$N_{esc}=0$,$N_{dec}=0$。

第8步：若满足停止准则,则算法终止；否则转第3步。

以上步骤主要用来说明主动禁忌搜索算法中提出的反馈机制和逃逸操作,至于常规禁忌搜索算法中包括的藐视准则与选择策略等,这里没有详细描述。主动禁忌搜索算法的流程图如图 6-9 所示,从中可以清楚地看到逃逸机制的触发条件以及改变禁忌长度的具体方法,也就是主动禁忌搜索算法的核心思想。

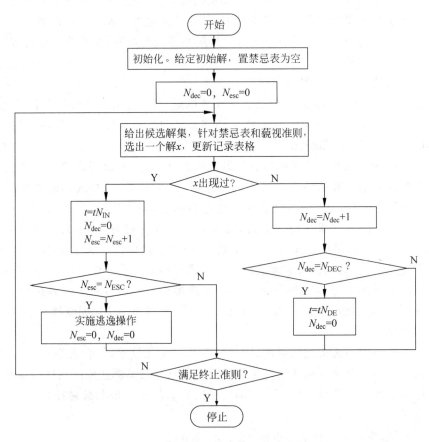

图 6-9　主动禁忌搜索算法的流程图

3. 与其他算法结合形成的混合优化算法

随着工程技术的发展和问题范围的拓宽,问题的规模和复杂度越来越大,传统算法的优化效果往往不够理想,同时算法理论研究的滞后也导致了单一算法性能改进程度的局限性。基于这种情况,算法混合的思想已经成为提高算法优化性能的重要且有效的途径。近年来,混合优化策略得到了广泛的应用,并取得了很好的效果,其设计与分析已经成为算法研究的一个热点。

近年来,有学者分析了禁忌搜索算法以及本章后面要介绍的模拟退火算法、蚁群优化算法、粒子群优化算法等元启发式算法的特点,并统称为广义的邻域搜索算法。广义邻域搜索算法是相对于梯度下降法等传统的邻域搜索算法而言的,为构造新的优化算法提供了一个框架,其中包括如下 6 个方面的要素:

(1) 邻域函数决定了邻域结构和邻域解的生成方式;

(2) 搜索方法决定着优化的结构,即每代有多少解参与优化;

(3) 搜索机制是构造算法框架和实现优化的关键,是决定算法搜索行为的根本点;

(4) 控制参数必须以一定的方式进行修改,以适应算法性能的变化;

(5) 状态更新方式即如何从旧状态中确定新的当前状态,是决定算法整体优化特性的关键步骤之一;

(6) 终止准则决定了算法的最终优化性能。

通过分析广义邻域搜索的关键要素,又提出了广义邻域搜索的统一结构,这对算法混合策略的研究以及设计新的算法具有一定的指导意义。

当前关于混合优化算法的应用已经比较广泛,其中混合进去的算法包括传统的优化算法以及各种启发式算法和元启发式算法,例如禁忌搜索-遗传算法混合优化策略等,还包括三种或者三种以上算法的混合,应用领域包括函数优化、组合优化、神经网络设计等。

6.2.5 禁忌搜索算法在多用户检测中的应用

禁忌搜索算法作为一种不依赖于问题的高效寻优算法,在工程实践中已经得到广泛的应用。下面通过禁忌搜索算法在多用户检测中的应用实例,加深对禁忌搜索的理解。

1. CDMA 通信中的多用户检测

码分多址(CDMA)移动通信系统是一种先进的移动通信系统,但 CDMA 系统受干扰的限制,干扰可以大致分为三种类型:加性白噪声干扰、多径干扰和多址干扰。当同时通信的用户数较多时,多址干扰(MAL)成为最主要的干扰。多址干扰是由于系统中多个用户共享信道,由用户的扩频序列之间的非零相关系数引起的。当多址干扰严重时,系统的性能明显恶化。因此,抑制多址干扰成为 CDMA 移动通信系统的一项主要任务。

多址干扰也称为多用户干扰,因此,多址干扰的抑制问题也就是多用户检测问题,而多用户检测技术被认为是 CDMA 通信系统的关键技术之一。多用户检测的基本思想:通过充分利用同时通信的用户的信息(信号到达时间、使用的扩频序列和信号幅度等)来消除多址干扰,进而提高信号的稳定性,它不再像传统检测那样忽略系统中其他用户的存在(即把其他用户仅视为干扰)。

自从 Verdu 提出具有奠基意义的最佳多用户检测模型以来,关于多用户检测问题的研究一直是移动通信领域中的一个研究热点。Verdu 在文献中指出,最佳多用户检测问题是一个 NP 难问题。禁忌搜索算法在求解诸如旅行商问题等 NP 难问题方面已经取得了显著的成绩。因此如果把多用户检测问题转化为一个组合优化问题则无疑找到了计算智能方法与多用户检测的结合点。

2. CDMA 通信系统的等效数学模型

理想情况下,CDMA 要求各用户信号特征波形的互相关(或内积)为 0。实际中,常用特征波形之间的相互干扰足够小这一要求取代特征波形正交的要求。这样做的目的是使得用户特征波形的互相关相对于特征波形能量足够小,以便正确判决出期望用户发送的数据比特。

为简化分析,首先考虑一个 K 个用户的同步 DS/CDMA 系统,采用 BPSK 调制,经高斯白噪声信道进行数据传送的基本数学模型由式(6-3)给出,

$$r(t) = \sum_{k=1}^{K} A_k b_k s_k(t) + \sigma n(t), \quad t \in [0, T] \tag{6-3}$$

式中:A_k 为用户 k 的接收信号幅值;T 为码元间隔;$s_k(t)$ 为分配给第 k 个用户的确定性特征波形,它具有单位能量,即 $\|s_k\|^2 = \int_0^T s_k(t)dt = 1$;$b_k \in \{-1, +1\}$ 表示第 k 个用户发射的比特数据;$n(t)$ 为具有单位功率谱密度的加性高斯白噪声;$r(t)$ 为接收机接收到的信号。

不失一般性,假设每个用户发送的数据包的长度等于 $2M+1$。将式(6-3)推广到非同步情况,得到非同步 CDMA 系统的基本数学模型:

$$r(t) = \sum_{i=-M}^{M} \sum_{k=1}^{K} A_k b_k[i] s_k(t - iT - \tau_k) + \sigma n(t) \tag{6-4}$$

当接收端收到连续时间波形 $r(t)$ 后,先要对连续信号离散化,得到离散时间信号 $y(i)$,常用的方法是让接收信号先通过一组匹配滤波器,然后对各路匹配滤波器的输出采样。每个滤波器与一个不同用户的特征波形匹配。在同步的情况下,匹配滤波器组的输出为

$$\begin{cases} y_1(t) = \int_0^T r(u) s_1(t-u) du \\ \quad\quad \vdots \\ y_K(t) = \int_0^T r(u) s_K(t-u) du \end{cases} \tag{6-5}$$

式中:$s_k(t)$ 为第 k 个用户的扩频波形;$r(t)$ 为式(6-3)所示的接收机接收到的信号。假设发送数据以等概率取 -1 或 $+1$,将式(6-3)代入式(6-5),易知第 k 个匹配滤波器的离散时间输出 $y_k(i)$ 可以表示为如下形式

$$y_k(i) = A_k b_k(i) + \sum_{j=1, j\neq k}^{K} A_j b_j(i) \rho_{jk} + n_k \tag{6-6}$$

式中:$y_k(i)$ 为第 k 个匹配滤波器的第 i 个采样输出($k=1,2,\cdots,K$);ρ_{jk} 为第 j 个用户与第 k 个用户特征波形的互相关,定义为

$$\rho_{jk} = \int_0^T s_j(t) s_k(t) dt \tag{6-7}$$

而

$$n_k = \sigma \int_0^T n(t) s_k(t) dt \tag{6-8}$$

为高斯随机过程,其均值为 0,方差为 σ^2。若令

$$s = [s_1, s_2, \cdots, s_K]^T, \quad A = \mathrm{diag}[A_1, A_2, \cdots, A_K] \tag{6-9}$$

并记归一化的互相关矩阵

$$\boldsymbol{R} = E\{\boldsymbol{s}\boldsymbol{s}^{\mathrm{T}}\} = [\rho_{jk}]_{j,k=1}^{K} \tag{6-10}$$

其对角线元素 $\rho_{ii}=1$，则匹配滤波器组的采样输出可以用向量表示为

$$\boldsymbol{y} = \boldsymbol{R}\boldsymbol{A}\boldsymbol{b} + \boldsymbol{n} \tag{6-11}$$

式中：$\boldsymbol{y}=[y_1,y_2,\cdots,y_K]^{\mathrm{T}}$；$\boldsymbol{n}=[n_1,n_2,\cdots,n_K]^{\mathrm{T}}$；$\boldsymbol{b}=[b_1,b_2,\cdots,b_K]^{\mathrm{T}}$。对于向量 $\boldsymbol{n}$，则有

$$E\{\boldsymbol{n}\boldsymbol{n}^{\mathrm{T}}\} = \sigma^2 \boldsymbol{R} \tag{6-12}$$

由式(6-5)可知，$\boldsymbol{y}$ 是解调 $\boldsymbol{b}$ 的充分统计量。多用户检测可以说就是设计处理这些充分统计量的方法以达到在某种代价函数最小化的意义下解调出 $\boldsymbol{b}$。

对于非同步 CDMA 系统，同理可得其离散时间数学模型，即匹配滤波器组的输出表达式：

$$y_k[i] = A_k b_k(i) + \sum_{j<k} A_j b_j[i+1]\rho_{kj}(\tau_j-\tau_k) +$$

$$\sum_{j<k} A_j b_j[i]\rho_{jk}(\tau_k-\tau_j) + \sum_{j>k} A_j b_j[i]\rho_{kj}(\tau_j-\tau_k) +$$

$$\sum_{j>k} A_j b_j[i-1]\rho_{jk}(\tau_k-\tau_j) + n_k[i], \quad k=1,2,\cdots,K \tag{6-13}$$

其中，

$$\begin{cases} \rho_{ki}(\tau_i) \overset{\mathrm{def}}{=} \dfrac{1}{T}\displaystyle\int_{\tau_i}^{T} p_k(t) p_i(t-\tau_i)\mathrm{d}t, & k<i \\[3mm] \rho_{ik}(\tau_i) \overset{\mathrm{def}}{=} \dfrac{1}{T}\displaystyle\int_{0}^{\tau_i} p_k(t) p_i(t+T-\tau_i)\mathrm{d}t, & k<i \end{cases} \tag{6-14}$$

分别表示 $p_k(t)$ 与 $p_i(t)$ 的左相关与右相关，T 为符号周期。

$$n_k(i) = \sigma\int_{\tau_k+iT}^{\tau_k+iT+T} n(t)s_k(t-iT-\tau_k)\mathrm{d}t \tag{6-15}$$

对于同步系统所采用的方法和所获得的结果均适用于异步系统。为了分析讨论简便，只考虑同步的 CDMA 系统。

3. 基于禁忌搜索的多用户检测技术

对于一个二进制相移键控(BPSK)同步 CDMA 系统，可以用以下二进制约束优化问题来描述：

$$\begin{cases} \min f(\boldsymbol{b}) = \boldsymbol{b}^{\mathrm{T}}\boldsymbol{H}\boldsymbol{b} - 2\boldsymbol{y}^{\mathrm{T}}\boldsymbol{A}\boldsymbol{b} \\ \text{s. t.} \quad \boldsymbol{b}_i \in \{-1,+1\}^K, \quad i=1,2,\cdots,K \end{cases} \tag{6-16}$$

构成禁忌搜索算法的要素(或称参数)很多，其中，每一个要素的选取策略或构造方法都有可能成为影响算法性能的关键。一些学者已对基本禁忌搜索算法用于多用户检测进行了研究和比较，从中可以看出，基本禁忌搜索算法的全局寻优能力还不足以在多用户检测中获得较好的检测性能。因此，本节先介绍响应式禁忌搜索，并依据响应式禁忌搜索介绍一种可变禁忌长度禁忌搜索方法，使这种基于响应式禁忌搜索的方法更适合于多用户检测。这种禁忌搜索多用户检测方法都致力于解决式(6-16)描述的二进制约束最小化问题。

因此，定义禁忌搜索算法的评价函数为

$$f = \boldsymbol{b}^{\mathrm{T}}\boldsymbol{H}\boldsymbol{b} - 2\boldsymbol{y}^{\mathrm{T}}\boldsymbol{A}\boldsymbol{b} \tag{6-17}$$

在解空间 S 中，找到一个使评价函数值最小的向量，即为与发送比特向量的欧氏距离最小的解向量，禁忌搜索算法把它作为判决解向量。

Battiti 和 Tecchiolli 指出,禁忌搜索能够高效地进行搜索的原因是,它具有基于一系列基本移动的爬山能力和基于搜索记忆的禁忌准则,这使得禁忌搜索可以避免搜索停止在局部最优解或出现无限循环。然而禁忌长度固定不变的禁忌搜索却不足以防止无限循环的发生,因为在未知解空间相当崎岖的前提下,固定长度的禁忌表很可能不能避免"填谷"效应,即搜索总是趋向于局部最优解在解空间中形成的谷底。禁忌长度的选取对算法是否有效起着关键作用,更鲁棒的策略应该基于可随机变化的禁忌长度,虽然这种变化应该有一个合适的限度。

响应式禁忌搜索在鲁棒性上比随机禁忌长度的变化效果更好。它把搜索过程中已到达过的解以及相应的迭代步数记录下来,以便判断是否有重复搜索到的解以及重复间隔的长短。当出现重复搜索到的解时,快速"响应"策略使禁忌长度增大。在需要减小禁忌长度的解空间搜索时则又使禁忌长度减小。如果对搜索过程长时间的记忆说明搜索虽然没有出现无限循环,但被限制在一个局部的解空间(Battiti 和 Tecchiolli 把这个空间称为"随机吸引子")中,那么就需要慢速"响应"策略,借助于慢速"响应"逃逸出局部解空间。

响应式禁忌搜索具体的"响应"和"逃逸"策略如下:

(1) 当搜索出现循环时,即过去搜索过的解再一次被搜索到时,快速"响应"策略是增大禁忌长度以避免再次循环。经过多次增大禁忌长度,这种增长足以使搜索跳出任何在局部空间的循环。持续出现的循环使禁忌长度不断增大,由此来使搜索探索新的解空间。但快速"响应"策略却不能避免搜索被局限在"随机吸引子"中,这时就需要慢速"响应"策略,即通过系列的解的分量的随机变化来逃逸出"随机吸引子"。

(2) 如果禁忌长度只允许增大而不允许减小,则在不需要很长的禁忌长度的解空间中,搜索效率会降低。因此,从最近一次禁忌长度变化到当前迭代的步数超过一个设定的值时,就减小禁忌长度。

在多用户检测问题中,虽然可以以汉明距离 1 或 2 等产生当前解的邻域,但以汉明距离 1 产生当前解的邻域最有效。若取汉明距离 1 邻域,则邻域空间的大小等于用户数,即邻域相对于解空间来说是很小的。在这种情况下,当搜索出现循环时后续的搜索很可能沿着以前走过的路径走下去,即出现无限循环。

基于以上考虑,本节在响应式禁忌搜索的基础上介绍一种适合于多用户检测问题的可变禁忌长度搜索方法。算法设计如下:

(1) 初始解。以传统匹配滤波器的输出为初始解。

(2) 邻域。以汉明距离 1 产生当前解的邻域。

(3) 适配值函数。以评价函数 $f = b^T H b - 2y^T A b$ 作为适配值函数。

(4) 禁忌对象。禁忌本次迭代当前解到本次迭代最好解的移动。例如,当前解向量为 $b_{now} = [1 \quad -1 \quad -1 \quad 1]$,若禁忌第 4 个分量的移动,则由解向量 $[1 \quad -1 \quad -1 \quad 1]$ 到解向量 $[1 \quad -1 \quad -1 \quad -1]$ 的移动是被禁忌的。

(5) 禁忌长度。记录过去每一步迭代所得到的最好解的评价函数值,把当前迭代所得的最好解的评价函数值与已记录的评价函数值比较,若有重复,即搜索出现了一次循环,则判断:相对于搜索空间的崎岖程度,禁忌长度过小,搜索无法跳出局部最优,因而增大禁忌长度。

(6) 候选集。由于邻域空间很小,不再另选候选集。

(7) 藐视准则。此处不采用任何藐视准则。

(8) 停止准则。当规定的最大迭代步数达到以后,就停止搜索。

基于可变禁忌长度多用户检测算法主要步骤如下:

(1) 以传统匹配滤波器的判决输出作为禁忌搜索算法的初始解 binitial。设置初始禁忌长度为 tabulength＝2;置禁忌表为空。过去迭代最好解的评价函数值 fpast 初始化为初始解的评价函数值 fbinitial,即 fpast(0)＝fbinitial。当前最好解初始化为 best_so_far＝binitial。

(2) 产生一个与当前解的汉明距离为 1 的解集作为当前解的邻域。在邻域生成时,结合了禁忌表的状态,即被禁忌的移动在邻域生成时不允许发生,则邻域可以等同为候选解集。

(3) 通过评价函数值的比较,找到当前邻域中评价函数值最小的解向量,作为本次迭代的最好解 bestnow,也是下一次迭代的当前解 bnext。

(4) 判断本次迭代最好解的评价函数值是否与过去迭代的最好解的评价函数值相同。若相同,则禁忌长度加 2,即 tabulength＝tabulength＋2;若不同,则记录本次迭代最好解的评价函数值,即 fpast(i)＝fbestnow。

(5) 判断本次迭代最好解的评价函数值是否满足以下条件:

$$fbest － fbest\_so\_far ＜ 0.3 × fbest\_so\_far$$

若满足,则减小禁忌长度,即 tabulength＝max(2,tabulength－2)。

(6) 比较本次迭代最好解 bestnow 与当前最好解 best_so_far 的评价函数值,若 fbestnow＜fbest_so_far,则 best_so_far＝bestnow。

(7) 禁忌本次迭代当前解到本次迭代最好解的移动,同时修改禁忌表中各对象的任期,判断是否已达到最大迭代步数。若否,则返回步骤(2);若是,则结束搜索过程,best_so_far 作为禁忌搜索的判决向量。

在步骤(5)中,减小禁忌长度的条件式为

$$fbest － fbest\_so\_far ＜ \beta × fbest\_so\_far$$

式中:β＝0.3 为一个经验值,可取 0~1 的任意数。

6.3 模拟退火算法

模拟退火(Simulated Annealing,SA)算法是一种通用的随机搜索算法,是对局部搜索算法的扩展。早在 1953 年,Metropolis 就提出了模拟退火算法的思想,但直到 1983 年,Kirkpatrick 成功地将 SA 应用在解决大规模的组合最优化问题中,才真正创建了现代的模拟退火算法。SA 算法是基于 Monto Carlo 迭代求解策略的一种随机寻优方法,它基于热力学中固体物质的退火过程,在某一给定初温下,缓慢下降温度参数,结合概率突跳特性在解空间中随机寻找目标函数的全局最优解,即在局部最优解能概率性地跳出并最终趋于全局最优。由于现代 SA 算法能够有效地解决具有 NP 复杂性的问题,避免陷入局部最优,克服初值依赖性等优点,已经获得了广泛的工程应用,如生产调度、控制工程、机器学习、神经网络、模式识别等领域。本节将对模拟退火算法的基本原理、算法的关键参数、收敛性分析、算法改进以及实际应用进行介绍。

6.3.1 简述

1. 热力学中的退火过程

模拟退火算法的基本思想源于热力学中的退火过程。退火是指将固体加热到足够高的温度后,使分子在状态空间自由运动,即呈随机排列状态,然后使温度逐步下降,分子运动逐渐趋于有序,冷却后分子以低能状态排列,固体达到某种稳定状态。这种由高温向低温逐渐降温的热处理过程就称为退火。简单来说,物理退火过程由以下三部分组成:

(1) 加温过程:其目的是增强分子的热运动,使其偏离平衡位置。当温度足够高时,分子热运动加剧且能量提高,固体熔解为液体,分子的分布从有序的结晶态转变成无序的液态,消除了系统原先可能存在的非均匀态,使随后进行的冷却过程以某一平衡态为起点。熔解过程与系统的熵增过程相联系,系统能量也随温度的升高而增大。

(2) 等温过程:其目的是保证系统在每一个温度下都处于平衡态,最终达到固体的基态。由热力学中的自由能减少定律可知,对于与周围环境交换热量而温度不变的封闭系统,系统状态的自发变化总是朝自由能减少的方向进行,当自由能达到最小时,系统达到平衡态。

(3) 冷却过程:其目的是使分子的热运动减弱并渐趋有序,系统能量逐渐下降,当温度降至结晶温度后,分子运动变成了围绕晶体格点的微小振动,液体凝固成固体的晶态,从而得到低能的晶体结构

金属物体的退火过程实际上就是随温度的缓慢降低,金属由高能无序的状态转变为低能有序的固体晶态的过程。在退火中,需要保证系统在每一个恒定温度下都要达到充分的热平衡,这个过程可以用 Monte Carlo 方法加以模拟,虽然该方法比较简单,但必须大量采样才能获得比较精确的结果,因此计算量较大。鉴于物理系统倾向于能量较低的状态,而热运动又妨碍它准确落到最低态的物理形态,采样时着重取那些有贡献作用的状态就可以较快地达到较好的结果。Metropolis 等在 1953 年提出了一种重要性采样法,即以概率来接受新状态。具体而言,在温度 t,由当前状态 i 产生新状态 j,两者的能量分别为 E_i 和 E_j,若 $E_i > E_j$,则接受新状态 j 为当前状态;否则,以一定的概率 $p_r = \exp\left[\dfrac{-(E_j - E_i)}{kt}\right]$ 来接受状态 j,其中 k 为玻耳兹曼常数。当这种过程多次重复,即经过大量迁移后,系统将趋于能量较低的平衡态,各状态的概率分布将趋于一定的正则分布。这种重要性采样过程在高温下可接受与当前状态能量差较大的新状态,而在低温下基本只接受与当前能量差较小的新状态,这与不同温度下热运动的影响完全一致,而且当温度趋于零时,就不能接受比当前状态能量高的新状态。这种接受新状态的方法称为 Metropolis 准则,它能够大大减少采样的计算量。

2. 物理退火与模拟退火

前面提到,对于一个典型的组合优化问题,其目标是寻找一个最优解 s^*,使得对于 $\forall x_i \in \Omega$,存在 $C(s^*) = \min C(s_i)$,其中 $\Omega = \{s_1, s_2, \cdots, s_n\}$ 为由所有解构成的解空间,$C(s_i)$ 为解 s_i 对应的目标函数值。利用简单的爬山算法来求解这类优化问题时,在搜索过程中很容易陷入局部最优,具有相当的初值依赖性。Kirkpatrick 等根据金属物体的退火过程与组合

优化问题之间存在的相似性,提出了模拟退火优化算法。并且优化过程中采用 Metropolis 准则在解空间中随机搜索,以避免陷入局部最优,并最终达到问题的全局最优解。表 6-1 给出了物理退火过程与组合优化问题的过程类比。

表 6-1 组合优化问题与物理退火过程的类比

金属退火过程	组合优化(模拟退火)
热退火过程数学模型	组合优化中局部搜索的推广
熔解过程	设定初温
等温过程	Metropolis 采样过程
物理系统中的状态	最优化问题的解
能量最低状态	最优解
能量	目标函数
温度	控制参数
冷却过程	控制参数的下降

3. 模拟退火算法的基本思想和实现步骤

1983 年 Kirkpatrick 等意识到组合优化与物理退火的相似性,并受到 Metropolis 准则的启迪,提出了模拟退火算法。归纳而言,SA 算法是基于 Monte Carlo 迭代求解策略的一种随机寻优算法,其出发点是基于物理退火过程与组合优化之间的相似性,SA 由某一较高初温开始,利用具有概率突跳特性的 Metropolis 采样策略在解空间中进行随机搜索,伴随温度的不断下降重复采样过程,最终得到问题的全局最优解。

标准模拟退火算法的一般步骤可描述如下:

(1) 给定初温 $t=t_0$,随机产生初始状态 $s=s_0$,令 $k=0$;

(2) 产生新状态 $s_j=\text{generate}(s)$;

(3) if $\min\{1,\exp[-(C(s_j)-C(s))/t_k]\}\geqslant\text{random}[0,1]$ $s=s_j$;

(4) 直到满足 Metropolis 采样稳定准则;否则,返回第(2)步;

(5) 退温 $t_{k+1}=\text{update}(t_k)$并令 $k=k+1$;

(6) 直到算法满足终止条件;否则;返回第(2)步;

(7) 输出算法结果。

上述模拟退火算法可用图 6-10 所示的流程框图直观描述。

模拟退火算法的实验性能具有质量高、初值鲁棒性强、通用易实现的优点。但是,为寻到最优解,算法通常要求较高的初温、较慢的降温速率、较低的终止温度以及各温度下足够多次的采样,因而模拟退火算法往往优化过程较长,这也是 SA 算法最大的缺点。因此,在保证一定优化质量的前提下提高算法的搜索效率,是对 SA 进行改进的主要内容。

6.3.2 模拟退火算法的收敛性

1. Markov 链描述

1) Markov 链

首先,了解下面几个概念。

状态:表示每个时刻开始处于系统中的一种特定自然状况或客观条件的表达,它描述

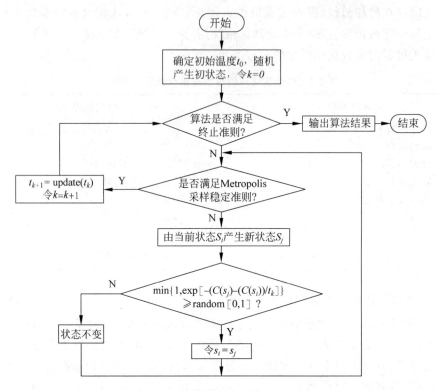

图 6-10　标准模拟退火算法流程图

了研究问题过程的状况。描述状态的变量称为状态变量,可用一个数、一组数或一个向量来描述。

状态转移概率:表示在某一时刻从状态 i 转移到状态 j 的可能性。

无后效性:如果在某时刻状态给定后,则在这时刻以后过程的发展不受这时刻以前各段状态的影响。换句话说,达到一个状态后,决策只与当前状态有关,而与以前的历史状态无关,当前的状态是以往历史的一个总结。

根据上述概念,令离散参数 $T=\{0,1,2,\cdots\}=N_0$,状态空间 $S=\{0,1,2,\cdots\}$,如果随机序列 $\{X_n,n\geqslant0\}$ 对于任意 $i_0,i_1,\cdots,i_n,i_{n+1}\in S,n\in N_0$ 及

$$P\{X_0=i_0,X_1=i_1,\cdots,X_n=i_n\}>0 \tag{6-18}$$

存在

$$P\{X_{n+1}=i_{n+1}\mid X_0=i_0,X_1=i_1,\cdots,X_n=i_n\}$$
$$=P\{X_{n+1}=i_{n+1}\mid X_n=i_n\} \tag{6-19}$$

则称其为 Markov 链。式(6-19)刻画了 Markov 链的无后效性,若 S 有限,则称为有限状态 Markov 链。

对于 $\forall i,j\in S$,称

$$P\{X_{n+1}=j\mid X_n=i_n\}\triangleq P_{ij}(n) \tag{6-20}$$

为 n 时刻的一步转移概率。

若对于 $\forall i,j\in S$,存在

$$P_{ij}(n)\equiv P_{ij} \tag{6-21}$$

即 P_{ij} 与 n 无关,则称 $\{X_n,n\geqslant 0\}$ 为时齐 Markov 链。记 $P=(p_{ij})$,称 P 为 $\{X_n,n\geqslant 0\}$ 的一步转移概率矩阵。记 $P_{ij}^{(n)}=P\{X_n=j\,|\,X_0=i\}$ 为 n 步转移概率,$P^{(n)}=(p_{ij}^{(n)})$ 为 n 步转移概率矩阵。

2) SA 算法的 Markov 链描述

考察模拟退火算法的搜索进程,算法从一个初始状态开始后,每一步状态转移均是在当前状态 i 的邻域 N_i 中随机产生新状态 j,然后以一定概率进行接受的。可见,接受概率仅依赖于新状态和当前状态,并由温度加以控制。因此,SA 算法对应了一个 Markov 链。若固定每一温度 t,算法均计算 Markov 链的变化直至平稳分布,然后下降温度,则称这种算法为时齐算法。若无须各温度下算法均达到平稳分布,但温度需按一定的速率下降,则称这种算法为非时齐法或非平稳 Markov 链算法。

Markov 链可用一个有向图 $G=(V,E)$ 表示,其中 V 为所有状态构成的顶点集,$E=\{(i,j)\,|\,i,j\in V,j\in N_i\}$ 为边集。

记 g_{ij} 为由状态 i 产生 j 的概率,则

$$g_{ij}=\begin{cases}g(i,j)/g(i), & j\in N_i\\ 0, & j\notin N_i\end{cases} \tag{6-22}$$

其中,

$$g(i)=\sum_{j\in N_i}g(i,j) \tag{6-23}$$

它通常与温度无关。若新状态在当前状态的邻域中以等同概率产生,则

$$g(i,j)/g(i)=1/\,|\,N_i\,| \tag{6-24}$$

式中:$|N_i|$ 为状态 i 的邻域中状态总数。

记 a_{ij} 为由当前状态 i 接受状态 j 的概率,接受概率通常定义为

$$a_{ij}=\min\{1,\exp[-(C(j)-C(i))/t]\} \tag{6-25}$$

式中:$C(\cdot)$ 为目标函数;t 为温度参数。

记 p_{ij} 为由状态 i 到状态 j 的转移概率,则有

$$\forall i,j \quad p_{ij}=\begin{cases}g_{ij}a_{ij}(t), & j\in N_i,j\neq i\\ 0, & j\notin N_i,j\neq i\\ 1-\sum_{k\in N_i}p_{ik}(t), & j=i\end{cases} \tag{6-26}$$

模拟退火算法要实现全局收敛,直观上,它必须满足以下条件:①状态可达性,即对应 Markov 链的状态图是强连通的;②初值鲁棒性,即算法的最终结果不依赖初值;③极限分布的存在性。下面,我们从理论上对 SA 算法的收敛性进行分析。

2. 模拟退火的收敛性

引理 6-1 当 $T_k\to 0$ 时,系统达到稳态时的状态概率分布向量 $[1\ 0\ \cdots\ 0]$。

证明: 设 $\boldsymbol{\Pi}=[\pi_1\ \pi_2\ \cdots\ \pi_N]$ 为系统达到稳态时的状态概率分布向量,其中 π_i 是稳态时系统处于状态 i 的概率,$\pi_i\geqslant 0,i=1,2,\cdots,N$。

因为系统达到稳态,所以有

$$\boldsymbol{\Pi}=\boldsymbol{\Pi}\cdot P$$

当 $T_k \to 0$ 时，

$$\boldsymbol{P} = \begin{bmatrix} 1 & & & & \\ g_{21} & 1-\sum_{k=1}^{1} g_{2k} & & 0 & \\ g_{31} & g_{32} & 1-\sum_{k=1}^{2} g_{3k} & & \\ \vdots & \vdots & \vdots & \ddots & \\ g_{N1} & g_{N2} & g_{N3} & \cdots & 1-\sum_{k=1}^{N-1} g_{Nk} \end{bmatrix}$$

因此，

$$\begin{bmatrix} \pi_1 & \pi_2 & \cdots & \pi_N \end{bmatrix} = \begin{bmatrix} \pi_1 & \pi_2 & \cdots & \pi_N \end{bmatrix} \cdot$$

$$\begin{bmatrix} 1 & & & & \\ g_{21} & 1-\sum_{k=1}^{1} g_{2k} & & 0 & \\ g_{31} & g_{32} & 1-\sum_{k=1}^{2} g_{3k} & & \\ \vdots & \vdots & \vdots & \ddots & \\ g_{N1} & g_{N2} & g_{N3} & \cdots & 1-\sum_{k=1}^{N-1} g_{Nk} \end{bmatrix}$$

$$\Rightarrow \pi_1 = \pi_1 + \pi_2 g_{21} + \cdots + \pi_N g_{N1}$$

$$\Rightarrow \pi_1 = \pi_1 + \sum_{i=2}^{N} \pi_i \cdot g_{i1}$$

$$\Rightarrow \sum_{i=2}^{N} \pi_i \cdot g_{i1} = 0$$

可见，当 $i > 1$ 时，$\pi_i \geqslant 0$，$g_{i1} \geqslant 0 \Rightarrow$ 若 $g_{i1} > 0$，则 $\pi_i = 0$。

因此，当 $T_k \to 0$ 时，系统达到稳态时的状态概率分布向量 $\boldsymbol{\Pi} = \begin{bmatrix} 1 & 0 & \cdots & 0 \end{bmatrix}$。

定理 6-1 若选择概率矩阵对称，即对于 $\forall i \neq j$，存在 $g_{ij} = g_{ji}$，则当达到热平衡时，对所有 $T_k > 0$，存在

$$\boldsymbol{\Pi}(T_k) = \pi_1(T_k) \begin{bmatrix} 1 & a_{12}(T_k) & a_{13}(T_k) & \cdots & a_{1N}(T_k) \end{bmatrix} \tag{6-27}$$

证明： 当在温度 T_k 下达到热平衡时，有

$$\pi_i(T_k) p_{ij}(T_k) = \pi_j(T_k) p_{ji}(T_k)$$

当 $i = 1$ 时，

$$\pi_1(T_k) p_{1j}(T_k) = \pi_j(T_k) p_{j1}(T_k)$$

$$\pi_1(T_k) g_{1j} a_{1j}(T_k) = \pi_j(T_k) g_{j1} a_{j1}(T_k)$$

由于

$$j > 1 \Rightarrow f(j) \geqslant f(1) \Rightarrow \forall T_k, \exists a_{j1} = 1$$

又

$$g_{1j} = g_{j1}$$

所以，

$$\pi_1(T_k)a_{1j}(T_k) = \pi_j(T_k), \quad j = 2,3,\cdots,N$$

因此，对于所有 $T_k > 0$，当达到热平衡时，

$$\begin{aligned}\mathbf{\Pi}(T_k) &= [\pi_1(T_k) \quad \pi_2(T_k) \quad \pi_3(T_k) \quad \cdots \quad \pi_N(T_k)]\\ &= [\pi_1(T_k) \quad \pi_1(T_k)a_{12}(T_k) \quad \pi_1(T_k)a_{13}(T_k) \quad \cdots \quad \pi_1(T_k)a_{1N}(T_k)]\\ &= \pi_1(T_k)[1 \quad a_{12}(T_k) \quad a_{13}(T_k) \quad \cdots \quad a_{1N}(T_k)]\end{aligned}$$

由以上定理可知，当 T_k 趋近于 0 时，对于所有状态 $i > 1$，有 $a_{1i}(T_k)$ 趋近于 0，$\pi_1(T_k)$ 趋近于 1，即 SA 算法对应的 Markov 过程将以概率 1 收敛于状态 1，即目标值小的状态。

6.3.3　模拟退火算法的关键参数

从算法流程上看，模拟退火算法包括"三函数两准则"，即状态产生函数、状态接受函数、温度更新函数、内循环终止准则和外循环终止准则，这些环节的设计将决定 SA 算法的优化性能。此外，初温的选择对 SA 算法性能也有很大影响。

理论上，SA 算法的参数只有满足算法的收敛条件，才能保证实现的算法依概率 1 收敛到全局最优解。然而，由 SA 算法的收敛性理论知，某些收敛条件无法严格实现，如时齐 Markov 链的内循环终止准则，即使某些收敛条件可以实现，如非时齐 Markov 链的更新函数，但也常常会因为实际应用的效果不理想而不被采用。因此，至今 SA 算法的参数选择依然是一个难题，通常只能依据一定的启发式准则或大量的实验加以选取。

1. 状态产生函数

设计状态产生函数（邻域函数）的出发点应该是尽可能保证产生的候选解遍布全部解空间。通常，状态产生函数由两部分组成，即产生候选解的方式和候选解产生的概率分布。前者决定由当前解产生候选解的方式，后者决定在当前解产生的候选解中选择不同状态的概率。候选解的产生方式由问题的性质决定，通常在当前状态的邻域结构内以一定概率方式产生，而邻域函数和概率方式可以多样化设计，其中概率分布可以是均匀分布、正态分布、指数分布、柯西分布等。

2. 状态接受函数

状态接受函数一般以概率的方式给出，不同接受函数的差别主要在于接受概率的形式不同。设计状态接受概率，应该遵循以下原则：

（1）在固定温度下，接受使目标函数值下降的候选解的概率要大于使目标函数值上升的候选解的概率；

（2）随着温度的下降，接受使目标函数值上升的解的概率要逐渐减小；

（3）当温度趋于零时，只能接受目标函数值下降的解。

状态接受函数的引入是 SA 算法实现全局搜索的最关键因素，但实验表明，状态接受函数的具体形式对算法性能的影响不显著。因此，SA 算法中通常采用 $\min\{1,\exp(-\Delta C/t)\}$ 作为状态接受函数。

3. 初温

初始温度 T_0、温度更新函数、内循环终止准则和外循环终止准则通常称为退火历程（annealing schedule）。

实验表明,初温越大,获得高质量解的概率越大,但花费的计算时间将增加。因此,初温的确定应折中考虑优化质量和优化效率,常用方法包括:

(1) 均匀采样一组状态,以各状态目标值的方差为初温。

(2) 随机产生一组状态,确定两两状态间的最大目标值差 $|\Delta_{max}|$,然后依据差值,利用一定的函数确定初温。例如,$T_0 = -\Delta_{max}/\ln p_r$,其中 p_r 为初始接受概率。若取 p_r 接近 1,且初始随机产生的状态能够一定程度上表征整个状态空间时,算法将以几乎等同的概率接受任意状态,完全不受极小解的限制。

(3) 利用经验公式给出。

4. 温度更新函数

温度更新函数,即温度的下降方式,用于在外循环中修改温度值。利用温度的下降来控制算法的迭代是 SA 的特点,从理论上说,SA 仅要求温度最终趋于 0,而对温度的下降速度并没有什么限制,但这并不意味着可以随意下降温度。由于温度的大小决定着 SA 进行广域搜索还是局域搜索,当温度很高时,当前邻域中几乎所有的解都会被接受,SA 进行广域搜索;当温度变低时,当前邻域中越来越多的解将被拒绝,SA 进行局域搜索。若温度下降得过快,SA 将很快从广域搜索转变为局域搜索,这就很可能造成过早地陷入局部最优状态。为了跳出局部最优,只能通过增加内循环次数来实现,这就会大大增加算法进程的 CPU 时间。当然,如果温度下降得过慢,虽然可以减少内循环次数,但是由于外循环次数的增加,也会影响算法进程的 CPU 时间。可见,选择合理的降温函数能够帮助提高 SA 算法的性能。

常用的降温函数有两种:

(1) $T_{k+1} = T_k \cdot r$,其中 $r \in (0.95, 0.99)$,r 越大温度下降得越慢。这种方法的优点是简单易行,每一步温度都以相同的比率下降。

(2) $T_{k+1} = T_k - \Delta T$,ΔT 是温度每一步下降的长度。这种方法的优点是易于操作,而且可以简单控制温度下降的总步数,每一步温度下降的大小都相等。

5. 内循环终止准则

内循环终止准则,或称 Metropolis 采样稳定准则,用于决定在各温度下产生候选解的数目。为了保证能够达到平衡状态,内循环次数要足够大才行。但是在实际应用中达到理论的平衡状态是不可能的,只能接近这一结果。最常见的方法就是将内循环次数设成一个常数,在每一温度,内循环迭代相同的次数。次数的选取同问题的实际规模有关,往往根据一些经验公式获得。此外,还有其他一些设置内循环次数的方法,比如根据温度 T_k 来计算内循环次数,当 T_k 较大时,内循环次数较少;当 T_k 减小时,内循环次数增加。常用的采样稳定准则包括:

(1) 检验目标函数的均值是否稳定;

(2) 连续若干步的目标值变化较小;

(3) 按一定的步数采样。

6. 外循环终止准则

外循环终止准则,即算法终止准则,用于决定算法何时结束。设置温度终值 T_f 是一种简单的方法。SA 算法的收敛性理论中要求 T_f 趋于零,显然这是不实际的。通常的做法包括：

(1) 设置终止温度的阈值；

(2) 设置外循环迭代次数；

(3) 算法搜索到的最优值连续若干步保持不变；

(4) 检验系统熵是否稳定。

由于算法的一些环节无法在实际设计算法时实现，因此 SA 算法往往得不到全局最优解，或算法结果存在波动性。许多学者试图给出选择"最佳"SA 算法参数的理论依据，但所得结论与实际应用还有一定距离，特别是对连续变量函数的优化问题。目前，SA 算法参数的选择仍依赖于一些启发式准则和待求问题的性质。SA 算法的通用性很强，算法易于实现，但要真正取得质量和可靠性高、初值鲁棒性好的效果，克服计算时间较长、效率较低的缺点，并适用于规模较大的问题，还需进行大量的研究工作。

6.3.4 模拟退火算法的改进与发展

在确保一定要求的优化质量基础上，提高模拟退火算法的搜索效率，是对 SA 算法进行改进的主要内容。可行的方案包括：

(1) 设计合适的状态产生函数，使其根据搜索进程的需要表现出状态的全空间分散性或局部区域性；

(2) 设计高效的退火历程；

(3) 避免状态的迂回搜索；

(4) 采用并行搜索结构；

(5) 为避免陷入局部极小，改进对温度的控制方式；

(6) 选择合适的初始状态；

(7) 设计合适的算法终止准则。

此外，对模拟退火算法的改进，也可通过增加某些环节而实现。主要的改进方式包括：

(1) 增加升温或重升温过程。在算法进程的适当时机，将温度适当提高，从而可激活各状态的接受概率，以调整搜索进程中的当前状态，避免算法在局部极小解处停滞不前。

(2) 增加记忆功能。为避免搜索过程中由于执行概率接受环节而遗失当前遇到的最优解，可通过增加存储环节，将"Best So Far"的状态记忆下来。

(3) 增加补充搜索过程。即在退火过程结束后，以搜索到的最优解为初始状态，再次执行模拟退火过程或局部趋化性搜索。

(4) 对每一当前状态，采用多次搜索策略，以概率接受区域内的最优状态，而非标准 SA 的单次比较方式。

(5) 结合其他搜索机制的算法，如遗传算法、混沌搜索等。

(6) 上述各方法的综合应用。

1. 改进退火过程与采样过程

下面介绍一种对退火过程和采样过程进行修改的两阶段改进策略。

模拟退火算法在局部极小解处有机会跳出并最终趋于全局最优的根本原因是算法通过概率判断来接受新状态，这在理论上也已得到严格证明，即当初温充分高、降温足够慢、每一温度下采样足够长、最终温度趋于零时，算法最终以概率 1 收敛到全局最优解。但由于全局收敛条件难以实现,并且"概率接受"使得当前状态可能比搜索轨迹中的某些中间状态要差,从而实际算法往往最终得到近似最优解,甚至可能比中间经历的最好解差,而且搜索效率较差。

为了不遗失"Best So Far"的状态,并提高搜索效率,改进的做法是:在算法搜索过程中保留中间最优解,并即时更新;设置双阈值使得在尽量保持最优性的前提下减少计算量,即在各温度下当前状态连续 step1 步保持不变则认为 Metropolis 采样稳定,若连续 step2 次退温过程中所得的最优解均不变则认为算法收敛。

改进算法由改进退火过程和改进采样过程两部分组成,具体步骤如下:

1) 改进的退火过程

(1) 给定初温 T_0,随机产生初始状态 s,令初始最优解 $s^*=s$,当前状态为 $s(0)=s,i=p=0$。

(2) 令 $T=T_i$,以 T,s^* 和 $s(i)$ 调用下文改进的采样过程,返回其所得最优解 $s^{*'}$ 和当前状态 $s'(k)$,令当前状态 $s(i)=s'(k)$。

(3) 判断 $C(s^*)<C(s^{*'})$? 若是,则令 $p=p+1$;否则,令 $s^*=s^{*'},p=0$。

(4) 退温 $T_{i+1}=\text{update}(T_i)$,令 $i=i+1$。

(5) 判断 $p>\text{step2}$? 若是,则转第(6)步;否则,返回第(2)步。

(6) 以最优解 s^* 作为最终解输出,停止算法。

2) 改进的采样过程

(1) 令 $k=0$ 时的初始当前状态为 $s'(0)=s(i)$,初始最优解 $s^{*'}=s^*,q=0$。

(2) 由状态 s 通过状态产生函数生成新状态 s',计算增量 $\Delta C'=C(s')-C(S)$。

(3) 若 $\Delta C'<0$,则接受 s' 作为当前解,并判断 $C(s^{*'})>C(s')$? 若是,则令 $s^{*'}=s',q=0$;否则,令 $q=q+1$。若 $\Delta C'>0$,则以概率 $\exp(-\Delta C'/t)$ 接受 s' 作为下一当前状态。若 s 被接受,则令 $s'(k+1)=s',q=q+1$;否则,令 $s'(k+1)=s'(k)$。

(4) 令 $k=k+1$,判断 $q>\text{step1}$? 若是,则转第(5)步;否则,返回第(2)步。

(5) 将当前最优解 $s^{*'}$ 和当前状态 $s'(k)$ 返回到改进的退火过程。

2. 并行模拟退火算法

基于并行计算和分布式计算技术的发展,并行算法的设计已成为算法研究的重要内容。目前,并行算法的设计主要采用如下两种策略:

(1) 修改现有串行算法的结构;

(2) 针对并行计算机的结构特点,直接设计并行程序。

通常,并行算法的设计需要考虑存储区分配、同步处理、数据集成与通信等环节。就模拟退火算法而言,由于算法初始和结束阶段与整个算法进程具有一定的独立性,采样过程与退火过程也具有一定的独立性,因此,模拟退火算法比较容易实现其并行化方式。直观且可行的方案包括:

1) 操作并行性

所谓操作并行性,就是将整个算法的各个执行环节分别分配给不同的处理机去完成,如将状态产生函数、目标值计算、准则判断等指定给不同的处理机执行。由于各环节是串行执行的,因此各处理机必须按确定的方式执行,这无疑使整个搜索进程受到很大的限制,且需花费大量通信时间。

2）进程并行性

进程并行性包括全过程并行性和子进程并行性两种方式。

全过程并行性，就是算法首先产生一组初始状态，然后将各状态发送给不同的处理机，各处理机独立地进行整个模拟退火搜索过程，最后经汇总比较得到最终结果。显然，这仅仅是利用空间资源来弥补单机串行搜索的不足，而非真正的并行方式。

子进程并行性，就是由多个处理机同时独立地执行算法的某些进程经综合后继续执行算法的其他环节。譬如，多个处理机分别对当前状态执行采样过程，当所有采样过程结束后，综合得到新的当前状态。其中，各处理机可采用不同的状态产生函数、接受函数，甚至不同的控制参数，从而使整个系统的灵活性增强，充分发挥各处理机的作用，实现并行策略的优越性。

3）空间并行性

所谓空间并行性，就是将整个搜索空间分解成若干个子区域，各子区域分别由不同的处理机执行 SA 的搜索过程，最终综合得到原问题的优化结果。由于各处理机的搜索空间缩小了，对各子问题的搜索效率和可靠性得以提高，从而可改善对原问题的优化质量与效率。然而，当问题不适合分解或分解不当时，子问题的独立优化将难以反映问题的整体特性。

6.3.5　模拟退火算法在成组技术中加工中心的组成问题中的应用

大多数情况下，模拟退火算法与其他算法一起构成混合策略来解决实际问题，在组合优化与函数优化问题的求解方面有较多的应用。下面介绍 SA 算法在一个简单应用实例——成组技术中加工中心的组成问题中的应用。

1. 问题描述

成组技术中加工中心的组成问题：设有 m 台机器，要组成若干个加工中心，每个加工中心可最多有 q 台机器、最少 p 台机器，有 n 种工件要在这些机器上加工，已知工件和机器的关系矩阵 A，即

$$A = [a_{ij}]_{m \times n}, \quad a_{ij} = \begin{cases} 1, & \text{机器 } i \text{ 为工件 } j \text{ 所需} \\ 0, & \text{其他} \end{cases}$$

问如何组织加工中心，才能使总的各中心的机器相似性最好？

用 k 表示可能的加工中心数，则存在

$$k_{\min} \leqslant k \leqslant k_{\max}$$

其中，$k_{\min} = \left[\dfrac{m}{q}\right]$；$k_{\max} = \left[\dfrac{m}{p}\right]$；$[V^+]$ 表示返回一个小于 V^+ 的最大整数。

用 S_{ij} 表示机器 i 与机器 j 的相似系数，则

$$S_{ij} \in [0,1], \quad \text{且} \quad S_{ij} = \begin{cases} \dfrac{n_{ij}}{n_i + n_j - n_{ij}}, & i \neq j \\ 0, & i = j \end{cases}$$

式中：n_{ij} 为工件需在机器 i 和 j 上加工的数量；n_i 为工件需在机器 i 上加工的数量。举例来说，假设 8 个工件在机器 i 和 j 上加工，工件和机器的关系矩阵 A 为

$$A = \begin{bmatrix} 1 & 1 & 1 & 1 & 0 & 0 & 0 & 1 & 1 \\ 0 & 0 & 1 & 1 & 1 & 1 & 0 & 1 & 0 \end{bmatrix} \begin{matrix} i, & n_i = 5 \\ j, & n_j = 4 \end{matrix}, \quad n_{ij} = 2$$

于是

$$S_{ij} = \frac{2}{5 + 4 - 2} = \frac{2}{7}$$

2. 模型建立

决策变量有两个：x_{ik} 用来表示机器 i 是否指定于加工中心 k，y_k 表示是否组成加工中心 k，即

$$x_{ik} = \begin{cases} 1, & \text{机器 } i \text{ 指定于中心 } k, \quad i = 1, 2, \cdots, m \\ 0, & \text{其他}, \qquad\qquad\qquad k = 1, 2, \cdots, k_{\max} \end{cases}$$

$$y_k = \begin{cases} 1, & \text{组成中心 } k, \qquad k = 1, 2, \cdots, k_{\max} \\ 0, & \text{不组成中心 } k, \end{cases}$$

根据决策变量，建立加工中心成组优化的数学模型如下：

$$\max \sum_{k=1}^{k_{\max}} \sum_{i=1}^{m-1} \sum_{j=i+1}^{m} S_{ij} x_{ik} x_{jk} \tag{6-28}$$

$$\text{s. t.} \sum_{k=1}^{k_{\max}} x_{ik} = 1, \quad i = 1, 2, \cdots, m \tag{6-29}$$

$$\sum_{i=1}^{m} x_{ik} \leqslant q y_k, \quad k = 1, 2, \cdots, k_{\max} \tag{6-30}$$

$$\sum_{i=1}^{m} x_{ik} \geqslant p y_k, \quad k = 1, 2, \cdots, k_{\max} \tag{6-31}$$

$$x_{ik}, y_k = 0 \text{ 或 } 1, \quad \forall i, k \tag{6-32}$$

目标函数是使成组的相似性极大化，也就是期望将所有相似的机器放在同一个中心；约束条件(6-29)用于指定唯一性，以保证每个机器只能放在一个加工中心；约束条件(6-30)保证每个中心的机器数要小于其最大容量 p 台；约束条件(6-31)保证每个中心的机器数要大于其最大容量 q 台；式(6-32)为决策变量。

这是一个典型的二次指派问题，其中决策变量有 $m \times k_{\max} + k_{\max}$ 个，约束条件有 $m + 2k_{\max} + m \times k_{\max} + k_{\max}$ 个，用普通的二次 0-1 规划方法求解，由于变量数较多，处理起来比较困难，因此采用模拟退火方法对这个模型进行求解。

3. 模拟退火算法

状态表达：采用自然数编码作为状态表达方法，设 $x_i = k$ 表示机器 i 在中心 k，则 $\boldsymbol{x} = [x_1, x_2, \cdots, x_m]$ 就可以表示一个状态，利用这种编码方法就使得原问题等价于一个 K 分图问题。

目标函数：由于该问题是一个有约束的优化问题，而 SA 用于求解无约束问题，故首先需要将上述模型转化为如下无约束模型：

$$\max z = \sum_{v_k \in P_k} \sum_{i \in V_k} \sum_{j \in V_k} s_{ij} - \left(\frac{\alpha}{T_k}\right) \sum_{v_k \in P'_k} (p - |v_i|)^2 - \left(\frac{\beta}{T_k}\right) \sum_{v_k \in P'_k} (|v_j| - p)^2 \tag{6-33}$$

式中：α 和 β 为罚因子；T_k 为温度参数。可见随着算法的运行（T_k 逐渐下降），罚因子会逐渐增大，这就保证了算法在开始阶段进行广域搜索，到了终止阶段进行局域搜索。

$P_k = \{v_1, v_2, \cdots, v_k\}$ 表示集类，它是集合的集合；$v_k = \{i \mid v_i = k\}$ 表示集合；$P'_k = \{v_i \in P_k \mid |v_k| > q\}$ 为机器数超标的中心集合；$P''_k = \{v_i \in P_k \mid |v_k| < p\}$ 为机器数不够的中心集合。

举例来说，对于这样一个问题：

$$p = 2, \quad q = 5, \quad x = \begin{bmatrix} 2 & 1 & 1 & 2 & 3 & 3 & 2 & 2 & 1 & 3 \end{bmatrix}$$

此时，

$$v_1 = \{2,3,9\}, \quad |v_1| = 3$$
$$v_2 = \{1,4,7,8\}, \quad |v_2| = 4$$
$$v_3 = \{5,6,10\}, \quad |v_3| = 3$$

邻域：从当前状态 $x = [x_1, x_2, \cdots, x_m]$ 中随机选择一个 x_i，改变其位值，这样就产生了一个邻域点，故邻域的大小为 $m(k_{\max} - 1)$。

内循环次数：$n(T_k) = m(k-1)$，其中，k 为迭代指标。

降温函数：$T_{k+1} = \dfrac{T_k}{1 + \alpha T_k}$，其中，$\alpha = \dfrac{\ln(1+\delta)}{3\delta_{f(x)}}$，$\delta_{f(x)} = \sqrt{\sum_{i=1}^{n(T_k)} (f_i - \bar{f})^2}$，$\delta$ 为一个控制参数。

6.4 蚁群算法

蚁群算法（AS）由意大利学者 Dorigo Maniezzo 等在 20 世纪 90 年代初首先提出，是一种新型的模拟进化算法。该算法引入正反馈并行机制，具有较强的鲁棒性、优良的分布式计算机制、易于与其他方法结合等优点。算法中，可行解经过多次迭代后，最终将以最大的概率逼近问题的最优解。利用蚁群算法求解旅行商问题、指派问题、Job-shop 调度问题等，均取得了较好的试验结果。目前蚁群算法已经渗透到多个应用领域，从一维静态优化问题到多维动态优化问题，从离散问题到连续问题，蚁群算法都展现出优异的性能和广阔的发展前景，成为国内外学者竞相关注的研究热点和课题。本节首先介绍蚁群算法的由来，基本蚁群算法原理和实现方法，接着阐述改进的蚁群算法，最后介绍蚁群算法的典型应用。

6.4.1 蚁群算法的由来

1. 蚂蚁的觅食行为与觅食策略

1) 觅食行为

觅食行为是蚁群的一个重要而有趣的行为。根据昆虫学家的观察和研究发现，生物世界中的蚂蚁有能力在没有任何可见提示下找出从蚁穴到食物源的最短路径，并且能随环境的变化而变化地搜索新的路径，产生新的选择。

在从食物源到蚁穴并返回的过程中，蚂蚁能在其走过的路径上分泌一种化学物质——信息素（pheromone），也称外激素，通过这种方式形成信息素轨迹。蚂蚁在运动过程中能够感知这种物质的存在及其强度，并以此指导自己的运动方向，使蚂蚁倾向于朝着该物质强度高的方向移动。信息素轨迹可以使蚂蚁找到它们返回食物源（或蚁穴）的路径，其他蚂蚁也可以利用该轨迹找到由同伴发现的食物源的位置。

很多蚂蚁种族在觅食时都有设置踪迹和追随踪迹的行为：在从某个食物源返回蚁巢的过程中，蚂蚁个体会遗留一种信息素，觅食的蚂蚁会跟随这个信息素踪迹找到食物源。一只蚂蚁进军食物源受到另一只蚂蚁或信息素踪迹的影响过程称为征兵，而仅仅依靠化学踪迹的征兵称为大规模征兵。

事实上，蚂蚁个体之间是通过接触提供的信息传递来协调其行动的，并通过组队相互支援，当聚集的蚂蚁数量达到某一临界数量时，就会涌现出有条理的"蚁队"大军。蚁群的觅食行为完全是一种自组织行为，蚂蚁根据自我组织来选择去食物源的路径。

2）觅食策略

（1）二元桥实验。

如图 6-11 所示，蚂蚁从蚁穴经过对称二元桥到食物源觅食。起初两个桥上没有信息素，走两个分支的蚂蚁概率相同。实验中有意选择上分支 A 的蚂蚁数多于下分支 B，由于蚂蚁行进中要释放信息素，因此上分支信息素多于下分支，从而使更多蚂蚁走上分支。

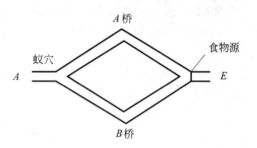

图 6-11　对称二元桥

Deneubourg 开发了一个信息素模型：设 A_i 和 B_i 是第 i 只蚂蚁过桥后已经走过分支 A 和 B 的蚂蚁数，第 $i+1$ 只蚂蚁选择分支 A（或 B）的蚁穴概率是

$$P_A = \frac{(K+A_i)^n}{(K+A_i)^n + (K+B_i)^n} = 1 - P_B \tag{6-34}$$

式中：n、K 分别为参数。

式（6-34）表明，走分支 A 的蚂蚁越多，选择 A 的概率越高。

（2）不对称二元桥实验。

下面举一个 Dorigo 说明蚁群通过不对称二元桥觅食路线的例子。如图 6-12 所示，A 为蚁穴，E 为食物源，由于存在障碍物蚂蚁只能分两路到 E。

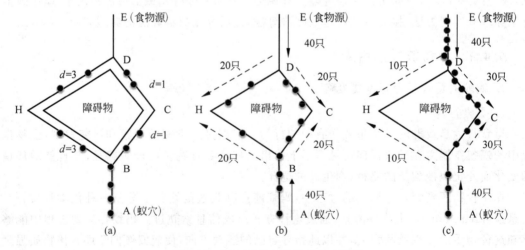

图 6-12　觅食过程中的不对称二元桥

设单位时间有 40 只蚂蚁从 $A{\to}B$，又有 40 只从 $E{\to}D$，蚂蚁过后留下的信息素设为 1，在短路径上经过蚂蚁分泌信息素沉积的多，吸引更多蚂蚁走短路径。

（3）蚂蚁觅食过程的优化机理。

蚂蚁的觅食行为实质上是一种通过简单个体的自组织行为所体现出来的一种群体行为，具有两个重要特征：①蚂蚁觅食的群体行为具有正反馈过程，反馈的信息是全局信息，通过反馈机制进行调整，可对系统的较优解起到自增强的作用，从而使问题的解向着全局最优的方向演变，最终获得全局最优解。②具有分布并行计算能力，可使算法在全局的多点同时进行解的搜索，有效避免陷入局部最优解的可能性。

2. 人工蚂蚁与真实蚂蚁的对比

蚁群算法是利用蚁群觅食的群体智能解决复杂优化问题的典型例子。为了使蚁群算法有令人满意的性能，要在真实的蚁群基础上扬长避短，下面看一看人工蚂蚁与真实蚂蚁的区别。

1）相同点

（1）两个群体中都存在个体相互交流的通信机制。真实蚂蚁在经过的路径上留下信息素，用以影响蚁群中的其他个体。且信息素随着时间推移逐渐挥发，减小历史遗留信息对蚁群的影响。同样，人工蚂蚁改变其所经过路径上存储的数字化信息素，该信息素记录了人工蚂蚁当前解和历史解的性能状态，而且可被后继人工蚂蚁读写。数字化的信息素同样具有挥发特性，它像真实的信息量挥发一样使人工蚂蚁逐渐忘却历史遗留信息，在选择路径时不局限于以前人工蚂蚁所存留的经验。

（2）都要完成寻找最短路径的任务。真实蚂蚁要寻找一条从巢穴到食物源的最短路径。人工蚂蚁要寻找一条从源节点到目的节点间的最短路径。两种蚂蚁都只能在相邻节点间一步步移动，直至遍历完所有节点。

（3）都采用根据当前信息进行路径选择的随机选择策略。真实蚂蚁和人工蚂蚁从某一节点到下一节点的移动都是利用概率选择策略实现的。这里概率选择策略是基于当前信息来预测未来情况的一种方法。

2）不同点

（1）人工蚂蚁具有记忆能力，而真实蚂蚁没有。人工蚂蚁可以记住曾经走过的路径或访问过的节点，可提高算法的效率。

（2）人工蚂蚁选择路径时并不是完全盲目的，受到问题空间特征的启发，按一定算法规律有意识地寻找最短路径（如在旅行商问题中，可以预先知道下一个目标的距离）。

（3）人工蚂蚁生活在离散时间的环境中，即问题的求解规划空间是离散的，而真实蚂蚁生活在连续时间的环境中。

6.4.2　基本蚁群算法

1. 人工蚁群算法的实现

在蚁群优化算法中，一个有限规模的人工蚁群体，可以相互协作地搜索用于解决优化问题的较优解。每只蚂蚁根据问题所给出的准则，从被选的初始状态出发建立一个可行解，或是解的一个组成部分。在建立蚂蚁自己的解决方案中，每只蚂蚁都搜集关于问题特征（例如，在 TSP 问题中路径的长度即为问题特征）和其自身行为（例如，蚂蚁倾向于沿着信息素强度高的路径移动)的信息。并且正如其他蚂蚁所经历的那样,蚂蚁使用这些信息来修改问题的表现形式。蚂蚁既能共同地行动,又能独立地工作,显示出了一种相互协作的行为。它们不使用直接通信,而是用信息素指引着蚂蚁之间的信息交换。人工蚂蚁使用一种结构上的贪婪启发法搜索可行解。根据问题的约束条件列出了一个解,作为经过问题状态的最小代价(最短路径)。每只蚂蚁都能够找出一个解,但很可能是较差解。蚁群中的个体同时建立了很多不同的解决方案,找出高质量的解是群体中所有个体之间全局相互协作的结果。

在蚁群算法中,以下四个部分对蚂蚁的搜索行为起到决定性的作用:

(1) 局部搜索策略。根据所定义的邻域概念(视问题而定),经过有限步的移动,每只蚂蚁都建立了一个问题的解决方案,应用随机的局部搜索策略选择移动方向。这个策略基于以下两点:①私有信息(蚂蚁的内部状态或记忆);②公开可用的信息素轨迹和具体问题的局部信息。

(2) 蚂蚁的内部状态。蚂蚁的内部状态存储了关于蚂蚁过去的信息。内部状态可以携带有用的信息用于计算所生成方案的价值、优劣度和(或)每个执行步的贡献。而且,它为控制解决方案的可行性奠定了基础。在一些组合优化问题中,通过利用蚂蚁的记忆可以避免将蚂蚁引入不可行的状态。因此,蚂蚁可以仅仅使用关于局部状态的信息和可行的局部状态行为结果的信息,就能建立可行的解决方案。

(3) 信息素轨迹。局部的、公共的信息既包含了一些具体问题的启发信息,又包含了所有蚂蚁从搜索过程的初始阶段就开始积累的知识。这些知识通过编码以信息素轨迹的形式来表达。蚂蚁逐步建立了时间全局性的激素信息。这种共享的、局部的、长期的记忆信息,能够影响蚂蚁的决策。蚂蚁何时向环境中释放信息素和释放多少信息素,应由问题的特征和实施方法的设计来决定。蚂蚁可以在建立解决方案的同时释放信息素(即时地逐步地),也可以在建立了一个方案后,返回所有经过的状态(即时地延迟地),也可以两种方法一同使用。正反馈机制在蚁群优化算法运行过程中起的重要作用是:选择的蚂蚁越多,一个步得到的回报就越多(通过增加信息素),这个步对下一只蚂蚁就变得越有吸引力。总的来说,所释放信息素的量与蚂蚁建立(或正在建立的)解决方案的优劣程度成正比。这样,如果一个步为生成一个高质量的方案做出了贡献,那么它的品质因数将会增长,且正比于它的贡献。

(4) 蚂蚁决策表。蚂蚁决策表是由信息素函数与启发信息函数共同决定的,也就是说,蚂蚁决策表是一种概率表。蚂蚁使用这个表来指导其搜索朝着搜索空间中最有吸引力的区域移动。利用移动选择决定策略中基于概率的部分和信息素挥发机制,避免了所有蚂蚁迅速地趋向于搜索空间的同一部分。当然,探寻状态空间中的新节点与利用所积累的信息,这两者之间的平衡是由策略中随机程度和信息素轨迹更新的强度所决定的。

一旦一只蚂蚁完成了它的使命,包括建立一个解决方案和释放信息素,这只蚂蚁将"死掉",也就是它将被从系统中删除。标准的蚁群启发式优化算法除了上述两个从局部方面起作用的组成部分(也就是蚂蚁的产生和活动,以及信息素的挥发),还包括一些使用全局信息的组成部分。这些信息可以使蚂蚁的搜索进程倾向于从一个非局部的角度进行。

2. 基本蚁群算法的原理

因为蚁群觅食的过程与旅行商问题的求解十分相似,下面通过 n 个城市 TSP 商问题来介绍基本蚁群算法(ACO)的原理。TSP 问题属于一种典型的组合优化问题,是组合优化问题中最经典的 NP 难题之一,它在蚁群优化算法的发展过程中起着非常重要的作用。

TSP 问题：给定 n 个城市的集合 $C=\{c_1,c_2,\cdots,c_n\}$ 及城市之间旅行路径的长短 $d_{ij}(1\leqslant i\leqslant n,1\leqslant j\leqslant n,i\neq j)$。TSP 问题是找到一条只经过每个城市一次且回到起点的、最短路径的回路。设城市 i 和 j 之间的距离为 d_{ij}，表示为

$$d_{ij} = \left[(x_i - x_j)^2 + (y_i - y_j)^2\right]^{\frac{1}{2}} \tag{6-35}$$

TSP 求解中，假设蚁群算法中的每只蚂蚁是具有下列特征的简单智能体。

（1）每次周游，每只蚂蚁在其经过的支路 (i,j) 上都留下信息素。

（2）蚂蚁选择城市的概率与城市之间的距离和当前连接支路上所包含的信息素余量有关。

（3）为了强制蚂蚁进行合法的周游，直到一次周游完成后，才允许蚂蚁游走已访问过的城市（这可由禁忌表来控制）。

蚁群算法中的基本变量和常数有：m，蚁群中蚂蚁的总数；n，TSP 问题中城市的个数；d_{ij}，城市 i 和 j 之间的距离，其中 $i,j\in(1,n)$；$\tau_{ij}(t)$，表示 t 时刻在路径 (i,j) 连线上残留的信息量。在初始时刻各条路径上信息量相等，并设 $\tau_{ij}(0)=$ 常数。

蚂蚁 $k(k=1,2,\cdots,m)$ 在运动过程中，根据各条路径上的信息量决定其转移方向。$p_{ij}^k(t)$ 表示在 t 时刻蚂蚁 k 由城市 i 转移到城市 j 的状态转移概率，根据各条路径上残留的信息量 $\tau_{ij}(t)$ 及路径的启发信息 η_{ij} 来计算，即式（6-36），表示蚂蚁在选择路径时会尽量选择离自己距离较近且信息素浓度较大的方向。

$$p_{ij}^k(t) = \begin{cases} \dfrac{[\tau_{ij}(t)]^\alpha \cdot [\eta_{ij}(t)]^\beta}{\sum\limits_{s\subset \text{allowed}_k}[\tau_{is}(t)]^\alpha \cdot [\eta_{is}(t)]^\beta}, & j \in \text{allowed}_k \\ 0, & \text{其他} \end{cases} \tag{6-36}$$

式中：$\text{allowed}_k=\{C-\text{tabu}_k\}$ 为在 t 时刻蚂蚁 k 下一步允许选择的城市（即还没有访问的城市）；$\text{tabu}_k(k=1,2,\cdots,m)$ 为禁忌表，记录蚂蚁 k 当前已走过的城市；α 为信息启发式因子，反映了蚁群在运动过程中所残留的信息量的相对重要程度；β 为期望启发式因子，反映了期望值的相对重要程度；η_{ij} 为由城市 i 转移到城市 j 的期望程度，也称为先验知识，这一信息可由要解决的问题给出，并由一定的算法来实现，TSP 问题中一般取值为

$$\eta_{ij}(t) = \frac{1}{d_{ij}} \tag{6-37}$$

对蚂蚁 k 而言，d_{ij} 越小，则 $\eta_{ij}(t)$ 越大，$p_{ij}^k(t)$ 也就越大。

为了避免残留信息素过多而淹没启发信息，在每只蚂蚁走完一步或者完成对所有 n 个城市的遍历后，要对残留信息素进行更新处理。$(t+n)$ 时刻在路径 (i,j) 上信息量可按式（6-38）所示的规则进行调整。

$$\begin{cases} \tau_{ij}(t+n) = (1-\rho)\cdot\tau_{ij}(t) + \Delta\tau_{ij}(t) \\ \Delta\tau_{ij}(t) = \sum\limits_{k=1}^m \Delta\tau_{ij}^k(t) \end{cases} \tag{6-38}$$

式中：ρ 为信息素挥发系数，模仿人类记忆特点，旧的信息将逐步忘却、削弱，为了防止信息的无限积累，ρ 的取值范围为 $[0,1)$，用 $1-\rho$ 表示信息的残留系数；$\Delta\tau_{ij}(t)$ 为本次循环中路径 (i,j) 上的信息素增量，初始时刻 $\Delta\tau_{ij}(t)=0$；$\Delta\tau_{ij}^k(t)$ 为第 k 只蚂蚁在本次循环中留在路径 (i,j) 上的信息量。

根据信息素更新策略的不同,Dorigo 提出了三种不同的基本蚁群算法模型,分别称为蚁周模型(ant-cycle model)、蚁量模型(ant-quantity model)及蚁密模型(ant-density model),三种模型的差别在于 $\Delta\tau_{ij}^{k}(t)$ 求法不同,下面比较三种模型的异同。

(1) 蚁周模型:

$$\Delta\tau_{ij}^{k}(t) = \begin{cases} \dfrac{Q}{L_k}, & \text{第 } k \text{ 只蚂蚁在本次循环中经过}(i,j) \\ 0, & \text{其他} \end{cases} \tag{6-39}$$

(2) 蚁量模型:

$$\Delta\tau_{ij}^{k}(t) = \begin{cases} \dfrac{Q}{d_{ij}}, & \text{第 } k \text{ 只蚂蚁在 } t \text{ 和 } t+1 \text{ 之间经过}(i,j) \\ 0, & \text{其他} \end{cases} \tag{6-40}$$

(3) 蚁密模型:

$$\Delta\tau_{ij}^{k}(t) = \begin{cases} Q, & \text{第 } k \text{ 只蚂蚁在 } t \text{ 和 } t+1 \text{ 之间经过}(i,j) \\ 0, & \text{其他} \end{cases} \tag{6-41}$$

式中:Q 为常量,表示蚂蚁循环一周或一个过程在经过的路径上所释放的信息素总量,它在一定程度上影响算法的收敛速度;L_k 为第 k 只蚂蚁在本次循环中所走路径的总长度。

上述模型的区别体现在:蚁周模型利用整体信息,蚂蚁完成一个循环后才更新所有路径上的信息素;蚁量模型和蚁密模型利用局部信息,蚂蚁每走一步就要更新路径上的信息素;蚁周模型在求解 TSP 问题时效果较好,应用也比较广泛。

3. 基本蚁群算法的实现步骤

这里的基本蚁群算法是基于蚁周模型的,实现步骤为:

第 1 步:初始化,设定相关参数。需遍历城市数 n、蚂蚁数 m、初始时各路径信息素 、m 只蚂蚁遍历(循环)次数的最大值 N_{cmax}、信息素挥发系数 ρ 以及 α、β、Q 等。建立禁忌列表 $tabu_k$,并保证此时列表中没有任何城市。

第 2 步:将 m 个蚂蚁随机放在各个城市上,每个城市至多分布一个蚂蚁,并修改禁忌表 $tabu_k$。

第 3 步:所有蚂蚁根据状态转移概率公式选择下一城市,并将该元素(城市)移动到该蚂蚁个体的禁忌表中。

第 4 步:所有蚂蚁遍历完 n 个城市后在所经过的路径上根据信息素更新公式更新所有信息素,并记录本次迭代过程最优路径和最优路径长度。

第 5 步:清空禁忌列表 $tabu_k$,重复步骤 3 和 4,直到每一个蚂蚁都完成 N_{cmax} 次遍历所有城市,最后输出的路径为最优路径。

基本蚁群算法的算法框图如图 6-13 所示。

6.4.3　改进的蚁群算法

研究表明,基本蚁群算法具有以下优点:

(1) 具有较强的全局搜索能力。在算法中,一群蚂蚁通过相互协作来更好地适应环境,以获得更好的性能;利用蚂蚁群体而不是单只蚂蚁,使得算法找到全局最优解的概率增加;

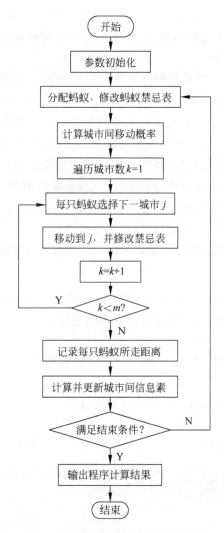

图 6-13　基本蚁群算法的流程框图

另外,使用概率规则而不是确定性规则指导搜索,使得算法有可能逃离局部最优。而传统优化算法对初值、迭代步长较敏感,一旦陷入局部最优就很难逃离。

（2）具有潜在的并行性。所有蚂蚁同时独立地在解空间中搜索,非常适合于并行实现,因此它本质上是一种高效的并行搜索算法。一方面,蚂蚁的搜索行为是独立自主的,不需要集中控制;另一方面,即使一只或者几只蚂蚁做出不好的选择,整个蚁群系统仍然能够保持正常功能。这种分布式并行模式大大提高了整个算法的运行效率和鲁棒性。

（3）在优化过程中不依赖于优化问题本身的数学性质,如连续性、可导性以及目标函数和约束条件的精确数学描述等。

（4）具有学习能力,在复杂的、不确定的、时变的环境中,通过自我学习不断提高蚂蚁的适应性。

但是,基本蚁群算法存在以下缺点:

（1）算法一般需要较长的搜索时间。这是因为蚁群中个体的移动是随机的,虽然通过信息的交流能够向着最优路径进化,但是当问题规模较大时,很难在较短时间内从杂乱无章的路径中找出一条较好的路径,而解的构造过程也会占用大量的计算时间。这一缺点是蚁群算法本身决定的,很难有本质上的改进,但可通过采用局部搜索等方法提高算法收敛性,减少算法搜索到满意解的时间。

(2) 容易出现停滞现象。停滞现象是指当算法搜索到一定程度后,所有蚂蚁不能构造新的解,以致不能对搜索空间做进一步探索的现象。蚂蚁总是倾向沿着信息素强度高的弧段移动,由信息素更新规则可见,未被选取的弧段与包含在优解中的弧段相比,信息素强度的差异越来越大,它们被选择的概率也就越来越小,从而导致算法有时只能在信息素更新中的优解附近进行搜索。这种信息素更新规则实现了正反馈机制,但是停滞现象是这种方式要避免的一个不足之处。所以在算法的求解过程中,需要折中考虑算法的探索和开发能力。

(3) 有些优化问题难以用构造图描述。虽然构造图在一定程度上扩展了蚁群算法的应用范围,但许多较复杂的实际问题仍然难以用构造图描述。

由于基本蚁群算法的这些缺点,许多改进的蚁群优化算法被提出。

1. 蚁群系统

蚁群系统(Ant Colony System,ACS)是 Dorigo 和 Gambardella 于 1997 年提出的,蚁群系统与蚂蚁系统(Ant System,AS)主要有以下不同之处。

1) 状态转移规则

在 AS 中,状态转移规则如下:一只位于节点 i 的蚂蚁按照式(6-42)给出的规则选取下一个将要到达的城市 j。

$$j = \begin{cases} \arg\max_{s \in J_k(i)}\{[\tau(i,s)]^\alpha [\eta(i,s)]^\beta\}, & q \leqslant q_0 \\ 式(6\text{-}43), & 其他 \end{cases} \tag{6-42}$$

$$p_{ij}^k = \begin{cases} \dfrac{[\tau(i,j)]^\alpha \cdot [\eta(i,j)]^\beta}{\sum\limits_{s \subset J_k(i)} [\tau(i,s)]^\alpha \cdot [\eta(i,s)]^\beta}, & j \in \text{allowed}_k \\ 0, & 其他 \end{cases} \tag{6-43}$$

式中:q 为一个 $[0,1]$ 服从均匀分布的随机数;q_0 为一个参数($q_0 \in [0,1]$);$J_k(i)$ 为可选城市集合。

以上给出的状态转移规则称为伪随机比例状态转移规则(pseudorandom proportional state transition rule)。这个状态转移规则,与式(6-43)给出的随机状态转移规则(random proportional state transition rule)一样,都倾向于选择较短的且有较多信息素的边作为移动方向。参数 q_0 决定了探索和开发的相对重要性:当一只位于节点 i 的蚂蚁按照伪随机比例状态转移规则选取下一个将要到达的城市 j 时,它先产生一个随机数 $0 \leqslant q \leqslant 1$;如果 $q \leqslant q_0$,依据伪随机比例状态转移规则选取转移的方向,否则按照式(6-43)选取一条边。

2) 全局信息素更新规则

在 ACS 中,只有全局最优的蚂蚁才被允许释放信息素。这种策略以及伪随机比例规则的使用,使得蚂蚁具有更强的开发能力:蚂蚁的搜索主要集中到当前迭代为止时所找出的最优路径的邻域内。在每只蚂蚁都构造完一个解之后,全局信息素更新规则按照式(6-44)和式(6-45)执行:

$$\tau(i,j) \leftarrow 1 - \rho \cdot \tau(i,j) + \rho \cdot \Delta\tau(i,j) \tag{6-44}$$

$$\Delta\tau(i,j) = \begin{cases} \dfrac{1}{L_{gb}}, & (i,j) \in \text{全局最优路径且 } L_{gb} \text{ 为最短路径} \\ 0, & \text{其他} \end{cases} \tag{6-45}$$

式中：ρ 为信息素挥发参数（$0 < \rho < 1$）；L_{gb} 为全局最优路径长度。

由式（6-44）和式（6-45）可知，只有那些属于全局最优路径的弧段上的信息素才得到增强。

3）局部信息素更新规则

在构造解时，蚂蚁应用式（6-46）给出的局部更新规则对它们所经过的边更新信息素：

$$\tau(i,j) \leftarrow (1-\rho) \cdot \tau(i,j) + \rho \cdot \Delta\tau(i,j) \tag{6-46}$$

实验表明，当 $\Delta\tau(i,j) = \tau_0$ 时（其中 τ_0 为一常数），算法能在较短的时间内获得较好的解。特别地，在 TSP 问题中，$\tau_0 = (nL_{nn})^{-1}$，其中 L_{nn} 是由最近邻域启发算法求得路径的长度，n 为城市的数目。

4）蚁群系统采用候选表策略

蚁群系统是一种构造式随机算法，在每一步，如果蚂蚁在选择下一个城市时考虑所有可选的城市，状态转移规则的计算量会很大。为了提高蚁群系统的搜索效率，特别是对于较大规模的问题，蚁群系统采用候选表策略。候选表是一个表，它记录从当前城市出发偏好程度较高的城市（preferred cities）。只要候选表中还有未访问过的城市，蚂蚁就会按照状态转移规则从候选表中选取一个城市。当候选表中的所有城市都被访问过时，蚂蚁才会考虑不在候选表中的城市。

2. 最大最小蚁群算法

Stvtzle 和 Hoos 在 2000 年提出 MMAS，其与 ACS 的差异主要体现在信息素更新规则上。

1）MMAS 采用精英策略更新信息素

具体而言，在每个蚂蚁构造完一个解之后，只增加最优解对应弧段的信息素。这个解可能是当前最优解（best so far solution），也可能是当前迭代的最优解（iteration best solution）。当只使用当前最优解时，搜索可能会过快地集中到这个解的周围，从而限制了对新解的搜索，甚至可能陷于局部最优解。而利用当前迭代的最优解来更新信息素可以减少这样的风险。这是因为当前迭代的最优解在每次迭代时都可能不同。一般地，利用当前最优解来更新信息素，可使蚁群获得较强的开发能力，而利用当前迭代的最优解来更新信息素，可使蚁群获得较强的探索能力。实验表明，采用混合策略且在迭代过程中增加使用当前最优解进行信息素更新的频率，能有效平衡探索和开发能力，从而提高算法性能。

2）信息素取值限制在区间 $[\tau_{\min}, \tau_{\max}]$

$\tau_{\min}$、$\tau_{\max}$ 分别是信息素下界和上界。MMAS 通过将超出这个范围的值强制设置为 $\tau_{\min}$ 或 $\tau_{\max}$，避免不同弧段的信息强度差异过大，从而达到避免停滞的目的。

3）MMAS 将信息素初始化为 $\tau_{\max}$

在 MMAS 中，信息素的值在第一次迭代之后都被设置为 $\tau_{\max}$（1）。这一点可以通过将信息素的初始值设置为某个非常大的数值来实现。这种策略使得蚂蚁在算法的初始阶段能够具有更好的探索能力。实验表明，它能改善算法的性能。

4) MMAS 还利用信息素的平滑机制提高其性能

当 MMAS 已经收敛或接近收敛时,这种机制将信息素作如下调整:

$$\tau(i,j)^* \leftarrow \tau(i,j) + \dot{\delta}(\tau_{\max} - \tau(i,j)) \tag{6-47}$$

式中:$0<\delta<1$;$\tau(i,j)$ 与 $\tau(i,j)^*$ 为信息素调整前后的信息素值。

信息素平滑机制的基本思想是通过增加选择信息素值较小的解元素的概率提高搜索新解的能力。由于 $\delta<1$,它能避免完全丢失在算法运行过程中所积累的信息。当 $\delta=1$ 时,它相当于信息素的重新初始化。而当 $\delta=0$ 时,该机制不发挥作用。平滑机制有助于改善算法的探索能力。同时,这个机制可以降低 MMAS 对信息素下限的敏感程度,有利于在全局范围内搜索新的解,避免过早收敛于局部优解。

3. 最优最差蚂蚁系统

由前面对蚁群算法的介绍可知,蚁群算法在运算过程中,蚁群的转移是由各条路径上留下的信息量强度和城市间的距离来引导的。蚁群运动的路径总是趋近于信息量最大的路径。通过对蚁群以及蚁群算法的研究表明,不论是真实蚁群还是人工蚁群系统,通常情况下,信息量最强的路径与所需要的最优路径比较接近。然而,信息量最强的路径不是所需要的最优路径的情况仍然存在,而且在人工蚁群系统中,这种现象经常出现。这是由于在人工蚁群系统中,路径上的初始信息量是相同的,蚁群创建的第一条路径所获得的信息主要是城市之间的距离信息。这时,蚁群算法等价于贪婪算法。第一次循环中蚁群在所经过的路径上留下的信息不一定能反映出最优路径的方向,特别是蚁群中个体数目少或者所计算的路径组合较多时,就更不能保证蚁群创建的第一条路径能引导蚁群走向全局最优路径。第一次循环后,蚁群留下的信息会因正反馈作用使这条路径不是最优,而且可能是离最优解相差很远的路径上的信息得到不应有的增强,阻碍以后的蚂蚁发现更好的全局最优解。不仅是第一次循环所建立的路径可能对蚁群产生误导,任何一次循环,只要这次循环所利用的信息较平均地分布在各个方向上,这次循环所释放的信息素就可能会对以后蚁群的决策产生误导。因此,蚁群所找出的解需要通过一定的方法来增强,使蚁群所释放的信息素尽可能地不对以后的蚁群产生误导。

由于蚂蚁系统搜索效率低和质量差的缺点,最优-最差蚂蚁系统(Best-Worst Ant System,BWAS)被提出。该改进算法在蚁群算法的基础上进一步增强了搜索过程的指导性,使得蚂蚁的搜索更集中于到当前循环为止所找出的最好路径的邻域内。蚁群算法的任务就是引导问题的解向着全局最优的方向不断进化。这种引导机制建立的基础是,一个解决方案越好,越可能在它的附近找出更优的解。因此,将搜索集中于所找出的最优解附近是合理的。

该算法的思想就是对最优解进行更大限度的增强,而对最差解进行削弱,使得属于最优路径的边与属于最差路径的边之间的信息素量差异进一步增大,从而使蚂蚁的搜索行为更集中于最优解的附近。

该改进算法主要修改了蚁群系统中的全局更新公式。当所有蚂蚁完成一次循环后,增加对最差蚂蚁所经过的路径信息素的更新。若 (r,s) 为最差蚂蚁路径中的一条边,且不是最优蚂蚁路径中的边,则该边上的信息素量按式(6-48)调整,即

$$\tau(r,s) = (1-\rho)\tau(r,s) - \varepsilon \cdot \frac{L_{\text{worst}}}{L_{\text{best}}} \tag{6-48}$$

式中：ε为该算法中引入的一个参数；L_{worst}为当前循环中最差蚂蚁的路径长度；L_{best}为当前循环中最优蚂蚁的路径长度；$\tau(r,s)$为城市r和城市s之间的信息素轨迹量。

6.4.4 蚁群算法在机器人路径规划中的应用

以蚁群算法为代表的群智能已经成为当今分布式人工智能研究的一个热点，其在诸多领域的应用都有良好的效果。本节介绍蚁群算法在机器人路径规划中的应用。机器人在复杂工作环境下的路径规划问题，在很大程度上类似于蚂蚁觅食的优选路径，下面将做出详细的介绍。

1. 机器人路径规划问题

路径规划算法是实现机器人控制和导航的基础之一，一般将路径规划算法分为全局规划和局部规划两大类。通过两类算法的结合使用，可有效地实现机器人的路径规划。在全局规划算法领域中，目前使用的方法包括 Petri 网算法、基于数据融合的模糊规划、神经网络算法、人工势场法、计算几何法和遗传算法等。但上述算法在复杂的工作环境下进行路径规划时，会存在一些明显不足。例如，算法的计算代价过大，有时甚至得不到最优解；对于遗传算法和一些近似算法，在初始可行解的有效构造以及针对复杂环境特点设计相应的遗传算子等方面，存在着较大的困难。为克服这些算法的不足，特别是对包含大量非规则障碍物的复杂环境中机器人轨迹规划问题，有学者提出使用蚁群优化算法对其进行求解。

复杂工作环境中的机器人（最优时间）路径规划问题，严格地说，是一个带约束条件的连续函数优化问题，研究解决此类问题的蚁群算法，对于扩大蚁群算法的应用范围具有重要意义。

2. 基于蚁群算法的机器人路径规划

1) 蚁群算法的描述

在求解的过程中，为了对蚁群的行为进行仿真，引入以下描述符号：W为蚁群中蚂蚁的个数；$d_{ij}(i=1,2,\cdots,n_1;j=1,2,\cdots,n_2;n_1$和$n_2$分别是对平面工作环境的二维划分维数)为平面环境中位置点i与j之间的距离；$b_i(t)$为t时刻位于位置点i处的蚂蚁数目；$\tau_{ij}(t)$表示t时刻在路径(i,j)上残留的信息素轨迹的量。显然，有等式$W=\sum_{i=1}^{n}b_i(t)$。因为在初始时刻，每条路径的信息素轨迹的量都是相等的，所以有预设条件$\tau_{ij}(0)=C,C$是一定常数。

蚂蚁$k(k=1,2,\cdots,W)$在运动过程中，会根据各条路径上的信息素轨迹量决定其下一步的转移方向。在时刻t，蚂蚁k要从位置点i向j转移，其对应的转移概率可定义为

$$p_{ij}^k(t)=\begin{cases}(\tau_{ij}^a(t)\eta_{ij}^\beta(t))\Big/\left(\sum_{r\in S_i^k}(\tau_{ir}^a(t)\eta_{ir}^\beta(t))\right),&j\in S_i^k\\0,&\text{其他}\end{cases}\tag{6-49}$$

式中：$\eta_{ij}(t)$为能见度的局部启发式函数(在该问题中定义为$1/d_{ij}$)；参数α和β分别为$\tau_{ij}(t)$和$\eta_{ij}(t)$对整个转移概率的影响权值；S_i^k为蚂蚁k在位置点i处的可行邻域(即与点i相邻且尚未被蚂蚁k访问过的位置点的集合)，借助于种群的记忆功能，这个集合在进化过程中将会不断地动态调整。

随着时间的推移，信息素轨迹将会逐渐地挥发，用ρ表示在某条路径上信息素轨迹挥发

后的剩余度。在经过 h 个时刻后，蚁群会完成一个循环的移动。此时，各条路径上信息素轨迹的量将按照式(6-50)所示的全局调整准则进行调整。

$$\tau_{ij}(t+h) = \rho\tau_{ij}(t) + \sum_{k=1}^{W} \Delta\tau_{ij}^{k} \tag{6-50}$$

式中：$\Delta\tau_{ij}^{k}$ 为蚂蚁 k 在本次循环中留在路径 (i,j) 上的信息素轨迹的量，可基于局部调整准则对其定义为

$$\Delta\tau_{ij}^{k} = \begin{cases} Q/L_k, & \text{如果蚂蚁 } k \text{ 在本次循环中经过了路径}(i,j) \\ 0, & \text{其他} \end{cases} \tag{6-51}$$

式中：Q 为表示信息素轨迹强度的一定常数；L_k 为蚂蚁 k 在本次循环中经过的所有路径的长度。

在初始时刻，有 $\tau_{ij}(0)=C, \Delta\tau_{ij}^{k}=0(i=1,2,\cdots,n_1; j=1,2,\cdots,n_2; k=1,2,\cdots,W)$。此外，$\tau_{ij}(t), \Delta\tau_{ij}^{k}$ 和 $p_{ij}^{k}(t)$ 的表达式也可根据算法的具体应用而有所调整。

2）机器人路径规划蚁群算法的步骤

第 1 步：产生初始时刻的蚂蚁种群移动路径。根据移动过程中途经各点周围的距离启发式信息概率，产生多条从起点到终点的可行移动路径，每条路径代表了一只蚂蚁的爬行轨迹。

第 2 步：信息素的调整。对所产生的每一条可行移动路径，分别计算路径的长度和所对应信息素的增量，再采用设计的信息素轨迹更新函数［如式(6-50)］对路径上各点所对应的信息素进行更新。

第 3 步：对产生的每一可行路径进行一定的修正处理。在这里，是将蚂蚁所走的弯曲路径逐段拉直为一条由直线段连接的可行路径（即成为一折线）。将此可行路径与目前最短路径进行比较，如果路径长度更小，则用该路径替换最短路径。对路径上所有点的信息素也根据第 2 步中的方法进行更新。如果当前时刻已达到预先设定的终止时刻，则转第 5 步。

第 4 步：下一时刻蚂蚁路径的产生。综合使用当前点周围的距离启发式信息概率和基于信息素轨迹的转移概率，产生由起点到终点的可行路径，并转第 2 步。

第 5 步：算法结束：将当前路径作为最短路径输出。

距离启发式信息概率定义为

$$\varphi_{ij}^{k} = \begin{cases} \dfrac{((\mathrm{MaxDistance}_{A(i),e} - \mathrm{Distance}_{j,e})\omega + \mu)^{\lambda}}{\displaystyle\sum_{j \in \mathrm{Available}(i)} ((\mathrm{MaxDistance}_{A(i),e} - \mathrm{Distance}_{j,e})\omega + \mu)^{\lambda}}, & j \in \mathrm{Available}(i) \\ 0, & \text{其他} \end{cases} \tag{6-52}$$

式(6-52)决定了只依赖于距离信息时，编号为 k 的蚂蚁从当前点 i 向其周围一点的移动概率。$\mathrm{Available}(i)$ 为点 i 周围 1 个单位距离内非障碍区中点的集合，算法中蚂蚁只能向前、后、左、右 4 个方向移动，因此 $0 < |\mathrm{Available}(i)| \leqslant 4$。$\mathrm{Distance}_{j,e}$ 为从 j 点到终点 e 的距离，其值在算法执行前被预先计算出。$\mathrm{MaxDistance}_{A(i),e}$ 为 $\mathrm{Distance}_{j,e}$ 中的最大值。因为 $\mathrm{Available}(i)$ 的各个 $\mathrm{Distance}_{j,e}$ 之间相差不到 2，所以需要对 $\mathrm{Distance}_{j,e}$ 重新定标以体现它们之间的差别，否则启发式概率将变成一个随机函数，达不到应有的启发效果。这里引入 3 个示定系数 ω, μ 和 λ。根据多次试验，算法中取 $\omega=10, \mu=2, \lambda=2$。

权值系数 α 和 β 的确定：如前所述，α 和 β 两个参数分别决定了信息素轨迹和启发式函

数(能见度)的相对重要性。在一般的蚂蚁算法中,α 和 β 是常数,在算法执行过程中不做改变。但在路径规划问题中,由于蚂蚁可经过的点太多(在一个 400×200 位图表示的环境中有 80000 个点,而研究旅行商问题般达到几百规模就已经非常大了),很难确保每个点都获得信息素,这样将带来一个严重的问题,即如果获得信息素的点越少,那么结果陷入局部解的可能性就越大。仿真实验发现将 α 和 β 设为常数后,通常情况下不能找到较好的解。因此在设计的蚁群算法中,α 和 β 将随时间变化而调整,即

$$\alpha = \begin{cases} 4q/m, & 0 \leqslant q < m \\ 4, & m \leqslant q \leqslant u \end{cases} \tag{6-53}$$

$$\beta = \begin{cases} (3m - 1.5q)/m, & 0 \leqslant q < m \\ 1.5, & m \leqslant q \leqslant u \end{cases} \tag{6-54}$$

式中:m 为临界时刻。在 m 时刻前,由于各点上的信息量较少,蚂蚁寻路过程中的主导因素为启发式因素(即基于式(6-52)所表示的概率),这样能使更多的点获得信息素;在 m 时刻后,蚂蚁寻路过程中的主导因素变为信息素因素(即基于式(6-49)所表示的概率),从初始时刻 0 到临界时刻 m,α 值随时间线性递增,β 值随时间线性递减;从临界时刻 m 到终止时刻 n,α 和 β 值均为常数,且 $\alpha > \beta$。

在第 3 步中,对可行路径进行了一定的修正处理,是基于以下考虑:因为算法中的蚂蚁是在所设定的由像素点构成的位图环境中爬行,当位图环境中的像素点过多时,蚂蚁在某段特定距离内的爬行路径可能变成曲线段,从而人为地造成移动路径长度的增加。为避免这种情况的出现,可人为地将蚂蚁在某段特定距离内弯曲的爬行路径"拉直"为一直线段,从而减少移动路径的长度。

在第 4 步中提到从当前点到下一个可行点的转移是由距离启发式信息概率和基于信息素轨迹的转移概率综合决定的。这里所使用的综合决定方法是基于比例选择策略。通过比例选择,可交替使用 3 种概率:式(6-49)所示的基于信息素轨迹的转移概率,式(6-52)所示的距离启发式信息概率和综合考虑上述两种概率所产生的转移概率,以决定下一个具体的可行移动点。

6.5 粒子群优化算法

粒子群优化算法(Particle Swarm Optimization,PSO)最早是在 1995 年由 Eberhart 和 Kennedy 共同提出的,该算法模拟鸟群飞行觅食的行为,是一种基于群体智能的迭代随机搜索算法。粒子群算法具有并行处理特征,鲁棒性好,原理上可以较大概率地找到优化问题的全局最优解,计算效率高,调整参数少且易于实现,已成功应用于求解多种复杂的优化问题。在神经网络的训练、生物信号识别、模式识别、信号处理、机器人控制、决策支持以及仿真和系统辨识等方面,都有良好的应用前景。本节首先介绍基本粒子群与标准粒子群算法的原理,之后再从关键参数、改进算法和应用实例方面做出相应的介绍。

6.5.1 粒子群优化算法的基本原理

1. 粒子群优化算法的起源

自然界中很多生物是以群体的形式生活在一起,如鸟群、鱼群等,很多科学家很早以前就对鸟群、鱼群的生物行为进行了研究。其中,以 Reynolds、Hepper 和 Grenander 对鸟群的模拟最为著名。Reynolds 通过 CG 动画进行鸟群仿真,综合利用三条简单的准则来构建鸟类复杂的群体行为:

(1) 避免碰撞:避免和邻近的个体相碰撞;

(2) 速度一致:和邻近的个体的平均速度保持一致;

(3) 向中心聚集:向邻近个体的平均位置移动。

通过一系列的仿真试验发现开始处于随机状态的鸟通过自组织逐步聚集成一个个小的群体,并且以相同的速度朝着相同的方向飞行,然后几个小的群体又聚集成大的群体,大的群体又可能分散成一个个小的群体。生物学家 Hepper 对鸟群趋同行为进行研究发现了鸟群的内在规则,认为鸟群的同步是由于鸟和鸟之间保持着最佳距离。这一特征是粒子群算法的基本特征之一。

粒子群算法的产生和发展还融合了社会心理学、群体行为学和人类认知科学的思想。Boyd 和 Recharson 研究了人类的决策过程,并提出了个体学习与文化传递的概念。根据他们的研究,人们在决策过程中常常会综合两种重要的信息:一是自身的经验;二是他人的经验。人们根据自身经验与他人经验做出决定,这个思路是粒子群算法的另一个基本特征。

Eberhart 和 Kennedy 提出的粒子群算法是受到生物学家 Hepper 对鸟群行为研究结果的启发。在 Hepper 的模型中,鸟知道食物的位置,但在实际情况中,鸟类在刚开始不知道食物的所在地。于是,他们对 Hepper 的模型进行了修正,认为鸟和鸟之间会有信息的交换。并且,在他们的仿真中,每个个体能够通过一定规则获得自身位置的适应值,并且能够记住自己当前所找到的最好位置,称为"局部最优 pbest",此外还能记住群体中所有个体中找到的最好位置,称为"全局最优 gbest"。对应到粒子群优化算法中,这两个优化变量使得粒子能够在解空间中飞行,并到达最好解的位置。

2. 基本粒子群算法

1) 算法原理

在粒子群算法中,每个个体称为一个"粒子",也代表着一个潜在的解。在 D 维搜索空间中,一个由 m 个粒子组成的群体以一定的速度飞行。每个粒子包含一个 D 维位置矢量 $\boldsymbol{x}_i=(x_{i1},x_{i2},\cdots,x_{iD})$ 和速度矢量 $\boldsymbol{v}_i=(v_{i1},v_{i2},\cdots,v_{id},\cdots,v_{iD})$,$1\leqslant d\leqslant D$。每个粒子在搜索时,记住其搜索到的最优位置 $\boldsymbol{p}_i=(p_{i1},p_{i2},\cdots,p_{id},\cdots,p_{iD})$ 和群体内所有粒子搜索到的最优位置 $\boldsymbol{p}_g=(p_{g1},p_{g2},\cdots,p_{gd},\cdots,p_{gD})$。在每次迭代中,粒子根据自身惯性、自身经验和群体最优经验调整自己的速度矢量,从而调整自身的位置矢量。根据事先设定的适应值函数计算当前位置的适应值,即可衡量粒子位置的优劣。

一般来说,粒子的位置和速度都是在连续的实数空间内进行取值。在每次迭代中,根据如下方程更新粒子的速度和位置:

$$v_{id}^{k+1}=v_{id}^k+c_1\xi(p_{id}^k-x_{id}^k)+c_2\eta(p_{gd}^k-x_{id}^k) \tag{6-55}$$

$$x_{id}^{k+1} = x_{id}^k + v_{id}^{k+1} \tag{6-56}$$

式中：c_1 和 c_2 称为学习因子(learning factor)或加速系数(acceleration cofficient)，一般为正的常数。学习因子使粒子具有自我总结和向群体中优秀个体学习的能力，从而向自己的历史最优点以及群体内或邻域内的历史最优点靠近。c_1 和 c_2 通常等于 2。$\xi, \eta \in U[0,1]$，是在 $[0,1]$ 区间内均匀分布的伪随机数，这两个参数用来保持群体的多样性。由于粒子群算法中没有实际的机制来控制粒子速度，所以需要对粒子的速度进行限制，取值范围设为 $V_{\min} \sim V_{\max}$。此外，粒子的位置 x_i 的取值范围为 $X_{\min} \sim X_{\max}$。

2) 粒子的社会行为分析

从粒子的速度更新方程可以看到，基本粒子群优化算法中，粒子的速度主要由三部分构成：第一部分为"前次迭代中自身的速度"，这是粒子飞行中的惯性作用，是粒子能够进行飞行的基本保证；第二部分为"自我认知"的部分，表示粒子飞行中考虑到自身的经验，向自己曾经找到过的最好点靠近；第三部分为"社会经验"的部分，表示粒子飞行中考虑到社会的经验，向邻域中其他粒子学习，使粒子在飞行时向邻域内所有粒子曾经找到过的最好点靠近。

Kennedy 通过神经网络训练的实验研究了粒子飞行时的行为，在实验中将粒子的速度更新公式分别取以下几种情况：

(1) 完全模型(full model)：即按照原始公式进行速度更新；

(2) 只有自我认知(cognition-only)：即速度更新时只考虑上述第一部分和第二部分；

(3) 只有社会经验(social-only)：即速度更新时只考虑上述第一部分和第三部分；

(4) 无私(selfless)：即速度更新时只考虑上述第一部分和第三部分，并且邻域不包括粒子本身。这里考虑"无私"的情况是因为在只有社会经验的模型中，如果粒子自身取得的历史最优位置就是群体最优位置，那么粒子还是会被自身取得的历史最优位置所吸引，这容易引起效果上的混淆，"无私"情形可以彻底去掉自身认知的影响。

实验结果表明，对于所有的情形，最大速度 $V_{\max}$ 过小常常导致搜索的失败；而较大的 $V_{\max}$ 常使粒子飞过目标区域，这可能使粒子找到更好的区域，即使粒子脱离局部最优。上述速度更新模型按照达到规定误差所需的迭代次数从少到多依次为：只有社会经验<无私<完全模型<只有自我认知。对于简单问题，只有社会经验的模型可以最快达到收敛，这是因为粒子间社会信息的共享导致进化速度加快。而只有自我认知的模型收敛最慢，这是因为不同的粒子间缺乏信息交流，没有社会信息的共享，导致找到最优解的概率变小。但是，收敛速度不是优化效果的唯一评价指标。特别是对于复杂的问题，只考虑社会经验，将导致粒子群体过早收敛，从而陷于局部最优；只考虑个体自身经验，将使群体很难收敛，进化速度过慢。相对来说，完全模型是较好的选择。

3) 算法流程

选定粒子群种群规模 m；设 $\boldsymbol{x}_i$ 为种群中第 i 个粒子的位置矢量；设 $\boldsymbol{v}_i$ 为第 i 个粒子的速度矢量；设 fitness(x_i) 为求第 i 个粒子的适应值函数；设 $\boldsymbol{p}_i$ 为第 i 个粒子自身搜索到的最优位置矢量；设 $\boldsymbol{p}_g$ 为种群中适应度最高的位置矢量。

基本 PSO 算法的流程具体如下：

第 1 步：(初始化)对于每一个种群中的粒子 $i, i = 1, 2, \cdots, m$，随机初始化 $\boldsymbol{x}_i$ 和 $\boldsymbol{v}_i$；

第 2 步：计算适应值函数 fitness(x_i)，对每个粒子进行性能评估；

第3步：搜索粒子自身最优位置 p_i，若 fitness(x_i)<fitness(p_i)，则 p_i-x_i；

第4步：搜索群体最优位置 p_g，若 fitness(p_i)<fitness(p_g)，则 $p_g=p_i$；

第5步：对每个粒子，根据式(6-55)和式(6-56)更新 x_i 和 v_i；

第6步：返回第2步，直至满足终止条件。

一般将终止条件设定为一个足够好的适应值或达到一个预设的最大迭代次数。基本粒子群算法的流程如图6-14所示。

3. 标准粒子群算法

为了改善粒子群算法收敛性能，Shi 和 Eberhart 在1998年的论文中引入了惯性权重的概念，将速度更新方程修改为

$$v_{id}^{k+1} = \omega v_{id}^k + c_1\xi(p_{id}^k - x_{id}^k) + c_2\eta(p_{gd}^k - x_{id}^k) \quad (6\text{-}57)$$

式中：ω 称为惯性权重。其大小决定了对粒子当前速度继承的多少，选择一个合适的 ω 可以使粒子具有均衡的探索能力（exploration，即广域搜索能力）和开发能力（exploitation，即局部搜索能力）。图6-15表明了粒子如何调整它的位置。可见，基本粒子群优化算法是惯性权重 $\omega=1$ 的特殊情况。

分析和实验表明，设定 V_{max} 的作用可以通过惯性权重的调整来实现。现在的粒子群优化算法基本上使用 V_{max} 进行初始化，将 V_{max} 设定为每维变量的变化范围，而不必进行细致的选择与调节。

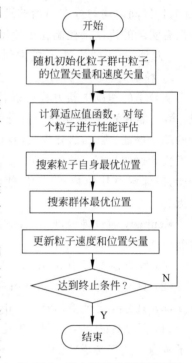

图 6-14　基本粒子群算法流程图

目前，对于粒子群优化算法的研究大多以带有惯性权重的粒子群优化算法为对象，因此大多数文献中将带有惯性权重的粒子群优化算法称为标准粒子群优化算法；而将前述粒子群优化算法称为基本粒子群优化算法。

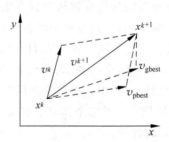

图 6-15　粒子调整位置示意图

x^k—当前的搜索点；x^{k+1}—调整后的搜索点；v^k—当前的速度；

v^{k+1}—调整后的速度；v_{pbest}—基于 pbest 的速度；v_{gbest}—基于 gbest 的速度

6.5.2　粒子群优化算法的构成要素

本节将对粒子样优化算法的构成要素进行概述。这些构成要素包括算法的相关参数，即群体大小、学习因子、最大速度、惯性权重；也包括算法设计中的相关问题，即邻域拓扑结

构、粒子空间的初始化和停止准则。

1. 速度矢量

速度矢量中对算法影响较大的是最大速度 V_{max}，V_{max} 决定粒子在一次迭代中最大的移动距离。V_{max} 设定得过小，收敛速度会减慢，影响收敛效率。对于不同的问题，粒子的速度限定范围需要进行调整。在算法运行的不同阶段，速度范围也需要进行变化，以适应搜索的不同阶段。搜索初期，速度应放宽限定范围，使得粒子进行广域搜索，后期搜索注重局部搜索，应相应地缩小速度变化的限定范围。

2. 学习因子

学习因子 c_1 和 c_2 是非负常数，代表粒子不同的学习能力。c_1 表示对自身经验的学习能力，c_2 表示对社会群体经验的学习能力。学习因子反映了粒子间的信息交流，从而使粒子向群体内或邻域内最优点靠近。在理想状态下，搜索初期要使粒子尽可能地探索整个空间，而搜索末期，应避免粒子陷入局部极值。c_1 和 c_2 通常等于2，不过也有其他的取值，通常范围在 $0\sim4$。

3. 种群大小

在粒子群算法中，当粒子数很少时，不利于广域搜索，很容易陷入局部极小。然而，粒子数过多时，虽然增加了算法的可靠性，计算量和计算时间也随之增加。Shi 和 Eberhart 认为，粒子群算法的收敛效果对种群大小不敏感，并且当群体数目增长至一定水平时，再增长将不再有显著的作用。当 $m=1$ 时，PSO 算法变为基于个体搜索的技术，一旦陷入局部最优，将不可能跳出。当 m 很大时，PSO 的优化能力很好，可是收敛的速度将非常慢。

4. 惯性权重

智能优化方法的运行是否成功，探索能力和开发能力的平衡是非常关键的。对于粒子群优化算法，这两种能力的平衡就是靠惯性权重来实现。较大的惯性权重使粒子在自己原来的方向上具有更大的速度，从而在原方向上飞行更远，具有更好的探索能力；较小的惯性权重使粒子继承了较少的原方向的速度，从而飞行较近，具有更好的开发能力。通过调节惯性权重能够调节粒子群的搜索能力。

5. 邻域拓扑结构

全局粒子群优化算法将整个群体作为粒子的邻域，速度快，不过有时会陷入局部最优；局部粒子群优化算法将索引号相近或者位置相近的个体作为粒子的邻域，收敛速度慢一点，不过很难陷入局部最优。显然，全局粒子群优化算法可以看作局部粒子群优化算法的一个特例，即将整个群体都作为邻域。

6. 停止准则

一般使用最大迭代次数或可以接受的满意解作为停止准则。

7. 粒子空间的初始化

粒子空间的初始化对算法的收敛速度有很大的影响。较好的粒子初始化，将有可能大大缩短收敛时间。

从上面的介绍可以看到，粒子群优化算法需要调节的参数较少。其中，惯性权重和邻域拓扑结构较为重要。

6.5.3 改进的粒子群优化算法

PSO 算法存在着很多缺陷,如对环境的变化不敏感;由于粒子受自身历史最优位置和群体历史最优位置的影响,形成粒子种群的快速趋同效应,容易出现陷入局部最优值、早熟收敛或停滞现象,并且 PSO 的性能也受算法参数的影响。鉴于此,众多研究人员在标准粒子群算法的基础上,提出了各种改进措施。

1. 参数改进

1) 惯性权重

在标准 PSO 算法中,惯性权重是最重要的改进参数,算法的成败很大程度上取决于该参数的选取和调节。恰当的惯性权重值可以提高算法性能,提高寻优能力,同时减少迭代次数。下面介绍设置惯性权重的几种基本方法。

(1) 固定权重。

即赋予惯性权重以一个常数值,一般来说,该值在 $0 \sim 1$。固定的惯性权重使粒子在飞行中始终具有相同的探索和开发能力。显然,对于不同的问题,获得最好优化效果的这个常数是不同的,要找到这个值需要大量的实验。通过实验发现,种群规模越小,需要的惯性权重越大,因为此时种群需要更好的探索能力来弥补粒子数量的不足,否则粒子极易收敛;种群规模越大,需要的惯性权重越小,因为每个粒子可以更专注于搜索自己附近的区域。

(2) 线性递减策略。

一般来说,希望粒子群在飞行前期具有较好的全局搜索能力,而随着迭代次数的增加,特别是在飞行的后期,希望具有较好的开发能力,以加快收敛速度,所以惯性权重的值应该是递减的,可以通过线性递减策略来实现。

设惯性权重的初始值为 ω_{start},也是最大值;ω_{end} 为迭代结束时的惯性权重,也是最小值;最大迭代次数为 $t_{\max}$,则第 t 次迭代时的惯性权重可以取为

$$\omega_t = \omega_{\text{start}} - \frac{\omega_{\text{start}} - \omega_{\text{end}}}{t_{\max}} \times t \qquad (6\text{-}58)$$

根据实际的问题来确定最大权重 ω_{start} 和最小权重 ω_{end}。线性递减惯性权重是在实际应用中使用最为广泛的一种方式,该方法使 PSO 更好地控制全局搜索能力和局部搜索能力,加快了收敛速度,提高了算法的性能。但由于在这种策略下,迭代初期的全局搜索能力较强,如果在初期搜索不到最好点,那么随着 ω 的减小,局部搜索能力加强,就容易陷入局部最优。

(3) 基于模糊系统的惯性权重动态调节。

为了设计一个模糊系统来动态适应惯性权重,系统的输入变量必须是能够衡量粒子群算法系统的性能,而系统的输出是惯性权重或惯性权重的调节量。在此,使用如下具有 9 条规则、2 个输入和 1 个输出的模糊系统。两个输入变量分别为当前种群最优性能指标(the Current Best Performance Evaluation,CBPE)和当前惯性权重。输出变量为惯性权重的变化(百分比表示)。

这里,CBPE 测量的是 PSO 找到的最好候选解的性能。由于不同的优化问题有不同的性能评价值范围,所以为了让该模糊系统有广泛的适用性,可以使用标准化的 CBPB (NCBPE)。假定优化问题为最小化问题,则

$$\text{NCBPE} = \frac{\text{CBPE} - \text{CBPE}_{\min}}{\text{CBPE}_{\max} - \text{CBPE}_{\min}} \qquad (6\text{-}59)$$

式中：$\text{CBPE}_{\min}$ 为估计的（或实际的）最小值；$\text{CBPE}_{\max}$ 为非最优 CBPE。任何 CBPE 值大于或等于 $\text{CBPE}_{\max}$ 的解都是最小化问题所不能接受的解。

每个输入和输出定义了低、中、高 3 条模糊集合,相对应的隶属度函数分别为左三角形、三角形和右三角形。共 9 条规则。这 3 个隶属度函数分别定义如下：

左三角隶属度函数：

$$f_{\text{left\_triangle}} = \begin{cases} 1, & x < x_1 \\ \dfrac{x_2 - x}{x_2 - x_1}, & x_1 \leqslant x \leqslant x_2 \\ 0, & x > x_2 \end{cases}$$

三角隶属度函数：

$$f_{\text{triangle}} = \begin{cases} 0, & x < x_1 \\ 2\dfrac{x - x_1}{x_2 - x_1}, & x_1 \leqslant x \leqslant \dfrac{x_1 + x_2}{2} \\ 2\dfrac{x_2 - x}{x_2 - x_1}, & \dfrac{x_1 + x_2}{2} < x \leqslant x_2 \\ 0, & x > x_2 \end{cases}$$

右三角隶属度函数：

$$f_{\text{right\_triangle}} = \begin{cases} 0, & x < x_1 \\ \dfrac{x - x_1}{x_2 - x_1}, & x_1 \leqslant x \leqslant x_2 \\ 1, & x > x_2 \end{cases}$$

隶属度函数如图 6-16 所示。图中,x_1 和 x_2 是决定隶属度函数形状和位置的关键参数。以下程序模块给出了整个模糊系统的描述：

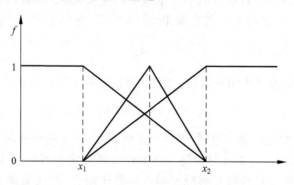

图 6-16　隶属度函数

9
21
NCBPE3 0 1

```
       Left Triangle 0 0.06
       Triangle 0.05 0.4
       Right Triangle 0.3 1

Weight 3 0.2 1.1
       Left Triangle 0.2 0.6
       Triangle 0.4 0.9
       Right Triangle 0.6 1.1

w_change 3 - 0.12 0.05
       Left Triangle - 0.12 - 0.02
       Triangle - 0.04 0.04
       Right Triangle 0.0 0.05
1 1 2
1 2 1
1 3 1
2 1 3
2 2 2
2 3 1
3 1 3
3 2 2
3 3 1
```

第一行的 9 意味着这个系统存在 9 条规则；第二行表示有两个输入和一个输出。第一个变量为 NCBPE，有 3 个模糊集，取值范围是(0,1)。每个模糊集对应一个隶属度函数。第一个变量是左三角函数，具两个关键参数为 0 和 0.06，其他两个函数分别为带参数 0.05 和 0.4 的三角函数以及带参数为 0.3 和 1 的右三角函数。这四行完全决定了第一个输入变量 NCBPE。第二个输入变量是当前的惯性权重，表示为 weight。输出变量为惯性权重的改变量，表示为 w_change。紧跟着的是 9 条规则的定义，其中低编码为 1，中编码为 2，高编码为 3。例如，第一个规则 112 代表如果 NCBPE 是"低"，权重是"低"，则 w_change 为"中"。

（4）随机权重。

随机权重是在一定范围内随机取值。例如，可以取值如下：

$$\omega = 0.5 + \frac{\text{rand}()}{2} \tag{6-60}$$

式中：rand()为 0~1 的随机数。这样，惯性权重将在 0.5~1 随机变化，均值为 0.75。之所以这样设定，是为了应用于动态优化问题。将惯性权重设定为线性减小是为了在静态的优化问题中使粒子群在迭代开始时具有较好的全局寻优能力，即探索能力，而在迭代后期具有较好的局部寻优能力，即开发能力。而对于动态优化问题，不能够预测在给定的时间粒子群需要更好的探索能力还是更好的开发能力，因而可以使惯性权重在一定范围内随机变化。

2）学习因子

学习因子 c_1 和 c_2 分别用于控制粒子指向自身和邻域最优位置的运动。学习因子一般固定为常数并且取值为 2，但也有一些其他的取值以及设置方式。

（1）同步线性减小。

Suganthan 在实验中，参照惯性权重的线性递减策略，将学习因子设置如下：设学习因子 c_1 和 c_2 的取值范围为 $[c_{min}, c_{max}]$，最大迭代次数为 t_{max}，则第 t 次迭代时的学习因子取为

$$c_1 = c_2 = c_t = c_{max} - \frac{c_{max} - c_{min}}{t_{max}} \times t \tag{6-61}$$

这是一种两个学习因子同步线性减小的变化方式，称为同步时变。

（2）自适应线性时变调整策略。

Ratnaweera 等提出了利用线性调整学习因子取值，使两个学习因子在优化过程中随时间进行不同的变化，即 c_1 先大后小，c_2 先小后大。这种设置的目的是在优化初期加强全局搜索，而在搜索后期促使粒子收敛于全局最优解。在优化的初始阶段，粒子具有较大的自我学习能力和较小的社会学习能力，这样粒子可以倾向于在整个搜索空间飞行，而不是很快就飞向群体最优解。在优化的后期，粒子具有较大的社会学习能力和较小的自我学习能力，使粒子倾向于飞向全局最优解。该方法能得到较好的效果，但也存在粒子易早熟的缺点，主要是因为搜索前期粒子在全局徘徊，而后期粒子缺乏多样性，导致过早地收敛于局部极值。

具体实现方式如下：

$$\begin{cases} c_1 = (c_{1f} - c_{1i}) \dfrac{t}{t_{max}} + c_{1i} \\ c_2 = (c_{2f} - c_{2i}) \dfrac{t}{t_{max}} + c_{2i} \end{cases} \tag{6-62}$$

式中：$c_{1i}, c_{1f}, c_{2i}, c_{2f}$ 为常数，分别为 c_1 和 c_2 的初始值和最终值；t_{max} 为最大迭代次数；t 为当前迭代数。

Ratnaweera 等在研究中发现，对于大多数标准如下设置时优化效果较好：

$$c_{1i} = 2.5, \quad c_{1f} = 0.5, \quad c_{2i} = 0.5, \quad c_{2f} = 2.5$$

需要说明的是，自适应线性时变的学习因子应与同步线性减小的时变权重配合使用，效果较好。

2. 邻域拓扑结构改进

根据粒子邻域是否为整个群体，PSO 分为全局模型 gbest 和局部模型 pbest。对于 gbest 模型，每个粒子与整个群体的其他粒子进行信息交互，并有向所有粒子中的历史最佳位置移动的趋势。而在 pbest 模型中，每个粒子仅在一定的邻域内进行信息交互。Kennedy 指出，gbest 模型虽然具有较快的收敛速度，但更容易陷入局部极值。而采用不同邻域拓扑结构的局部模型更容易找到全局最优解。

根据现有的研究成果，将邻域分为空间邻域（spatial neighborhood）、性能空间邻域（performance space）和社会关系邻域（sociometric neighborhood）。空间邻域直接在搜索空间按粒子间的距离（如欧氏距离）进行划分。性能空间指根据性能指标（如适应度、目标函数值）划分的邻域。社会关系邻域通常按粒子存储阵列的索引编号进行划分，这也是研究最多的一种划分手段。下面介绍主要的两种邻域拓扑结构。

1）基于索引号的拓扑结构

这类拓扑结构最大的优点是在确定邻域时不考虑粒子间的相对位置，从而避免确定邻域时的计算消耗。

（1）环形结构。

环形结构是一种基本的邻域拓扑结构，每个粒子只与其直接的 K 个邻居相连，即与该粒子索引号相近的 K 个粒子构成该粒子的邻域成员。图 6-17(a)是环形拓扑结构的示意图。以粒子 1 为例，当邻域半径是 0 时，邻域是它本身；当邻域半径是 1 时，邻域为 2,8；当邻域半径为 2 时，邻域是 2,3,7,8,…，依此类推，一直到邻域半径为 4 时，邻域扩展到整个群体。

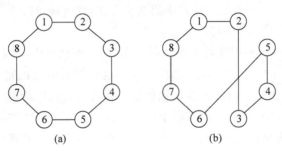

图 6-17　环形拓扑结构
(a) 环形；(b) 随机环形

环形结构下，种群的一部分可以聚集于一个局部最优，而另外一部分可能聚集于不同的局部最优，或者再继续搜索，避免过早陷入局部最优。邻居间的影响一个一个地传递，直到最优点被种群的任何一个部分找到，然后使整个种群收敛。

可以在环形拓扑结构中加入两条捷径，得到随机环形拓扑结构，如图 6-17(b)所示。有两个粒子的邻域发生变化，即随机地选择种群中的另一个粒子作为自己的邻域成员，从而加强了不同粒子邻域之间的信息交流。这样变化后的环形拓扑结构缩短了邻域间的距离，种群将更快收敛。

（2）轮形结构。

轮形结构是令一个粒子作为焦点，其他粒子都与该焦点粒子相连，而其他粒子之间并不相连，如图 6-18(a)所示。这样所有的粒子都只能与焦点粒子进行信息交互，有效地实现了粒子之间的分离。焦点粒子比较其邻域（即整个种群）中所有粒子的表现，然后调节其本身飞行轨迹向最好点靠近。这种改进再通过焦点粒子扩散到其他粒子。所以焦点粒子的功能类似一个缓冲器，减慢了较好的解在种群中的扩散速度。

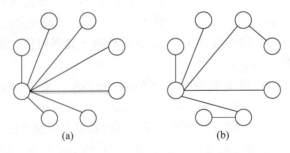

图 6-18　轮形拓扑结构
(a) 轮形；(b) 轮形环形

同样也可以在轮形结构中加入两条捷径，得到轮形环形拓扑结构，如图 6-18(b)所示。带有捷径的轮形拓扑结构可以产生两方面的效果。一方面，能够产生迷你邻域，迷你邻域中的外围粒子被直接与焦点粒子相连的粒子所影响,这样在迷你邻域这个合作的子种群内可以更快地收敛,焦点粒子的缓冲器又可以防止整个种群过早收敛于局优;另一方面,也可能产生孤岛,或分离子种群间的联系,使子种群内部进行合作,独立地进行问题的优化,这将导致信息交流的减少,使那些分离的个体不能得到整个种群所找的好的区域,也使种群其他粒子不能分享被分离的个体搜索中获得的成功信息。

(3) 星形结构。

星形拓扑结构是每个粒子都与种群中的其他所有粒子相连,即将整个种群作为自己的邻域。这种结构下,所有粒子共享的信息是种群中表现最好的粒子的信息。

(4) 随机结构。

随机结构是在 N 个粒子的种群中间,随机地建立 N 个对称的两两连接。随机拓扑往往对大多数问题能表现出较好的性能。

2) 基于距离的拓扑结构

在上面的方法中,按照粒子索引号来得到粒子的邻域,但是这些粒子可能在实际位置上并不相邻,于是 Suganthan 提出基于空间距离的邻域拓扑,在每次迭代时,计算一个粒子与种群中其他粒子之间的距离,然后根据这些距离来确定该粒子的邻域构成。下面是一个具体的实现方法:动态邻域拓扑结构。

在搜索开始的时候,粒子的邻域只有其自己,即将个体最优解作为邻域最优解,然后随着迭代次数的增加,逐渐增大邻域,直至最后将群体中所有粒子作为自己的邻域成员。这样使初始迭代时可以有较好的探索性能,而在迭代后期可以有较好的开发性能。

对将要计算邻域的粒子 a,计算其与种群中其他所有粒子的距离。该粒子与粒子 $b(b \neq a)$ 的距离记为 $\| \boldsymbol{x}_a - \boldsymbol{x}_b \|$,最大的距离记为 d_m。

定义一个关于当前迭代次数的函数 frac:

$$\text{frac} = \frac{3.0 \times t + 0.6 \times t_{\max}}{t_{\max}} \tag{6-63}$$

当 frac<0.9 时,满足下列条件的粒子构成当前粒子 a 的邻域,即 $\dfrac{\| \boldsymbol{x}_a - \boldsymbol{x}_b \|}{d_m} < \text{frac}$。

当 frac≥0.9 时,将种群中所有粒子作为当前粒子 a 的邻域。

3. 带有收缩因子的粒子群优化算法

带收缩因子的 PSO 由 Clerc 和 Kennedy 提出,在带有收缩因子的粒子群优化算法中,速度的更新方程如下:

$$v_{id}^{k+1} = K[v_{id}^k + c_1 \xi (p_{id}^k - x_{id}^k) + c_2 \eta (p_{gd}^k - x_{id}^k)] \tag{6-64}$$

式中:K 为 c_1 和 c_2 的函数,具体表达为

$$K = \frac{2}{| 2 - \varphi - \sqrt{\varphi^2 - 4\varphi} |}, \quad \varphi = c_1 + c_2 > 4 \tag{6-65}$$

通常将参数取值为 $c_1 = c_2 = 2.05, \varphi = 4.1$,于是可得 $K = 0.729$。

显然,如果将标准粒子群优化算法取参数

$$\omega = 0.729, \quad c_1 = c_2 = 0.729 \times 2.05 = 1.49445$$

则标准粒子群优化算法与带收缩因子的粒子群优化算法等价。即带有收缩因子的版本可以看作为标准版本算法的一个特例。使用带有收缩因子的粒子群优化算法后,将最大

速度 $V_{\max}$ 限定为 $X_{\max}$，即每个粒子在每维上位置的允许变化范围，可以取得更好的优化效果。

虽然惯性权重 PSO 和收缩因子 PSO 对典型测试函数表现出各自的优势，但由于惯性常数方法通常采用线性递减策略，算法后期由于惯性权重过小，会失去探索新区域的能力，而收缩因子方法则不存在这个不足。

4. 离散粒子群优化算法

最初的粒子群优化算法是从解决连续优化问题发展起来的，而求解离散优化问题并不是该算法的优势所在，因为离散变量在经过粒子群优化算法的速度和位置更新方程的计算后，很可能不再保持为离散变量。为此，Kennedy 和 Eberhart 等又提出了 PSO 的离散二进制版本，用来解决工程实际中的组合优化问题。他们在提出的模型中将每一维 x_{id}、p_{id}、p_{gd} 限制为 1 或 0，而速度 v_{id} 不做这种限制。为了将粒子群算法离散化，算法由当前的状态变量决定粒子将被判定为 1 或 0 的概率，即有

$$P[x_{id}^{k+1}=1]=f(x_{id}^k,v_{id}^k,p_{id}^k,p_{gd}^k) \tag{6-66}$$

离散化函数 $f(\cdot)$ 需要在离散二进制空间内使粒子趋向于判决选择为 0 或者 1，即由粒子速度决定一个范围在 $[0,1]$ 的概率选择参数 s。若 s 接近于 1，则粒子将更可能被选择为 1；而若 s 接近于 0，则粒子更可能被选择为 0。Kennedy 等提出使用 Sigmoid 函数求参数 s。Sigmoid 函数是神经网络中常用的一种模糊函数，其表达式如下：

$$s=\mathrm{Sigmoid}(v_{id}^k)=\frac{1}{1+\exp(-v_{id}^k)} \tag{6-67}$$

当取得 $V_{\max}=6$ 时，阈值 s 的取值范围为 $[0.025,0.9975]$。修改后的离散粒子群优化算法与基本粒子群优化算法流程相类似，但粒子速度和位置的更新公式修改为

$$v_{id}^{k+1}=\omega v_{id}^k+c_1\xi(p_{id}^k-x_{id}^k)+c_2\eta(p_{gd}^k-x_{id}^k) \tag{6-68}$$

$$x_{id}^{k+1}=\begin{cases}1,&\mathrm{rand}()<\mathrm{Sigmoid}(v_{id}^{k+1})\\0,&\text{其他}\end{cases} \tag{6-69}$$

式中：rand() 为 $[0,1]$ 的随机数；算法中其他参数都和基本粒子群优化算法的参数相同。

5. 混合粒子群优化算法

1）基于遗传策略的改进粒子群算法

遗传算法是目前为止应用最为广泛的智能优化方法，其基本的遗传策略包括选择、杂交和变异等，已经取得了良好的优化效果。对于一种新的算法，研究者首先会尝试用遗传策略来进行改进，试图找到性能改进的措施。下面介绍两种基于遗传策略的改进粒子群算法。

（1）基于选择的改进算法。

Angeline 提出了用进化计算中选择机制来改善粒子群优化算法。标准粒子群优化算法中，粒子的历史最优信息的确定相当于一种隐含的选择机制，这种选择机制可能通过较长时间才能发生作用。而传统的进化算法中选择的方法可以将搜索定向于较好的区域，合理地分配有限的资源。

Angeline 将自然选择机理与粒子群优化算法相结合，提出了一种混合群体算法（hybrid swarm）。混合群体和粒子群在各方面都很相似，除了它结合了进化计算中的锦标选择方法

（toumament selection method），这种方法可描述如下：①每个粒子将其当前位置上的适应值与其他 k 个粒子的适应值比较，如果当前个体的适应值优于某个个体的适应值，则授予该个体 1 分；②然后整个粒子群以分值高低排队，在此过程中，不考虑个体的历史最优值；③群体排序完成后，用群体中最好的一半的当前位置和速度来替换最差的一半的位置和速度，同时保留原来个体所记忆的历史最优值。

这样，每次迭代后，一半粒子将移动到搜索空间中相对较优的位置，这些个体仍保留原来的历史信息，以便于下一代的位置更新。可见，混合群体和粒子群体的区别是很小的，区别仅仅在于带选择机制的混合群体比粒子群具有更多的开发能力，即在已具有的信息基础上继续搜索的能力，使得收效速度加快。但是，增加了陷入局部最优的可能性。

（2）基于杂交的改进算法。

Lovbjerg 提出了繁殖（breeding）和子种群（subpopulations）的混合粒子群优化算法，粒子群中的粒子被赋予一个杂交概率，这个杂交概率由用户定义，与粒子的适应值无关。在每次迭代中，根据杂交概率选择一定数量的粒子进入一个池中，池中的粒子随机地两两杂交，产生相同数目的子代，如图 6-19 所示。

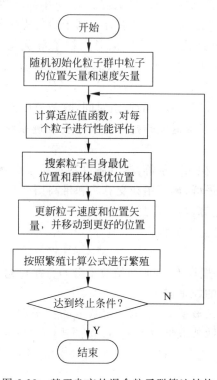

图 6-19　基于杂交的混合粒子群算法结构

其中，速度的计算方式采用的是惯性权重和收缩因子相结合的公式，位置更新方式不变，即

$$v_{id}^{k+1} = K[\omega v_{id}^k + c_1 \xi(p_{id}^k - x_{id}^k) + c_2 \eta(p_{gd}^k - x_{id}^k)] \tag{6-70}$$

$$x_{id}^{k+1} = x_{id}^k + v_{id}^{k+1} \tag{6-71}$$

繁殖算法的计算方式如下：

$$\text{child}_1(x_i) = p_i \times \text{parent}_1(x_i) + (1.0 - p_i) \times \text{parent}_2(x_i)$$
$$\text{child}_2(x_i) = p_i \times \text{parent}_2(x_i) + (1.0 - p_i) \times \text{parent}_1(x_i) \qquad (6\text{-}72)$$

这里，p_i 是在 $[0,1]$ 均匀分布的伪随机数。子代的速度向量由父母速度向量之和归一化后得到

$$\text{child}_1(v) = \frac{\text{parent}_1(v) + \text{parent}_2(v)}{|\text{parent}_1(v) + \text{parent}_2(v)|} \mid \text{parent}_1(v) \mid$$
$$\text{child}_2(v) = \frac{\text{parent}_1(v) + \text{parent}_2(v)}{|\text{parent}_1(v) + \text{parent}_2(v)|} \mid \text{parent}_2(v) \mid \qquad (6\text{-}73)$$

子种群的思想是将整个粒子群划分为一组子种群，每个子种群有自己的内部历史最优解。上述杂交操作可以在同一子种群内部进行，也可以在不同子种群之间进行。交叉操作和子种群操作，可以使粒子受益于父母双方，增强搜索能力，易于跳出局部最优。

2）基于模拟退火的粒子群优化算法

由于算法混合的多样性，基于模拟退火思想的 PSO 算法种类也繁多，比如粒子群-模拟退火（P-S）算法、PSO 算法和模拟退火交替（P-ST）算法、PSO 算法和模拟退火协同（P-SC）算法、混沌模拟退火粒子群优化（CPSO）算法等。2004 年高鹰等提出了以基本粒子群算法作为主体运算流程，引入模拟退火机制，并混合了基于遗传思想的粒子群优化算法中的杂交运算和带高斯变异的粒子群优化运算的模拟退火粒子群优化（SA-PSO）算法。本节将以 SA-PSO 混合算法为例详细阐述基于模拟退火思想的 PSO 算法。

PSO 算法简洁易实现，参数少且无须梯度信息，早期收敛速度快，但后期会受随机振荡影响，使其在全局最优值附近需要较长的搜索时间，收敛速度慢，极易陷于局部极小值，使得精度下降并易发散。而加入模拟退火的技术能大幅度改进系统性能，增加信息交换和提高运算速度。

算法首先随机产生一个初始粒子群，然后通过基本粒子群优化算法对初始粒子群进行搜索，产生一个较优的新粒子群，再应用杂交算法和带高斯变异算法在模拟退火操作下对这个较优的粒子群进行寻优运算，最终得到算法结果。

SA-PSO 混合算法的实现步骤如下：

(1) 初始化算法参数。

(2) 随机产生一个种群规模为 N 的初始粒子群 D_0，并对初始粒子群 D_0 进行基本粒子群优化算法运算，得到较优的粒子群 D_1。

(3) 对粒子群 D_1 以交叉概率 P_c 选取一定数量的粒子放入杂交池中，形成新的子粒子群，再从子粒子群中随机两两选取母粒子 $\boldsymbol{x}_i$、$\boldsymbol{x}_j$ 按照式(6-74)进行杂交产生子粒子 $\boldsymbol{x}_i^*$、$\boldsymbol{x}_j^*$：

$$\begin{cases} \boldsymbol{x}_i^* = p\boldsymbol{x}_i + (1-p)\boldsymbol{x}_j \\ \boldsymbol{x}_j^* = p\boldsymbol{x}_j + (1-p)\boldsymbol{x}_i \end{cases} \qquad (6\text{-}74)$$

式中：p 为在 $[0,1]$ 均匀分布的随机数。

计算母粒子及子粒子的适应值 $f(\boldsymbol{x}_i)$、$f(\boldsymbol{x}_j)$、$f(\boldsymbol{x}_i^*)$ 和 $f(\boldsymbol{x}_j^*)$。若有

$$\min\left\{1, \exp\left(f(\boldsymbol{x}_i) - \frac{f(\boldsymbol{x}_i^*)}{t}\right)\right\} > p$$

则将 $\boldsymbol{x}_i^*$ 代替 $\boldsymbol{x}_i$；同理，若有

$$\min\left\{1, \exp\left(f(\boldsymbol{x}_j) - \frac{f(\boldsymbol{x}_j^*)}{t}\right)\right\} > p$$

则将 x_j^* 代替 x_j。

（4）若用子粒子代替母粒子，则使用式（6-75）计算更新后的粒子的速度：

$$v_i^* = \frac{v_i + v_j}{|v_i + v_j|}|v_i|, \quad v_j^* = \frac{v_i + v_j}{|v_i + v_j|}|v_j| \tag{6-75}$$

（5）对经过杂交运算的新子粒子群以变异概率 P_m 选取一定数量粒子形成新的子粒子群。再从子粒子群中随机选取单个粒子按式（6-76）进行高斯变异运算：

$$x_i^* = x_i(1 + \text{Gaussian}(\sigma)) \tag{6-76}$$

计算变异前后粒子的适应值 $f(x_i)$、$f(x_i^*)$。若有

$$\min\left\{1, \exp\left(\frac{f(x_i) - f(x_i^*)}{t}\right)\right\} > p$$

则将 x_i^* 代替 x_i。

（6）衰减控制参数 t，使 $t = Ct$，转至步骤（3）。

（7）若迭代达到最大迭代次数或结果已经足够满意，则终止运算。

6.5.4 粒子群优化算法在 PID 参数整定中的应用

PSO 算法由于其思想简单、程序易实现、需要调整的参数较少，已被广泛应用于科学计算与工程应用领域。本节介绍 PSO 算法在 PID 控制器的参数设计中的应用实例。

在现代工业控制领域，PID 控制器由于其结构简单、鲁棒性好、可靠性高等优点得到了广泛应用。PID 控制器的控制性能与控制器参数 K_p、K_i、K_d 的优化整定直接相关。在工业控制过程中多数的控制对象是高阶、时滞、非线性的，所以对 PID 控制器的参数整定是较为困难的。传统的 PID 参数优化方法有稳定边界法（临界比例度法）、衰减曲线法、动态特性法和 Ziegler-Nichols 经验公式（Z-N 公式法）等。

这些算法过程比较繁琐，难以实现参数的最优整定、容易产生振荡和大超调。为了解决这一问题，近年来提出了许多基于人工智能技术的 PID 参数整定方法，如神经网络、模糊系统、模糊神经网络等。尤其进化计算技术由于较强的全局优化能力在 PID 控制器参数优化设计中也得到了广泛的应用。与传统的方法相比，遗传算法取得了一定的效果，但还是存在一些问题，如编码及解码过程需要大量 CPU 时间，算法易早熟收敛，往往不能同时满足控制系统速度和精度的要求等。

本节采用 PSO 算法对 PID 控制器的参数进行在线自整定。实践进一步证明，该算法具有操作方便、收敛速度快、优化精度高、不易陷入局部最优值等优点。

1. 基于 PSO 的 PID 参数自整定方法

PID 控制器是通过调整 3 个参数来使系统的性能达到给定的要求。从优化的角度来说就是在这 3 个变量的参数空间中寻找的最优值使系统的控制性能达到最优。本节给出了如何应用 PSO 实现 PID 控制器参数的整定，我们将这种方法称为 PSO-PID。PSO-PID 控制系统结构如图 6-20 所示。

在这种控制方法中，PSO 算法首先进行离线学习，然后再接入到控制系统中。基于 PSO 算法的 PID 参数优化整定方法关键问题是：如何解决参数的编码及适应值函数的选择。

1）参数的编码

令种群 P 中的粒子数为 S，每个粒子的位置矢量由 PID 控制器的 3 个控制参数组成，

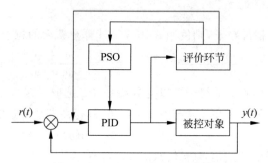

图 6-20　PSO-PID 控制系统结构

即粒子位置矢量的维 $D=3$。该种群可以用一个 $S \times D$ 的矩阵来表示：

$$P(S,D) = \begin{bmatrix} K_p^1 & K_i^1 & K_d^1 \\ K_p^2 & K_i^2 & K_d^2 \\ \vdots & \vdots & \vdots \\ K_p^S & K_i^S & K_d^S \end{bmatrix} \qquad (6\text{-}77)$$

考虑到控制系统的多样性，由用户决定各个参数的取值范围，初始种群可以在允许的取值范围内随机产生。

2) 适应值函数选择

PSO 算法在搜索进化过程中仅用适应度值来评价个体或解的优劣，并作为以后粒子速度和位置更新的依据，使得初始解逐步向最优解进化。为了获取满意的过渡过程动态特性，采用误差绝对值时间积分性能指标作为参数选择的最小目标函数；为了防止控制能量过大，在目标函数中加入控制输入的平方项。选用式(6-78)作为目标函数：

$$F = \int_0^\infty (\omega_1 \mid e(t) \mid + \omega_2 u^2(t)) \mathrm{d}t \qquad (6\text{-}78)$$

式中：$e(t)$ 为系统误差；$u(t)$ 为控制器输出，ω_1 和 ω_2 为权值。

为了避免超调，采用了惩罚控制，即一旦产生超调，将超调量作为最优指标的项，此时最优指标为

$$F = \int_0^\infty (\omega_1 \mid e(t) \mid + \omega_2 u^2(t) + \omega_3 \mid e(t) \mid) \mathrm{d}t \qquad (6\text{-}79)$$

2. 算法流程

在参数编码和适应值函数确定后用于 PID 参数整定的 PSO 算法如下：

(1) 初始化。在迭代次数 $t=0$ 时，初始化随机产生 n 个粒子构成一个种群，每个粒子的空间维度为三维，表示为 $P^j(0)=[K_p(0),K_i(0),K_d(0)]$，将 PID 控制器参数初始化为使用 Z-N 经验公式法所获得的 PID 控制器参数 $0.3 \sim 5$ 倍的随机数。每个粒子的初始速度 $V^j(0)=[v_1^j(0),v_2^j(0),v_3^j(0)]$ 为 $0 \sim 1$ 的随机数。

Z-N 整定法：在 PID 控制器的诸多算法中，绝大多数的算法都是基于 FOLPD 模型的，这主要是因为大部分过程控制的受控对象模型的响应曲线和一阶系统的响应比较类似，可以直接进行拟合。

$$G(s) = \frac{k}{Ts+1} \mathrm{e}^{-Ls} \qquad (6\text{-}80)$$

由阶跃响应进行 PID 参数整定的 Z-N 公式($a = KL/T$)，见表 6-2。

表 6-2　Z-N 整定法

控 制 器	K_p	K_i	K_d
P	$1/a$		
PI	$0.9/a$	$3L$	
PID	$1.2/a$	$2L$	$L/2$

（2）根据式(6-79)计算每个粒子的适应度。

（3）对每个粒子将它的适应值和它迄今为止经历的最好位置比较，如果较好，将其作为当前的最好位置。

（4）对每个粒子将它的适应值和种群中最好位置比较，如果较好，将其作为当前的最好位置。

（5）根据式(6-55)、式(6-56)更新每个粒子的速度和位置。

（6）如果未达到结束条件(通过为预设最大迭代次数)返回步骤(2)。

3. 算法实例

在实际工程中，常常被近似为一阶或二阶典型工业过程，本节针对一阶延迟、二阶延迟和高阶对象，用 PSO 优化方法对 PID 控制参数进行整定。

（1）被控制对象为一阶延迟对象：

$$G(s) = \frac{e^{-s}}{s+1}$$

（2）被控制对象为二阶延迟对象：

$$G(s) = \frac{10e^{-0.2s}}{s^2 + 5s + 10}$$

（3）被控制对象为高阶对象：

$$G(s) = \frac{3}{s^3 + 4s^2 + 3s + 1}$$

采用的 PID 控制器为

$$G(s) = K_p \left(1 + \frac{1}{K_i s} + \frac{K_d s}{K_d/Ns + 1} \right)$$

由响应曲线识别一阶模型，获取一阶时滞模型参数 K、L、T，见表 6-3。

表 6-3　一阶时滞模型参数

被 控 对 象	K	L	T
一阶时延	1	1	1
二阶时延	1.0338	0.3659	0.4099
高阶对象	3	2	1

Z-N 经验公式法整定结果如表 6-4 所示。

表 6-4 Z-N 经验公式整定结果

被控对象	K_p	K_i	K_d	N
一阶时延	1.2	2	0.5	20
二阶时延	1.3	0.7318	0.1830	20
高阶对象	0.2	4	1	10

粒子群算法整定出的 PID 参数如表 6-5 所示。

表 6-5 粒子群算法整定结果

被控对象	K_p	K_i	K_d	N
一阶时延	1.0118	1.3269	0.3260	20
二阶时延	1.0902	0.4177	0.2285	20
高阶对象	1.1382	2.8462	1.3668	10

相关仿真实验结果表明,PSO-PID 有着较快的响应速度,并且在控制过程中无超调现象,控制品质较高。

习题

1. 试举出一个不能用传统优化方法求解的实际问题来说明传统优化算法的局限性。

2. 简述禁忌搜索算法与传统优化算法的区别及其核心思想。

3. 以下为一四城市非对称 TSP 问题:找一条经过 A、B、C、D 4 个城市的巡回最小路径。其中,城市 i、j 之间的距离用 d_{ij} 表示,如习题图 3 所示。试用禁忌搜索算法求解该问题。

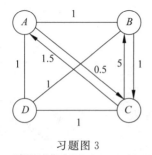

习题图 3

$$D = d_{ij} = \begin{bmatrix} 0 & 1 & 0.5 & 1 \\ 1 & 0 & 1 & 1 \\ 1.5 & 5 & 0 & 1 \\ 1 & 1 & 1 & 0 \end{bmatrix}$$

4. 简述模拟退火算法的优缺点,有哪些模拟退火算法的改进方法?

5. 试用模拟退火算法求解单机极小化总流水时间的排序问题:设有 4 个工件需要在一台机床上加工,$P_1=8$,$P_2=18$,$P_3=5$,$P_4=15$ 分别是这 4 个单道工序工件在机床上的加工时间,问应如何在这个机床上安排各工件加工的顺序,使工件加工的总流水时间最少?

6. 比较基本蚁群算法(ACO)与蚁群系统(ACS)、最大最小蚂蚁系统(MMAS)和最优最差蚂蚁系统(BWAS)的异同。

7. 利用蚁群算法设计程序求解 n 城市 TSP 问题:给定 n 个城市的集合 $C=\{c_1,c_2,\cdots,c_n\}$

及城市之间旅行路径的长短 $d_{ij}(1 \leqslant i \leqslant n, 1 \leqslant j \leqslant n, i \neq j)$。TSP 问题是找到一条只经过每个城市一次且回到起点的、最短路径的回路。设城市 i 和 j 之间的距离为 d_{ij}，表示为

$$d_{ij} = \left[(x_i - x_j)^2 + (y_i - y_j)^2 \right]^{\frac{1}{2}}$$

8. 试用粒子群优化算法编写程序求解下面的函数优化问题：

$$\min \quad 5x^2 - 4y^2 - 6z^2$$
$$\text{s.t.} \quad x - y + z \leqslant 20$$
$$3x + 2y + 4z \leqslant 42$$
$$3x + 2y \leqslant 30$$

9. 线性时变的学习因子一般与线性递减的惯性权重配合使用，在这种参数设置方式下，若学习因子 c_1 的变化范围为 $[2.5, 0.5]$，c_2 的变化范围为 $[0.5, 2.5]$，惯性权重的变化范围为 $[0.95, 0.35]$，最大迭代次数为 6000。试计算，当惯性权重为 0.9 和 0.4 时，两种学习因子分别如何取值？粒子的探索和开发能力哪个占主导地位？粒子的两种学习能力哪个占主导地位？

10. 说明传统优化算法与本章介绍的 4 种智能优化算法的主要区别，这 4 种算法之间有哪些共同点？

参 考 文 献

[1]   Cheng L,Hou Z G,Lin Y Z,et al. Recurrent Neural Network for Non-Smooth Convex Optimization Problems with Application to the Identification of Genetic Regulatory Networks [J]. IEEE Transactions on Neural Networks,2011,22(5)：714-726.

[2]   Wen S P,Zeng Z G,Huang T W,et al. Lag Synchronization of Switched Neural Networks via Neural Activation Function and Applications in Image Encryption[J]. IEEE Transactions on Neural Networks and Learning Systems,2015, 26(7)：1493-1502.

[3]   Richard R,Dimitrios A,Matthew K. Self-Organizing Maps for Topic Trend Discovery[J]. IEEE Signal Processing Letters,2010,17(6)：607-610.

[4]   Cheng R,Jin Y C. A social learning particle swarm optimization algorithm for scalable optimization [J]. Information Sciences,2015,291：43-60.

[5]   Mathieu G,Luke B. Improving simulated annealing through derandomization [J]. Journal of Global Optimization,2017,68(1),189-217.

[6]   Li H T, Bahram A. Tabu search for solving the black-and-white travelling salesman problem[J]. Journal of the Operational Research Society,2016, 67(8)：1061-1079.

[7]   Dhananjay T,Andreas T E,Gaurav S. Parallel ant colony optimization for resource constrained job scheduling[J]. Annals Operations Research, 2016,242(2)：355-372.

[8]   Guendouz M,Amine A,Hamou R M. A discrete modified fireworks algorithm for community detection in complex networks[J]. Applied Intelligence,2017,46(2)：373-385.

[9]   Mavrovouniotis M,Muller F M,Yang S. Ant Colony Optimization With Local Search for Dynamic Traveling Salesman Problems[J]. IEEE Transactions on Cybernetics,2017,47(7)：1743-1756.

[10]   Nastasi G,Colla V,Cateni S, et al. Implementation and comparison of algorithms for multi-objective optimization based on genetic algorithms applied to the management of an automated warehouse[J]. Journal of Intelligent Manufacturing, 2018,29(7)：1545-1557.

[11]   Gong D W,Sun J,Miao Z. A Set-Based Genetic Algorithm for Interval Many-Objective Optimization Problems[J]. IEEE Transactions on Evolutionary Computation,2018,22(1)：47-60.

[12]   Rodrigues D S,Márcio E D,Cléber G C. Using Genetic Algorithms in Test Data Generation：A Critical Systematic Mapping[J]. ACM. Computing Surveys,2018,51(2)：1-23.

[13]   杨万海.多传感器数据融合及其应用[M].西安：西安电子科技大学出版社,2004.

[14]   杨露菁,余华.多源信息融合理论与应用[M].北京：北京邮电大学出版社,2006.

[15]   李国勇,杨庆佛.基于模糊神经网络的车用发动机智能故障诊断系统[J].系统仿真学报,2007(5)：1034-1037.

[16]   王耀南.智能信息处理技术[M].北京：高等教育出版社,2003.

[17]   袁曾任.人工神经元网络及其应用[M].北京：清华大学出版社,1999.

[18]   王晓梅.神经网络导论[M].北京：科学出版社,2017.

[19]   孙红.智能信息处理导论[M].北京：清华大学出版社,2013.

[20]   纪震,廖惠连,吴青华.粒子群算法及应用[M].北京：科学出版社,2009.

[21]   李丽,牛奔.粒子群优化算法[M].北京：冶金工业出版社,2009.

[22]   刘光远,贺一,温万惠.禁忌搜索算法及应用[M].北京：科学出版社,2014.

[23]   马良,朱刚,宁爱兵.蚁群优化算法[M].北京：科学出版社,2008.

［24］ 柯良军.蚁群智能优化方法及其应用[M].北京：清华大学出版社,2017.

［25］ 黄友锐.智能优化算法及其应用[M].北京：国防工业出版社,2008.

［26］ 李士勇,李研.智能优化算法原理与应用[M].哈尔滨：哈尔滨工业大学出版社,2012.

［27］ 杨英杰.粒子群算法及其应用研究[M].北京：北京理工大学出版社,2017.

［28］ 管硕,高军伟,张彬,等.基于 K-均值聚类算法 RBF 神经网络交通流预测[J].青岛大学学报(工程技术版),2014,29(2)：20-23.